超高强度钢加工表面完整性演变与扭转疲劳行为

王　永　王西彬　刘志兵◎著

RESEARCH ON SURFACE INTEGRITY EVOLUTION AND TORSIONAL FATIGUE BEHAVIOR OF ULTRA HIGH STRENGTH STEEL

北京理工大学出版社
BEIJING INSTITUTE OF TECHNOLOGY PRESS

内容简介

超高强度钢具有优异的机械、力学性能，是制造重载车辆扭力轴的重要工程材料。超高强度钢扭力轴加工过程中，由于切削力大、切削温度高、力-热耦合效应显著，导致表面加工缺陷严重，在高应力、高应变、强冲击的扭转载荷作用下，极易发生扭转疲劳失效，严重影响服役性能和可靠性。本书针对超高强度钢扭力轴的粗车+精车+淬火回火+精磨+超声滚压强化等制造工艺过程，通过循环应变能量法与加工工序、疲劳测试实验相结合，综合运用扫描电子显微镜、电子背散射衍射和透射电子显微镜等测试表征技术，掌握了淬火回火前的加工表面层晶体学特征和几何力学组织演化规律，揭示了淬火回火前的表面层剪切循环特征响应和扭转疲劳断裂机制，构建了淬火回火表面层的硬车加工表面完整性和扭转疲劳行为映射关系，获得了面向抗扭转疲劳性能的超高强度钢关键工序优化与评价新方法。为实现超高强度钢扭力轴的高效率、高性能抗疲劳制造提供了理论基础与实验依据。

本书可作为机械设计制造及其自动化等专业高年级本科生、研究生的参考书，也可作为金属切削、高性能制造等领域相关科研工作人员和工程技术人员的参考书。

图书在版编目（CIP）数据

超高强度钢加工表面完整性演变与扭转疲劳行为/王永，王西彬，刘志兵著. -- 北京：北京理工大学出版社，2023.2

ISBN 978-7-5763-2187-6

Ⅰ.①超… Ⅱ.①王… ②王… ③刘… Ⅲ.①超高强度钢-金属加工-研究 Ⅳ.①TG142.7

中国国家版本馆 CIP 数据核字(2023)第 042680 号

出版发行／北京理工大学出版社有限责任公司
社　　址／北京市海淀区中关村南大街 5 号
邮　　编／100081
电　　话／(010) 68914775（总编室）
　　　　　(010) 82562903（教材售后服务热线）
　　　　　(010) 68944723（其他图书服务热线）
网　　址／http：//www. bitpress. com. cn
经　　销／全国各地新华书店
印　　刷／三河市华骏印务包装有限公司
开　　本／710 毫米×1000 毫米　1/16
印　　张／13.25
彩　　插／14
字　　数／249 千字
版　　次／2023 年 2 月第 1 版　2023 年 2 月第 1 次印刷
定　　价／68.00 元

责任编辑／钟　博
文案编辑／钟　博
责任校对／周瑞红
责任印制／李志强

前言 PREFACE

超高强度钢具有优异的机械、力学性能，是制造重载车辆扭力轴的重要工程材料。随着重载车辆承载能力、行驶速度的不断提高，对扭力轴的制造精度、疲劳寿命提出了极高要求。在超高强度钢扭力轴加工过程中，切削力大、切削温度高、力－热耦合效应显著，导致表面加工缺陷严重，在高应力、高应变、强冲击的扭转载荷作用下，极易发生扭转疲劳失效，严重影响服役性能和可靠性。

本书针对超高强度钢扭力轴的粗车＋精车＋淬火回火＋精磨＋超声滚压强化等制造工艺过程，通过循环应变能量法与加工工序、疲劳测试实验相结合，综合运用扫描电子显微镜、电子背散射衍射和透射电子显微镜等测试表征技术，开展加工表面完整性演变与扭转疲劳行为研究，为实现超高强度钢扭力轴的高效率、高性能抗疲劳制造提供了理论基础与实验依据。

第1章，论述了扭转疲劳失效、超高强度钢扭力轴制造多工序过程、加工工艺对表面完整性的影响、表面完整性对疲劳寿命的影响、能量法预测疲劳寿命等几个方面的研究现状与发展趋势，介绍了本书的主要研究内容和体系。

第2章，针对超高强度钢扭力轴淬火回火前的加工工序，分析了加工表面层晶粒细化、塑性变形特征与晶粒位错取向差的关系，为加工工序＋淬火回火表面层的疲劳扭转失效行为奠定了工艺基础。

第3章，针对淬火回火前的加工工序，分析了加工表面完整性演变特征对循环应力－应变响应和横向剪断疲劳的影响，为研究淬火回火表面层的后续硬车与精密加工对疲劳寿命的影响奠定了工艺和理论基础。

第4章，针对淬火回火表面层的后续硬车代磨加工，阐明了硬车加工表面层特征对循环单周次背应力能密度和总背应力能的关系，确定了影响扭转疲劳性能的加工表面特征主因子，建立了硬车加工表面完整性特征与扭转疲劳行为的半高宽法映射模型，为研究淬火回火表面层的后续关键工序的优化与评价奠定了工艺和理论基础。

第5章，针对淬火回火表面层的后续精车、精磨等关键工序，构建了同时考虑车削与磨削加工表面完整性的位错能法疲劳寿命预测模型，评价了不同扭转应变疲劳寿命的车削与磨削加工表面完整性特征，优化并验证了淬火回火表面层+精车+超声滚压强化工序的可行性，为实现超高强度钢扭力轴的高效率、高性能抗疲劳制造提供了理论基础与实验依据。

本书的研究得到了国家自然科学基金面上项目（资助号：52075042）和中国科协研究生科普能力提升项目（资助号：KXYJS202038）的支持。

由于作者水平有限，书中难免存在疏漏之处，敬请广大同人与读者批评指正。

著　者

目录
CONTENTS

第1章
绪　论

1.1　研究背景与意义

超高强度钢由于具备优异的强度和韧性而被广泛应用于重载车辆扭力轴零件。随着整体机械性能的不断提高，在苛刻的服役环境下，超高强度钢扭力轴在高应力、高应变、强冲击的扭转载荷作用下，极易发生扭转疲劳失效，严重影响扭力轴的服役性能和可靠性[1]。为了避免零件失效所引起的严重事故，面向关键零部件服役高性能的抗疲劳制造逐渐成为国内外学者的研究重点[2,3]。

在超高强度钢扭力轴加工过程中，切削力大、切削温度高、力－热耦合效应显著，导致表面加工缺陷严重，裂纹萌生和扩展主要归因于加工后的表面完整性。据统计，在疲劳失效中，80%以上的裂纹是由加工表面缺陷引发的应力集中造成的，这使超高强度钢关重件的应用性在一定程度上受到了限制[4]。而且，疲劳失效低应力以及无宏观变形的特点使其相较于其他应力失效模式呈现出更加危险的状态，如何阻碍它的发生一直以来都是人们重点关注的问题。因此，加工表面完整性（Surface Integrity）决定了超高强度钢的疲劳性能。

加工工序是超高强度钢精密加工过程中不可缺少的制造环节，如淬火回火前的材料去除加工和淬火回火后的精密加工等工序，超高强度钢疲劳性能受到加工工序表面完整性的遗传演变综合作用的影响。近年来，为了提高超高强度钢的疲劳性能，国内外学者在机械加工对表面完整性的影响方面进行了比较深入的研究，然而常常忽略加工前的输入表面完整性特征而直接采用基体材料进行研究，极易对加工工序后的输出表面完整性特征产生误判，导致超高强度钢的高性能工序设计困难。超高强度钢的加工表面完整性与疲劳行为映射规律复杂，不同的加工表面完整性特征引起的疲劳断裂寿命未知，导致突发性事故产生，有关加工表面完整性与疲劳行为之间的映射关系研究较少，人们往往通过一味地减小加工表面应力集中系数、增大残余压应力等方式对加工表面完整性进行控制与评价，这增加了零件制造工艺难度且降低了生产效率。

本书针对超高强度钢扭力轴的粗车 + 精车 + 淬火回火 + 精磨 + 超声滚压强化等制造工艺过程，通过循环应变能法与多工序、疲劳测试实验相结合，综合运用扫描电镜、电子背散射衍射和透射电子显微镜等测试表征技术，分析了超高强度钢扭力轴的加工工序 + 淬火回火 + 精密加工的表面完整性演变规律，揭示了加工工序表面层的疲劳断裂机制，提出了考虑加工表面完整性的能量法预测疲劳寿命的映射方法，实现了面向超高强度钢扭力轴疲劳服役性能的加工表面完整性评价，最后设计了关键加工工序，并验证了多工序方案的可行性，为实现超高强度钢扭力轴的高效率、高性能抗疲劳制造提供了理论基础与实验依据。

1.2 国内外研究现状

1.2.1 扭转疲劳失效行为

扭转是轴类杆件受到大小相等、方向相反且作用平面垂直于杆件轴线的力偶作用，使杆件横截面绕轴线产生转动的现象。在转动过程中，横截面上由于扭矩作用产生的剪切应力叫作扭转应力。超高强度钢扭力轴在扭转应力的交变作用下，经过一段时间而发生断裂的现象叫作扭转疲劳。扭转疲劳在扭转切应力作用下的断裂模式主要有三种，如图 1.1 所示。

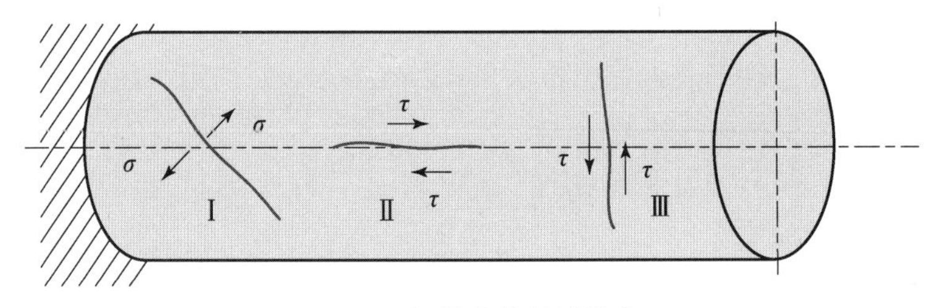

图 1.1　扭转疲劳断裂模式

（1）正断型断裂：宏观断面与最大正应力垂直。

（2）横向切断型断裂：宏观断面与最大切应力方向一致，而与最大正应力约呈 45°夹角，且宏观断面与轴线垂直。

（3）纵向切断型断裂：宏观断面与最大切应力方向一致，而与最大正应力约呈45°夹角，且宏观断面与轴线平行。

扭力轴作为重载车辆悬挂系统中不可或缺的零部件，是一种典型的超高强度钢扭转轴类关重件，其结构外形和服役过程简化模型如图1.2所示。扭力轴 A 端位于平衡肘的导管中，且通过平衡肘承受扭矩，扭力轴 B 端位于车体的支架固定端。为了方便调整安装的角度，扭力轴的两端均采用花键连接的方式，且两端花键具有相同的压力角和模数。在安装过程中，扭力轴 B 端需要经平衡肘的导管花键孔进入车体的固定支架端内部，因此扭力轴的 A 端花键的外径略大于 B 端花键的外径。扭力轴两端纵向贯通的全长啮合花键与最小工作直径 C 面间利用圆弧 D 作为过渡。扭力轴两端各存在一个中心孔，它在机械加工过程中起到定位作用，而在淬火回火处理时则负责固连吊挂扭力轴[5]。

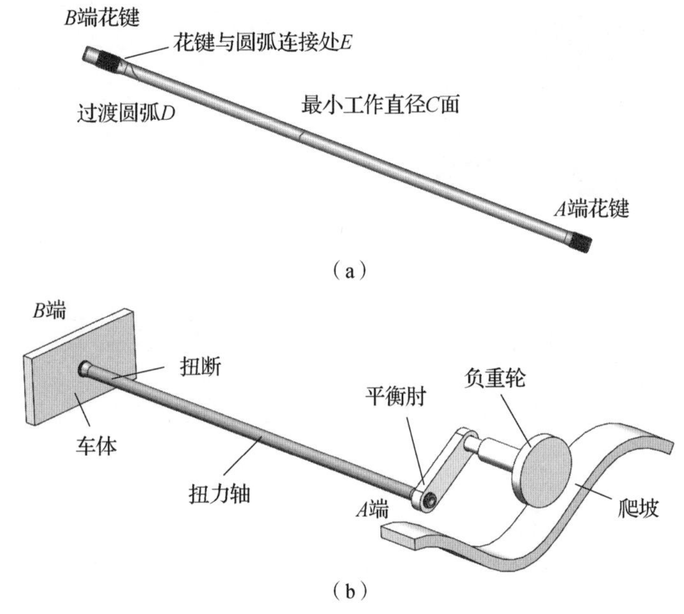

图1.2　服役环境中的扭力轴

(a) 扭力轴结构外形；(b) 扭力轴服役过程简化模型

在长时间的大应力、大应变、有冲击的扭转载荷下，加工表面层组织缺陷的不均匀变化依次引发微观裂纹的萌生、扩展以及失效[6]，使扭力轴容易在最小工作直径面、最小工作直径面与两端固定区的圆弧过渡段发生扭转疲劳断裂。如图1.3（a），（b）所示，疲劳裂纹萌生位于最小工作直径面的表面，呈现典型的横向切断型断裂；如图1.3（c），（d）所示，疲劳裂纹萌生于圆弧过渡段，呈现正断型断裂[7]。

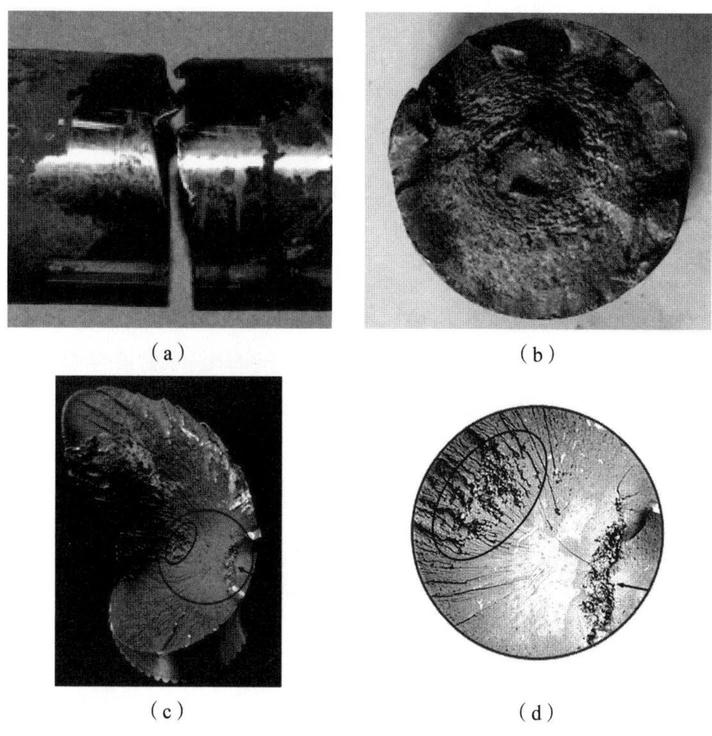

图 1.3 扭力轴扭转疲劳失效行为

(a) 裂纹萌生于圆柱表面；(b) 图 (a) 的横向断裂截面；
(c) 裂纹萌生于圆弧过渡区；(d) 图 (c) 的局部放大图

1.2.2 超高强度钢扭力轴制造工艺过程分析

影响超高强度钢扭力轴的扭转疲劳寿命的因素主要包括：零件几何结构、材料冶金特征、表面形貌、表面层特征、装配等。除了材料和几何结构外，整个制造工艺过程对疲劳寿命也具有很大的影响[8]，如图 1.4 所示。

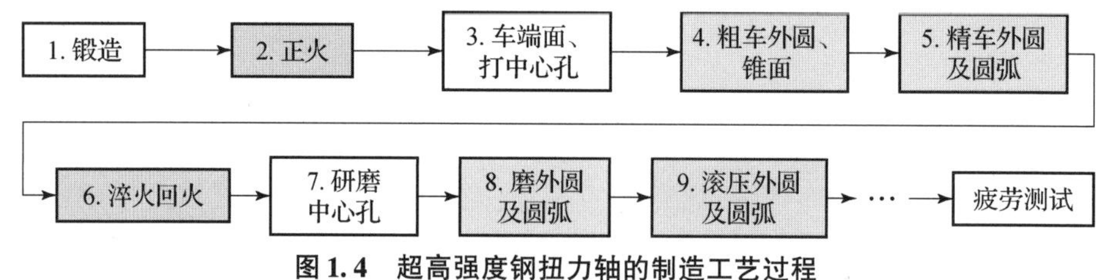

图 1.4 超高强度钢扭力轴的制造工艺过程

其中主要工序说明如下。

(1) 正火：去除材料内部的应力，降低材料硬度，提高可加工性，为后续加工做准备。

（2）粗车外圆、锥面：去除大量的加工余量，提高生产效率。

（3）精车外圆及圆弧：精车最小工作外圆面和圆弧过渡面时，要求圆弧过渡面尺寸精确，且加工的工作外圆表面和圆弧过渡面不能够存在划痕和机械损伤，表面粗糙度要求为0.8 μm甚至更高。

（4）淬火回火：高温淬火，低温回火，降低材料内部应力，获得较高的扭转疲劳强度，但表面层产生脱碳现象，产生了一定层深的热影响层，显微硬度呈现外软内硬的梯度分布。

（5）磨外圆及圆弧：针对上一道工序的淬火回火表面层进行磨削，采用统一的成型砂轮，一次性完成最小工作外圆柱面和圆弧过渡面，消除圆弧过渡面的接痕和疲劳缺陷，并通过轴向的快速进给来提升生产效率，但更易产生较大的残余拉应力。

（6）滚压外圆及圆弧：对最小工作外圆柱面和过渡圆弧面做表面强化处理，既可以获得更为光洁的表面，也可以使超高强度钢扭力轴产生足够大的残余压应力，进而显著延长疲劳寿命。强化方式主要有喷丸和滚压两种，强化部位主要有超高强度钢扭力轴的花键槽、圆弧过渡面、花键与圆弧连接段和最小工作直径面。

1.2.2.1 淬火回火处理工序

对于超高强度钢扭力轴，目前常用的淬火回火处理为高温淬火，低温回火，如45CrNiMoVA超高强度钢扭力轴为了提高强度而采用870 ℃ ±10 ℃油淬，210 ℃ ±10 ℃低温回火，使材料具备良好的强度和一定的冲击韧性。吕晓春等人[9]研究了不同淬火温度（850 ℃、975 ℃、1 100 ℃、1 225 ℃和1 350 ℃）对45CrNiMoVA超高强度钢的硬度、拉伸和冲击韧性的影响，发现850 ℃~1 225 ℃的淬火温度主要影响断面收缩程度和冲击韧性，然而并未给钢的硬度、抗拉和屈服强度带来明显变化，1 350 ℃的淬火温度使45CrNiMoVA超高强度钢的抗拉强度显著降低。薛立瑞[10]研究了锻热淬火工艺对45CrNiMoVA超高强度钢的强度和韧性的影响，在形变温度控制在1 250 ℃的情况下，经过860 ℃油淬，650 ~ 680 ℃回火，水冷至室温后，淬透性提高，显微组织得到改善，综合机械性能较常规淬火提高了15%。张峥等人[11]指出材料化学成分的偏差使回火工艺产生回火脆性，导致断口微观形貌为沿晶，通过重新回火工艺可以消除疲劳断口的脆性特征。米奕媛[12]研究了表面感应淬火热处理工艺对表面硬度和硬化层的影响，通过感应淬火温度880 ℃ ±10 ℃，淬火冷却介质选用PAG水溶液，炉内270 ℃ ±10 ℃回火，保温4 ~ 5小时，测量点距离表面2 mm处的硬度为43.8HRC，有效硬化层深度达到2.0 mm。

葛瑞荣等人[13]研究了45CrNiMoVA超高强度钢的预先热处理、预冷淬火工艺对组织、力学性能及畸变量的影响。结果表明，试验钢采用970 ℃正火，710 ℃低温回火工艺，可以细化晶粒，减小畸变量，保证了45CrNiMoVA超高强度钢坯有良好的切削加工性，提高了钢件的冲击韧性。采用650 ℃预热1小时，860 ℃奥氏体化保温0.8小时，530 ℃预冷0.5小时后再油冷的工艺能将工件淬硬，获得了需要的索氏体组织，且晶粒进一步细化。GB/T 3077—2015《合金结构钢》对45CrNiMoVA超高强度钢淬火回火热处理工艺提出了相关要求以获得较高的韧性、疲劳强度和较低的韧性－脆性转变温度。

1.2.2.2 机械加工工序

在超高强度钢扭力轴的加工过程中，表面产生的损伤和划痕均有可能产生疲劳裂纹源，导致疲劳失效，因此，超高强度钢扭力轴对加工后的表面形貌具有较高的要求。为了提高最终零件的服役性能，很多学者研究了淬火回火后基体材料的加工工序切削参数对超高强度钢表面完整性的影响。XIE[15]等人对45CrNiMoVA超高强度钢进行了硬态切削研究，随着进给量的增大，轴向趋向于拉应力，拉伸塑性变形量在周向进给量的作用下有增大的趋势，刀具和工件两者的接触面上产生了更明显的挤光作用，使周向趋于更大的残余压应力，在 $v_c = 120$ m/min，$a_p = 0.2$ mm，$f = 0.02$ mm/r 的参数下，周向残余应力最大（－577.4 MPa）；同时，XIE[15]等人建立了能够真实反映45CrNiMoVA超高强度钢的加工特点的Johnson－Cook模型，可以准确预测切削加工高应变率下的真实变形、切削力和切屑厚度值，这与何志坚[16]等人的研究结论一致。杨杏敏[17]等人以45CrNiMoVA超高强度钢为切削研究对象，对其加工表面粗糙度和轴向残余应力进行了有效预测。为了得到更加优异的表面完整性，LI[18]等人对45CrNiMoVA超高强度钢进行了低温和干切削的对比研究，研究表明低温切削显著降低了切削力和表面粗糙度，并有效改善了刀具磨损和断屑情况。江雪[19]等人利用切削用量三要素正交实验法对45CrNiMoVA超高强度钢进行了液氮低温切削，发现表面质量随切削用量三要素取值的减小而得到优化。

1.2.2.3 表面强化处理

通过表面强化的方式可以使超高强度钢扭力轴表面产生更大的残余压应力，目前国内主要的强化方式为滚压强化。滚压强化工艺是通过对构件表面作用滚压力，使其表层发生弹塑性变形，达到减小表面粗糙度、细化表层晶粒、提高表层硬度以及引入残余压应力的效果，进而通过抵消一部分外部施加载荷实现疲劳寿命的延长[20,21]。文献［22］指出，通过外加物理场作用，可以增加滚压过程中的变形程度，在较小的滚压力作用时同样可以获得较为明显的塑性变形，产生更大的残余压应力。LUAN[23]基于超高强度钢的热软化和应变率敏感性，在 100 ℃~300 ℃温度下对 45CrNiMoVA 超高强度钢进行了表面超声温辊强化，研究表明：在轧制压力和超声波冲击下，150 ℃~200 ℃温度范围内的 45CrNiMoVA 超高强度钢表面更为光滑，残余应力幅值和影响层深度增大，且在热环境中更难恢复变形和释放应力。文献［24，25］指出，通过提高滚压平台刚度、升级滚压工具的方法可以获得更大的滚压力，进而使晶粒间的塑性变形增大，材料变形层深度与晶粒细化程度显著提升。LIANG[26]等人通过对 45CrNiMoVA 超高强度钢表面施加超过 2.500 kN 的滚压力，发现相对滚压前表面层特征（晶粒尺寸为 0.813 μm，表层残余压应力为 −276 MPa，层深为 0.2 mm），强力滚压后的晶体尺寸降至 0.474 μm，表层残余压应力由 −276 MPa 最高提升至 −942 MPa，层深增加至 0.9 mm，同时获得了滚压方向的马氏体晶体结构。

1.2.2.4　多工序抗疲劳制造分析

（1）超高强度钢扭力轴的工作表面层残余压应力主要通过制造工艺过程中的“9. 滚压外圆及圆弧”获得，忽略了机械加工抗疲劳制造。其主要体现为：机械加工工序仅以获得优良的形状精度和表面光洁度为目标，例如“6. 淬火回火”前的粗车工序为了去除大量材料和精车工序为了获得一定的形状精度，“6. 淬火回火”后的磨削工序仅是为了获得较为光滑的表面和更高的精度，并未考虑磨削工序引入的加工表面层特征，例如为了提高加工效率，磨削工序较大的轴向进给速度使表面层产生更大的残余拉应力，这对疲劳寿命是不利的。为何采用磨削工序，以及是否可以采用硬车工序值得商榷。

（2）对于同一批次的超高强度钢扭力轴，认为不同的车削或者磨削工序在经过后续相同的滚压参数后，疲劳性能变化不大，滚压之前的加工表面完整性参数没有意义，这是很少学者研究扭力轴多工序表面完整性演变的主要原因。是否较优的抗疲劳制造加工表面完整性经过滚压后仍能保持下去值得商榷。

（3）在实际生产工艺过程中，“6. 淬火回火”后的高性能部件理想表面完整性的加工过程仍然是基于上一道工序表面的演变过程，尽管一部分研究学者发现加工工序切削参数与最终表面完整性相关，但往往忽略了加工前的材料表面状态，而采用线切割后或者经过磨削后的基体材料进行加工工序切削参数研究，忽略了实际多工序生产中的“6. 淬火回火”后零件的原始表面完整性特征，如超高强度钢扭力轴生产工艺过程中的“6. 淬火回火”工艺后产生了一定深度的表面层（包括氧化层、贝氏体组织层等），目前学者采用基体的马氏体组织进行加工表面完整性的研究，脱离了实际制造工艺过程的表面原始状态，进而对加工后的表面完整性产生误判。“6. 淬火回火”后零件的原始输入表面完整性特征对后期的精密加工影响如下：①精密加工表面完整性是淬火回火表面层初始特征和加工过程特征叠加的结果；②淬火回火后零件表面的影响层深度，对精密加工余量分配具有重要意义，如磨削量增大，加工时间延长；③淬火回火表面层梯度分布的初始输入特征，精密加工后会产生更加有利于疲劳性能的表面完整性。

1.2.3 淬火回火工序与机械加工工序相结合的多工序

结合淬火回火工序，很多学者研究了淬火回火工序与机械加工工序相结合的加工表面完整性研究。DONG 等人[27]研究了低温回火对 9Mn2V 钢磨削加工性能和表面完整性的影响，结果表明，经两次低温回火处理后，消除了网状偏析碳化物和网状碳化体，残余奥氏体含量在 4% 以内，马氏体更加细小均匀，减少了磨削烧伤和磨削裂纹的发生，使 9Mn2V 钢具有良好的磨削完整性。GÜR 等人[28]将直径为 30 mm 的 C60 钢先后经 830 ℃奥氏体化、在 60 ℃和 20 ℃水中淬火，研究了淬火槽温度和工件几何形状对残余应力和微观组织的影响。XIE 等人[29]的研究表明，通过表面淬火回火处理的方式可以使材料表面层硬度增加，进而提高试件的低周疲劳性能。KHANNA 等人[30]对淬火回火处理 α/β（Ti64 和 Ti54M）和亚稳 β（Ti10. 2. 3）钛合金的切削性能进行了实验分析。结果表明，在不同的淬火回火处理条件下，由于 β 稳定元素（V 和 Fe）含量较高，Ti10. 2. 3 合金的切削性能明显不如 Ti64 和 Ti54M 合金，合理的淬火回火处理可使钛合金获得较好的加工性能。GRUM 等人[31]研究了淬火工艺参数对 42CrMo4 钢残余应力的影响，观察了不同质量、不同冷却速率的淬火回火处理下钢试样的残余应力变化。MCCORMACK[32]研究了淬火回火处理工艺对中碳钢力学性能的影响，对钢样在 200 ℃、400 ℃和 600 ℃温度下分别进行退火、油淬和回火处理，淬火回火处理时间均为 1 小时，结果表明：随着回火温度的升高，钢的硬度逐渐降低，提高回火温度可以有效增强含铜和不含铜钢材的抗拉强度，同时，与不含铜钢材相比，含铜钢材的极限强度更高。SINGH[33]研究了淬火回火处理工艺对低合金钢扭转特性的影响，发现晶粒的形核和再结晶速率随着冷拉变形程度的增大而增大，在较高的变形程度下，晶粒长大使材料力学性能降低。SRIDHAR 等人[34]发现，淬火回火处理可以缓解钛合金 IMI－834 的残余应力，且确定了在不影响材料微观结构和力学性能的情况下发生显著松弛的最佳温度，文献［35－38］同样以对碳钢进行低温处理的方式来提高耐磨性和尺寸稳定性。AGNIESZKA 等人[39]研究了Ti10V2Fe3A 合金不同热处理工艺对后续电火花加工表面完整性的影响，研究发现经过电火花加工后获得的表面完整性变化与前序热处理温度、退火时间和 α 相的体积分数有关，图 1.5 所示为不同热处理＋电火花加工横截面微观结构的变化。

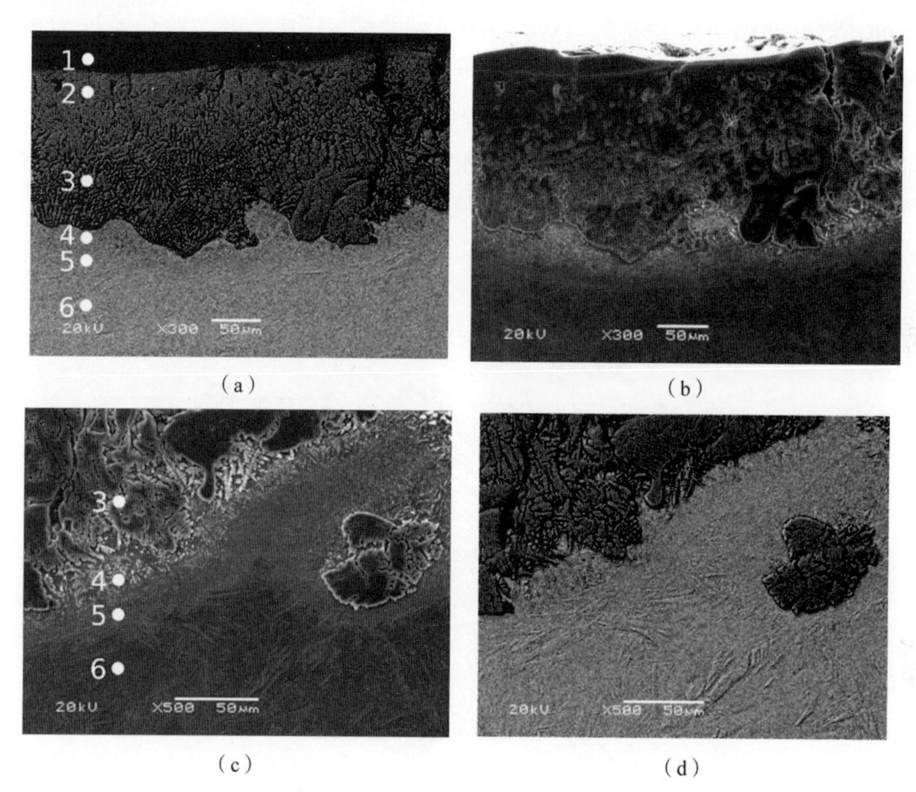

图 1.5 不同热处理＋电火花加工横截面微观结构的变化

（a）SEM－BSE；（b）SEM－SE；（c）区域 3～6 处的 SEM－SE；（d）区域 3～4 处的 SEM－BSE

CHOI 等人[40]研究了四种不同淬火回火处理方法对 STD11 钢表面层的影响：①铣削和磨削；②电火花线加工；③电火花线加工＋淬火低温回火处理；④电火花线加工＋淬火高温回火处理。可以得出结论，电火花加工后经过淬火低温回火处理和淬火高温回火处理均使微观组织和表面粗糙度显著提高。特别的，电火花加工后经过淬火高温回火处理几乎可以消除电火花表面层的全部缺陷。同时，考虑到表面层会经降低加工表面附近的机械性能，更多的学者[41,42]已经做了大量的工作来控制热影响区的表面完整性。

1.2.4 机械加工表面完整性对疲劳行为的影响

表面完整性是由美国金属切削研究协会于1964年首先提出的[43]，并呈现在由美国空军材料实验室（AFML）于1970年发布的《机械加工构件表面完整性指南》[44]中，基本实现了对高强度合金材料的抗疲劳机械加工。加工表面完整性是表面几何和物理特征的统称，表面几何特征主要由表面纹理、波纹度、粗糙度和划伤等共同组成；表面物理特征主要有表面层的塑性变形、残余应力、微观组织变化、显微硬度和再结晶等。金属加工表面完整性和疲劳行为示意如图1.6所示。对于高强度合金钢，疲劳裂纹萌生寿命占总寿命的70%~80%，强度越高，疲劳裂纹萌生寿命占比越大，且超过80%的裂纹均与加工表面上切削刀痕、划伤或夹杂物造成的应力集中相关。因此，加工表面完整性是机械制造行业，特别是车辆、航空、航天制造行业的重要研究内容[45,46]。

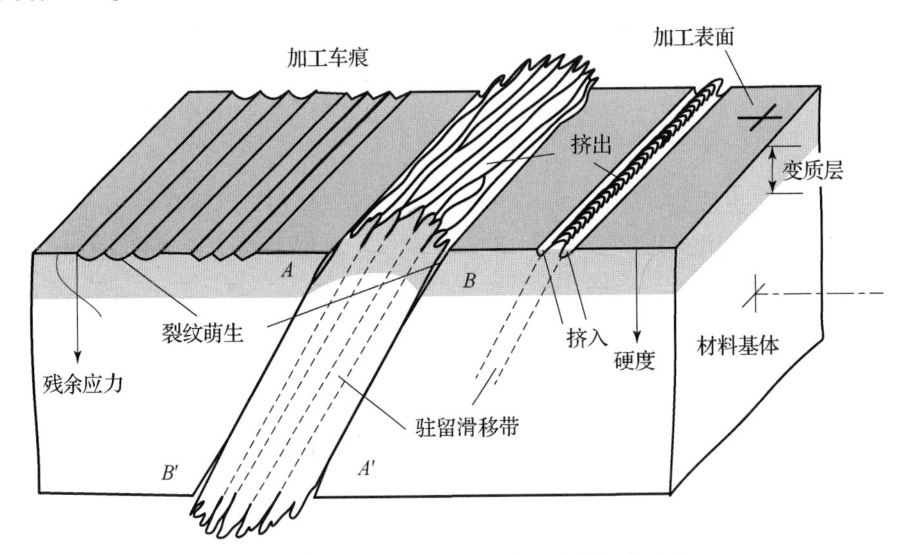

图1.6 金属加工表面完整性和疲劳行为示意

1.2.4.1 加工工艺对表面完整性的影响

面向机械加工表面完整性对构件疲劳性能等方面作用规律的研究，研究学者往往以加工工艺参数和工艺条件对表面完整性的影响规律作为切入点，如图1.7所示。在加工表面完整性对疲劳寿命的评价指标中，加工表面粗糙度、表面层残余应力、表面层显微硬度和晶体取向特征对疲劳寿命具有很大的影响。其中，表层和亚表层是在机械加工后引起疲劳破坏的两个主要因素[47]。为了延长疲劳寿命，目前在加工工艺到表面完整性的研究过程中，学者更倾向于以获得较为光滑的表面形貌、较大的残余压应力等方式对加工表面完整性进行抗疲劳制造[48]。

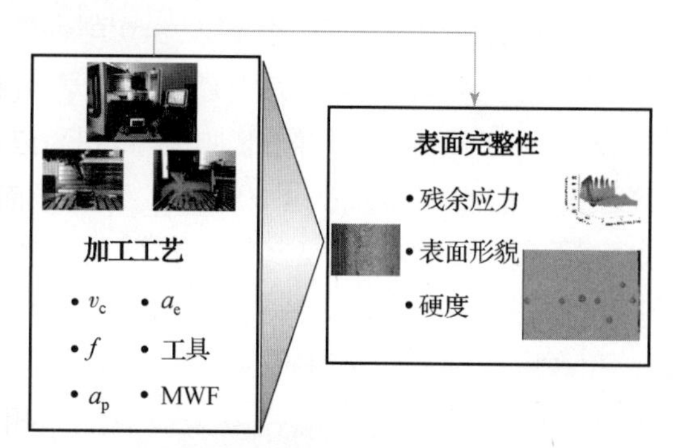

图 1.7　面向抗疲劳制造的金属加工工艺与表面完整性

为了提高抗疲劳性能，众多学者对切削过程中的表面完整性开展了多方面的研究工作。KHAN[49]在 AISI 4340 钢精车削过程中以表面粗糙度作为研究对象，探究了刀尖半径、进给量、切削速度和深度对其的作用规律。MUÑOZ[50]分析了在不同切削环境下 303 不锈钢的表面完整性，结果表明，在规定的切削参数下，在干切削环境下可以使表面粗糙度和材料显微硬度达到最低的效果，更适合 303 不锈钢的加工。文献［51］在使用纳米流体对 AISI 4340 进行微量润滑车削时，以获得较低的表面粗糙度和切削力为目标驱动，对工艺参数进行了优化。FRÉDÉRIC[52]介绍了一种预测 AISI 304L 不锈钢精车削残余应力的新方法，该模型通过对加工表面施加等效热机械载荷来模拟残余应力的产生，无须对切屑去除过程建模，从而实现快速计算（图 1.8）。

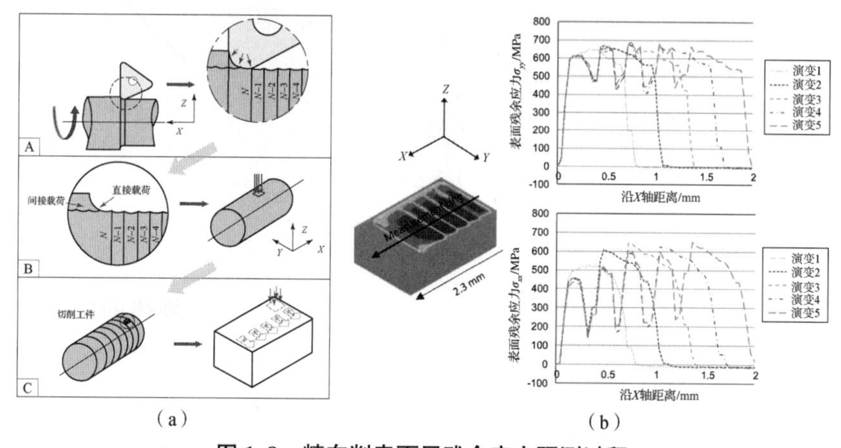

（a）　　　　　　（b）

图 1.8　精车削表面层残余应力预测过程

（a）三维车削切削过程建模；（b）沿进给方向的表面残余应力演变

GARCÍA[53]研究了干车削、润滑剂车削（油基乳液）和液氮低温车削 AISI 4150（50CrMo4）钢的表面完整性变化，发现低温加工减少了热影响问题，提高了刀具的使用寿命，改善了车削零件的表面完整性。VARELA[54]研究了硬切削 300M 超高强度钢过程中刀具几何形状和切削参数对表面粗糙度和残余应力的影响，结果表明，合理选择刀尖半径可以显著提高加工表面的完整性。DANG[55]等人通过研究表面低温磨削处理 300M 超高强度钢组织演变规律来提高 300M 超高强度钢的耐磨性，超过 $10^6\ s^{-1}$ 的应变率在 300M 超高强度钢试样的表层产生了大于 $0.2\ \mu m^{-1}$ 的应变梯度，促使马氏体基体片层在加工过程中扩展为细长结构，最终转变为纳米晶粒，表面层显微硬度增大。低温磨削工艺在高应变率和高应变率表面层组织演变示意如图 1.9 所示。

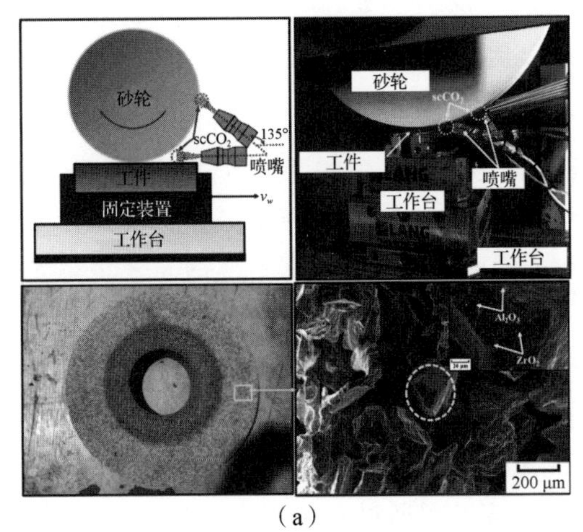

(a)

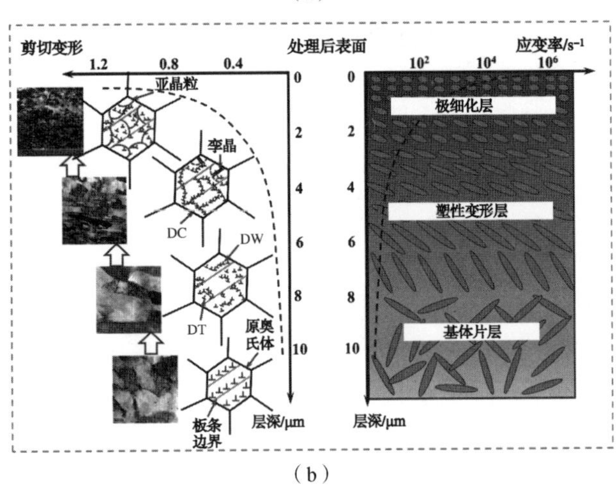

(b)

图 1.9　低温磨削工艺在高应变率和高应变率表面层组织演变示意

(a) 低温磨削实验安排；(b) 表面层组织演变

此后DANG[56]还研究了超声滚压强化对300M超高强度钢表面完整性和耐磨性的影响，发现通过10道次的超声滚压强化可以获得高度光滑的表面（$R_a \approx 7$ nm），且形成了 -950 MPa 表面残余压应力和 -800 μm 的层深，晶粒细化、加工硬化和残余压应力的综合作用使300M超高强度钢的表面硬度提高了约30.9%，显著提高了耐磨性。

1.2.4.2 加工表面完整性对疲劳寿命的影响

机械加工表面完整性在影响试件疲劳性能、抗磨损性能等方面的研究是建立在加工参数及工艺条件对表面完整性影响规律的基础上进行的。经过机械加工后，零件的表层和亚表层是疲劳破坏的主要起源。在表面完整性的指标中，表面粗糙度、加工硬化和表面残余应力对零件的疲劳性能具有极其重要的影响，如图1.10所示。

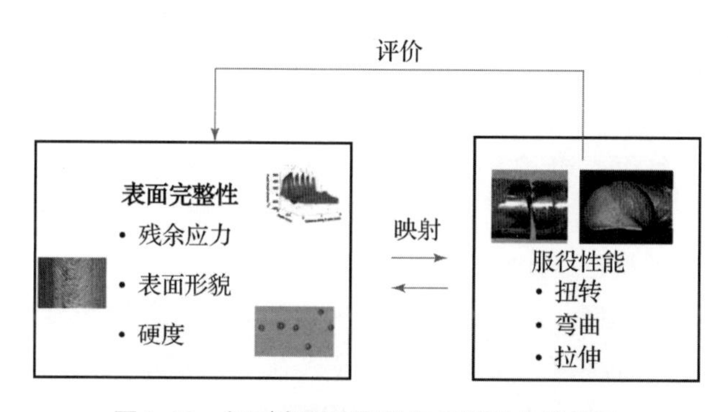

图1.10 加工表面完整性与疲劳寿命的关系

1. 机械加工表面形貌对疲劳行为的影响

国内外学者对于加工表面形貌对疲劳行为的影响做了大量的研究，ANDREWS和SEHITOGLU[57]基于表面粗糙度建立了疲劳裂纹萌生和扩展的模型，发现平均表面粗糙度与疲劳寿命呈现强函数关系。DONG等[58]研究了表面粗糙度对疲劳的影响，通过表面重建技术并入应力集中系数建立了两者之间的关系。YAO[59]基于Arola - Ramulu应力集中模型研究了工件的疲劳性能，发现利用应力集中系数 K_t 描述工件的疲劳性能比表面粗糙度参数 R_a，R_y 和 R_z 更精确。SURARATCHAI[60]研究了加工表面粗糙度对疲劳寿命的影响，发现疲劳裂纹萌生主要与表面形貌引起的应力集中有关，并利用表面粗糙度参数 R_a，R_y 和 R_z 对应力集中系数进行了表征，确定应力集中的有限元计算原理如图1.11所示。

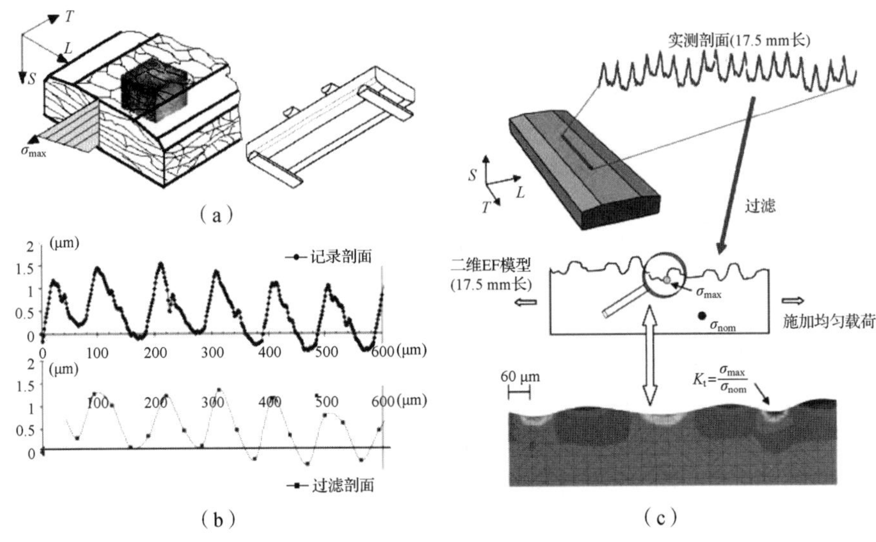

图 1.11　确定应力集中系数的有限元计算原理

WANG[61]等人提出了以表面粗糙度参数 R_z，R_{sm} 和 R_a 为建模参数的几何等效简化模型。结果表明，表面粗糙度引起的微缺陷在疲劳载荷作用下产生应力、塑性应变和损伤集中，从而产生疲劳裂纹萌生，而表面粗糙度越大，产生的损伤集中越严重。DINH[62]等人提出了一种基于非线性有限元分析和临界距离理论的疲劳模型，该模型能够准确地捕捉到表面粗糙度对循环疲劳状态下疲劳裂纹萌生的影响。ZHANG[63]等人在表面粗糙度 R_a = 0.6 μm 时对 FV520B - I 的疲劳性能进行了长达 10^9 次循环的测试，发现随着表面粗糙度的增加，$S-N$ 曲线不断向下移动，裂纹源从表面向亚表面转变，且应力逐渐减小，最终出现了疲劳极限。高周疲劳时，表面裂纹的萌生机制与表面粗糙度无关，他们还进一步讨论了表面开裂和亚表面开裂之间的竞争机制。TAYLOR 等人[64]发现表面粗糙度的高度参数对有色金属疲劳性能的影响最为显著。YANG 等人[65]提出在不同的切削条件下，三维表面粗糙度参数与二维表面粗糙度参数表现出几乎相同的趋势，而基于表面应力集中系数的疲劳寿命模型（使用三维表面粗糙度参数计算）比使用二维参数计算的疲劳寿命模型更精确。ABROUG 等人[66]指出，三维振幅参数 S_a 最能表征铣削表面的疲劳行为。ITOGA[67]指出，随着试件表面粗糙度的增大，其疲劳强度逐渐降低，特别是在低周疲劳的情况下更为明显。GIOVANNA[68]研究了三种不同的切削速度（90 m/min、120 m/min 和 150 m/min）和四种冷却/润滑方法（干燥、低温、最小量润滑和高压空气喷射）对 7075 - T6 铝合金高周疲劳强度的影响，当表面光洁度在一定范围内（R_a 为 0.4 μm，R_z 为 2.5 μm）时，裂纹倾向于在晶界处萌生，晶粒尺寸对疲劳寿命的影响更大，他还提出了一种考虑晶粒尺寸和表面形貌特征的疲劳裂纹萌生寿命预测模型，如图 1.12 所示。

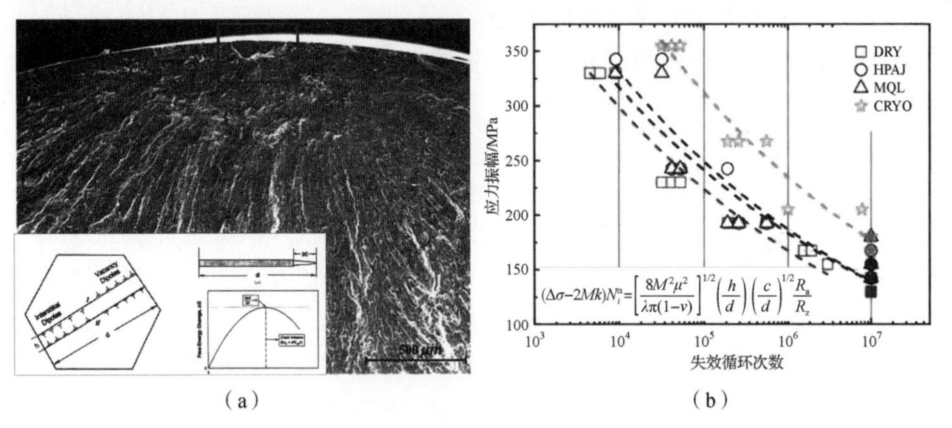

(a) (b)

图 1.12 表面粗糙度对 7075 – T6 铝合金疲劳行为的影响

(a) 150 m/min 时 HAPJ 工艺的初始裂纹长度；(b) 150 m/min 时的 $S-N$ 曲线

2. 表面硬度对疲劳寿命的影响

加工表面硬化是工件表层金属在机械加工中受到切削力的作用，产生严重的塑性变形，使金属发生晶格扭曲、晶粒破碎、拉长和纤维化，从而阻碍金属的进一步变形，使工件表面硬度提高并且塑性降低的现象。然而，加工硬化层对疲劳强度的影响存在两面性，具体要根据加工硬化层深以及硬化程度进行判别。SEALY[69] 等人研究发现切削加工表面硬度的提高一方面可以抑制疲劳裂纹的萌生，另一方面也会导致裂纹扩展速率的增加，因此，只有适当提高表面硬度才能延长试件的疲劳寿命。WHA[70] 等人分析了切削质量与疲劳性能的关系，发现疲劳寿命会伴随着表面硬化程度的升高而延长，但是，过度的表面应变硬化会增加表面脆性，降低抗疲劳能力。NISHIDA 等人[71] 研究了塑性加工对结构钢疲劳强度的影响，发现疲劳极限的显著增加是由残余压应力、加工硬化和表面结构共同作用的结果。JOSEFSON[72] 等人认为，适当的加工硬化使试样表层产生大的塑性应变，进而获得较高的屈服强度，在很大程度上阻碍了位错线的向外表面滑移，这有利于阻碍裂纹的萌生和微裂纹的扩展，最终使疲劳强度提高。SUAREZ 等人[73] 的研究表明，超声辅助铣削会使表面层产生很大的加工硬化，抑制了表面疲劳裂纹萌生，进而延长了疲劳寿命。

3. 表面残余应力对疲劳寿命的影响

加工表面残余应力是指机械加工后在表层与内部保持平衡的一种内应力。

众多学者研究了机械加工表面残余应力对疲劳性能的影响机制，但仍存在争议。目前被人们广泛认可的是 WAGNER 和 GREGORY[74]的结论，即残余压应力可以显著延缓裂纹扩展，但其对裂纹萌生的影响并不明显。LAMMI[75]的研究表明残余压应力可以降低疲劳裂纹扩展速率，从而改善工件的疲劳性能。HUA[76]等人发现，在循环加载期间，表面主残余应力会导致裂纹闭合，降低裂纹扩展速率。GUO[77]提出残余压应力通过闭合裂纹尖端来阻止裂纹扩展。YAO[78]等人比较了试样的裂纹萌生位置，发现残余压应力会影响疲劳裂纹的萌生，残余压应力会迫使疲劳裂纹萌生位置从样品表面移动到次表面。JAVIDI 等人[79]研究了刀尖半径 r_ε（0.2 mm、0.4 mm 和 0.8 mm）和进给量对疲劳寿命的影响规律，结果表明，加工表面残余应力对疲劳寿命的影响程度大于加工表面粗糙度。SASAHARA 等人[80]的研究表明，45 钢疲劳性能主要受到表面残余应力和加工硬化的影响，表面粗糙度 R_y 对疲劳性能的影响很小。HUA[81]等人的研究表明，与表面残余应力相比，主残余应力对疲劳性能的影响最大，主残余应力可被视为评估残余应力对车削表面疲劳性能影响的主要指标。

在分析残余应力对工件疲劳性能的影响时，应力松弛是不可忽略的，即加工表面残余应力在疲劳实验过程中存在释放，且不同服役环境下的应力释放程度不同，对疲劳寿命的影响程度也不同。BENEDETTI[82]等人发现只有在循环加载的压缩部分达到材料塑性流动应力时，才存在残余应力松弛现象。这一结果与 HEMPEL[83]等人的结果一致，他们认为，一旦残余应力和外加应力的总和达到或超过工件材料的屈服强度，大部分残余应力就可以在几个循环中释放，从而导致残余应力对疲劳性能的影响可以忽略不计。因此，大部分研究人员认为，机加工表面残余应力主要影响高周疲劳（低应力疲劳）。WANG[84]等人揭示了循环载荷下残余应力松弛的基本机理，研究发现，松弛量不仅取决于施加的循环次数，还取决于应力比、机械载荷大小、残余应力和材料机械性能之间的相互作用。XIE[85]等人采用实验和有限元方法研究了循环载荷作用下的残余应力松弛，提出了一个考虑初始残余应力、屈服应力、应力幅值和循环次数影响的分析模型，用于预测循环载荷对残余应力的松弛。Kim 等人[86]研究了喷丸强化后的中碳钢在高低周疲劳测试下的残余应力释放规律，实验结果表明，表面残余应力在低周疲劳循环测试下，经 10^3 次交变载荷循环后释放量达到了 60% 以上，显著高于高周疲劳释放量。

众所周知，影响疲劳裂纹萌生位置的参数很多，如外加应力、材料性能、材料缺陷、应力集中和表面粗糙度等[87-89]。在许多早期发表的研究中，表面完整性对疲劳性能的影响是依托表面粗糙度参数进行描述的，例如 R_a 或

R_t[90]。疲劳强度集中系数由基于两个参数的多个模型计算得出，以预测疲劳寿命[91]。然而，在精加工过程中表面粗糙度值较小的情况下，这些参数对疲劳性能的影响并不显著，尤其是在高循环条件下。因此，很多学者[92,93]逐渐将残余应力视为改变机械加工表面疲劳性能的决定因素，认为残余压应力可以改善疲劳性能。然而，表面和最大残余压应力的影响仍然令人困惑[94]。至于加工硬化和微观结构的影响，现有研究中存在很大的分歧。SASAHARA[80]认为，由于加工表面的屈服应力增加，疲劳寿命可以通过增加表面硬度来延长。王仁智等人[95]指出金属材料表面完整性与疲劳断裂抗力有很大的关系，且主要为残余应力、组织结构与表面粗糙度三个主要因素。疲劳断裂绝大多数起源于表面，使金属抗力取决于表面完整性，且主要由表面纹理和表面层冶金特征两方面容构成[96]，较大的表面粗糙度 R_a 值使材料的疲劳断裂抗力降低。

1.2.4.3 面向疲劳性能的加工工艺抗疲劳制造分析

（1）关于从加工工艺到表面完整性的抗疲劳性制造，为了延长疲劳寿命，往往通过一味地减小加工表面应力集中系数、增大残余压应力等方式对加工表面完整性进行评价，然而这些方式增加了零件制造工艺难度且降低了生产效率。同时，不同的加工工艺很难确保各个表面完整性特征参数均处于较优值，从加工工艺的角度来获得较优表面完整性的研究具有一定的局限性，对表面完整性特征与疲劳性能之间的影响机制了解不够深入，因此急需定量描述加工表面完整性与疲劳行为之间的映射关系，进而从疲劳寿命的角度对加工工艺进行合理的选择。

（2）关于面向疲劳性能的加工表面完整性指标，缺乏对表面粗糙度、残余应力和显微硬度等综合作用的研究，实际上，金属表面疲劳行为本质上是各个表面完整性特征参数之间竞争的结果。

1.2.5 能量法预测疲劳寿命的研究进展

疲劳失效是工程结构件最主要的破坏形式之一，将危及安全并造成巨大的经济损失。目前，疲劳寿命预测方法主要有名义应力法、局部应力－应变法和能量法等[97]。其中能量法是从疲劳损伤机理的角度来对疲劳寿命进行预测的，能够解释很多其他预测方法无法解释的疲劳现象[98]，因此得到了广泛应用。疲劳损伤发生在结构件表面层晶格等缺陷形成和演变的过程中，这些微观演变需要消耗一定的能量，因此通过能量法描述疲劳损伤过程具有很明确的物理意义[99]。同时，能量法考虑了结构件塑性应变和应力的双因素影响，克服了应力法和应变法的单因素方法的缺陷[100]。

疲劳损伤过程是一个复杂的能耗过程，如图 1.13 所示，在该过程中出现了多种形式的能量。在疲劳实验的过程中，试样不停地往复运动，疲劳测试装置主要以滞弹性应变能、弹性应变能和塑性应变能的方式将能量传递给试样，试样再以热能、声发射等形式将能量耗散掉，试样内部产生储能。其中，热能由晶体内部的摩擦消耗掉，而储能主要为晶格缺陷中产生的位错、点缺陷堆垛层错等产生的能量。因此，单个循环内的塑性应变能 ΔW_p、热能 ΔQ 和储能 ΔE_s 满足以下关系式：

$$\Delta W_p = \Delta Q + \Delta E_s \tag{1.1}$$

式中，塑性应变能 ΔW_p 为疲劳测试装置的输入机械功；热能 ΔQ 为疲劳测试过程中材料内摩擦消耗掉的热量；ΔE_s 为材料除去热耗散后，循环过程中位错等缺陷形式保留在材料内部的能量。

根据损伤参量将疲劳损伤分为塑性应变能和储能，下面主要介绍这两方面的疲劳寿命预测模型的进展。

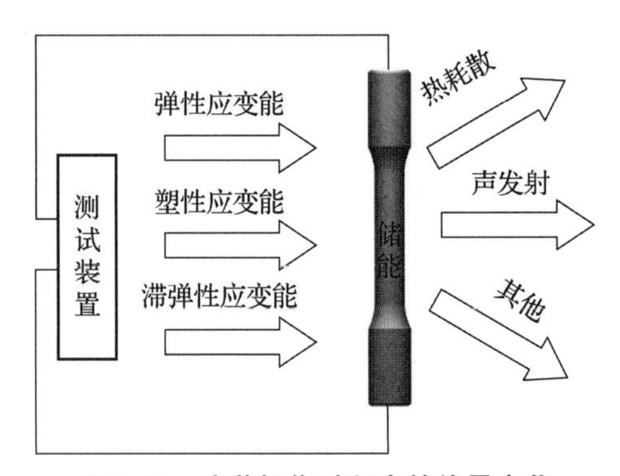

图 1.13　疲劳损伤过程中的能量变化

1. 塑性应变能

Feltner 和 Morrow 于 1961 年率先提出了以塑性应变能密度映射疲劳累积损伤的方法。CHANG[102]用“疲劳韧性” W_f'(常数) 来表述疲劳断裂过程所需要的累积塑性应变能。然而，大量实验佐证了不同应变幅下疲劳断裂过程所需要的累积塑性应变能并非是恒定的[103]。NOURIAN[104]研究了不同应变幅下疲劳断裂过程所需要的累积塑性应变能的分布规律，结果表明：应变幅的增加使对应的累积塑性应变能降低，且不同应变幅下的累积塑性应变能和疲劳寿命在转换至半对数坐标系后呈现线性比例关系：

$$\Delta W_p = W_f' N_f^{\beta} \tag{1.2}$$

GARUD[105]进一步发展了塑性功理论并将其推广到多轴疲劳中，推导出如下塑性功与裂纹萌生寿命的关系：

$$N_f = F(\Delta W_p) \tag{1.3}$$

式中，$F(\Delta W_p)$是ΔW_p的单调递减函数，其具体形式可通过实验获得。

BERTO[106]和BRANCO[107]将能量法与临界面法结合，得到一种新的预测多轴疲劳寿命的方法：

$$\Delta W_p = a \cdot \Delta\gamma \cdot \Delta\tau + b \cdot \Delta\varepsilon \cdot \Delta\sigma \tag{1.4}$$

KLIMAN[108]重点考虑了平均应力σ_m对累积塑性应变能的影响：

$$\Delta W_p' = 3(\sigma_f' - \sigma_m)\varepsilon_f' \left(\frac{\sigma_a}{\sigma_f' - \sigma_m}\right)(b+c)/b \tag{1.5}$$

2. 储能

塑性应变能中的大部分能量会以热量的形式散失，而余下的小部分则会以位错等缺陷形式存储于金属材料内部。这部分储能即导致材料疲劳裂纹萌生和破坏的主要原因[109]。

在疲劳变形过程中，塑性变形产生的位错滑移使试样不断发生加工硬化，MÁTHIS等人[110]研究了位错滑移引起的加工硬化程度：

$$\Theta = \frac{\partial\rho}{\partial\varepsilon} = K_a + \sqrt{\rho} \cdot K_b - \rho \cdot K_c - \rho^2 \cdot K_d \tag{1.6}$$

式中，$K_a = 1/bs$，s为材料内颗粒的距离；K_b为位错的增殖系数；K_c与K_d为位错回复系数。MARTIN[111]率先研究了应变硬化相关能量与疲劳损伤间的关系，并构建了塑性本构符合$R-O$模型的金属材料的寿命预测模型：

$$w_n = \frac{2N\Delta\varepsilon_p^{n+1}}{(n+1)k^n} \tag{1.7}$$

通过研究微观组织的演变能够揭示疲劳断裂的本质。SURESH[112]等人指出位错组织改变了马氏体钢与奥氏体钢的循环塑性响应特征。XU等人[113]研究了22Cr15Ni3.5CuNbN疲劳过程中的应变响应与组织演变的关系。CHEN[114]等人研究了20Mn－0.6C－TWIP钢在循环载荷下的微观组织的位错演变与裂纹形核规律。FEKETE[115]指明了热耗散率β（热耗散ΔQ与塑性功ΔW_p的比值）仅与应变率有关，且可以在疲劳过程中视作恒定的，据此得到了稳定循环的储能与寿命之间的数学关系：

$$\Delta E_s^{stab} = (1-\beta) W_p^{stab} = Z \cdot N_{SCP}^{\eta} \tag{1.8}$$

式中，Z为疲劳韧性系数；η为疲劳韧性指数；热耗散率β经热耗散实验测量获取。

由于通过疲劳实验来获得金属材料的疲劳强度要花费大量的时间和金钱，因此更多的学者花费了大量的精力试图建立疲劳强度和基本力学性能之间的关系，能量法预测中低周疲劳寿命往往采用忽略加工表面特征或增加其他工艺来减小表面层影响的方式。NALLA[116]等人指出表面层的残余压应力显著降低了 Ti-6Al-4V 合金的循环软化速率，从而影响了低周疲劳循环行为。徐海丰[117]等人考虑到表面粗糙度以及机械加工在表面产生的残余应力影响 Ti-6Al-4V 合金的循环硬化/软化行为，采用轴向打磨和抛光处理的方式对试样进行处理，然而忽略了机械抛光产生的加工硬化也会影响材料的循环行为。采用能量法研究材料整体力学性能时，少有文献考虑对加工表面完整地进行疲劳寿命预测研究，因此减小了能量法对于不同加工表面层特征的适用范围。

1.3 超高强度钢扭力轴抗疲劳制造的发展趋势

随着整体机械性能的逐渐提高，日益恶劣的服役环境使超高强度钢扭力轴高效高性能制造成为一个热点课题，抗疲劳制造和疲劳寿命预测面临着新的挑战。结合材料学和机械工程学的发展方向，抗疲劳制造主要有以下几个方面。

1. 面向符合实际服役环境的加工多工序研究

在实际制造过程中，高性能部件理想表面完整性是基于上一道工序表面完整性演变的结果。目前对于机械加工对疲劳性能影响的研究，往往忽略了加工前的材料表面状态。因此，需要研究加工工序表面完整性演变，包括各加工工序前的原始表面完整性输入特征，以及加工工序后的表面完整性输出特征，以获得超高强度钢的可靠的加工表面完整性信息。

2. 开发考虑加工表面完整性的疲劳寿命预测模型

研究学者对疲劳寿命预测方法进行了大量研究，但大多是从材料学的角度对疲劳寿命进行预测，往往忽略加工表面特征或增加其他工艺来减小表面层影响。需要进一步开发新的预测模型，建立考虑加工表面完整性的疲劳寿命预测模型。

3. 建立面向疲劳服役性能的加工表面完整性评价方法

机械加工作为最终的制造工艺，为了延长疲劳寿命，往往通过一味地减小加工表面应力集中系数、增大残余压应力等方式来提高疲劳服役性能，这增加了零件制造工艺难度且降低了生产效率，因此，急需面向疲劳服役性能的加工表面完整性特征定量评价[118]，进而从疲劳寿命的角度对加工工艺进行合理的选择。

1.4　本书章节安排与体系结构

本书针对超高强度钢扭力轴的粗车 + 精车 + 淬火回火 + 精磨 + 超声滚压强化等制造工艺过程，通过循环应变能量法与加工工序、疲劳测试实验相结合，综合运用扫描电子显微镜、电子背散射衍射和透射电子显微镜等测试表征技术，分析了超高强度钢制造工艺过程的表面完整性演变规律，揭示了各工序表面层的疲劳断裂机制，提出了考虑加工表面完整性的能量法预测疲劳寿命映射方法，实现了面向扭转疲劳服役性能的加工表面完整性评价，最后评价并优化了超高强度钢扭力轴关键工序，并验证了多工序方案的可行性，为实现超高强度钢扭力轴的高效率、高性能抗疲劳制造提供了理论基础与实验依据。

本书由 5 章构成，整体研究框架与各章节之间的关系如图 1.14 所示，各章节具体研究内容如下。

第 1 章对研究背景和意义进行介绍，指出超高强度钢扭力轴表面完整性演变与扭转疲劳行为研究的必要性。然后，对扭转疲劳失效、超高强度钢扭力轴制造多工序过程、加工工艺对表面完整性、表面完整性对疲劳寿命、能量法预测疲劳寿命等几个方面的研究现状与发展趋势进行论述，在此基础上引出本书的主要研究内容和思路。

第 2 章针对淬火回火前的加工工序，分析了加工表面层晶粒细化、塑性变形特征与晶粒位错取向差的关系，通过对表面形貌、显微硬度、残余应力和晶体学特征进行表征，揭示了加工工序 + 淬火回火表面层的晶体学演变特征与残余应力、显微硬度的作用机制，为加工工序 + 淬火回火表面层的疲劳扭转失效行为奠定工艺基础。

第 3 章针对淬火回火前的加工工序，分析了加工表面完整性演变特征对循环应力 - 应变响应和横向剪断疲劳的影响，揭示了加工工序对淬火回火表面层扭转疲劳寿命的影响规律，确定了面向疲劳服役性能的粗车 + 湿式半精车 + 淬火回火处理的加工工序，为研究淬火回火表面层的后续硬车与精密加工对疲劳寿命的影响奠定了工艺和理论基础。

第 4 章针对淬火回火表面层的后续硬车代磨加工，阐明了硬车加工表面层特征对循环单周次背应力能密度和总背应力能的影响，确定了影响扭转疲劳性能的加工表面特征主因子，建立了硬车加工表面完整性特征与扭转疲劳行为的半高宽法映射模型，实现了疲劳实验前对加工表面完整性进行评价，为研究淬火回火表面层的后续关键工序的优化与评价奠定了工艺和理论基础。

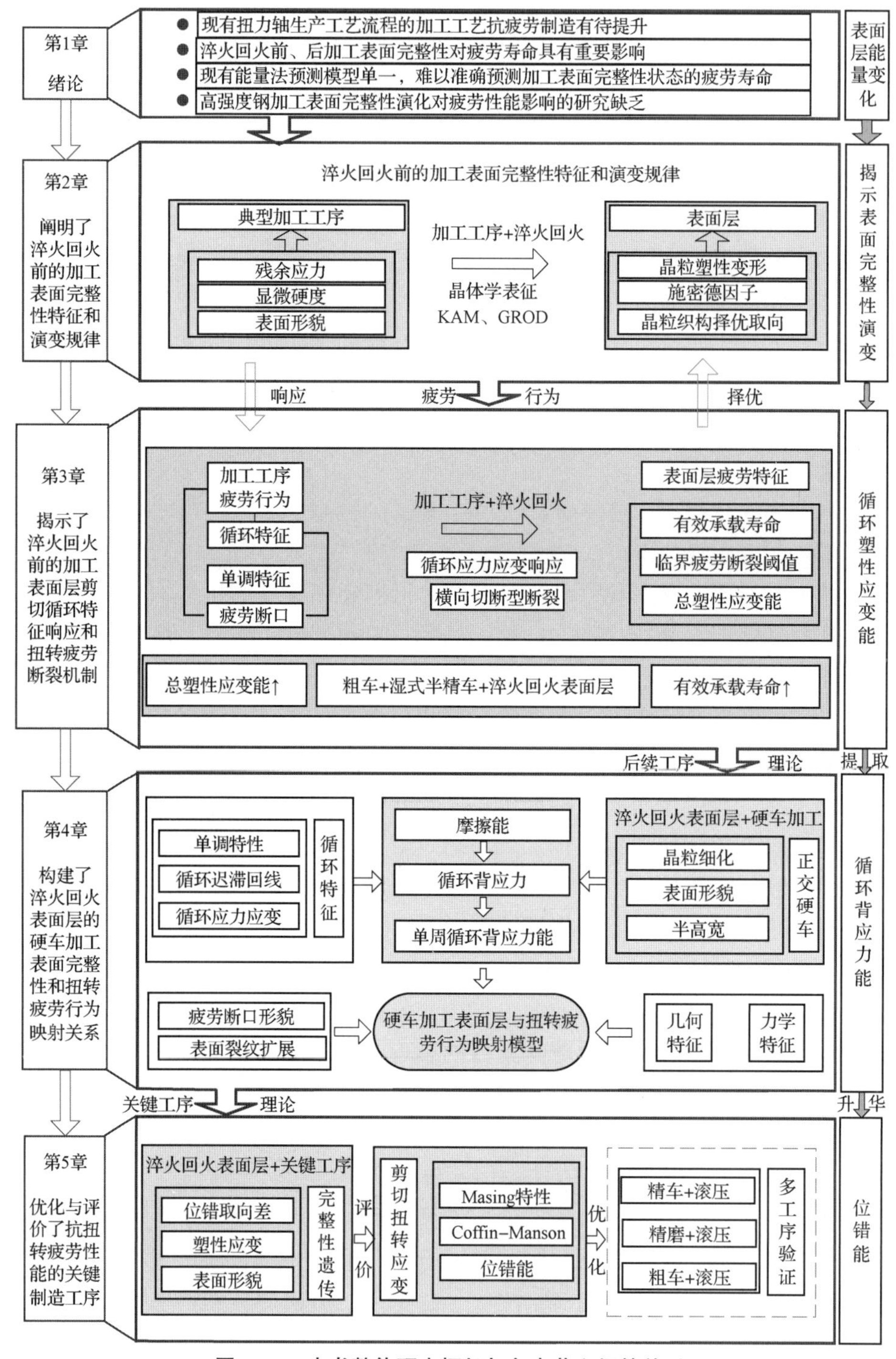

图 1.14　本书整体研究框架与各章节之间的关系

第 5 章针对淬火回火表面层的后续精车、精磨等关键工序，阐明了关键工序的表面完整性特征对不同扭转应变下的 Coffin – Manson 关系、Masing 特性和位错能的影响规律，构建了同时考虑车削与磨削加工表面完整性的位错能法疲劳寿命预测模型，评价了不同扭转应变疲劳寿命的车削与磨削加工表面完整性特征，优化并验证了淬火回火表面层 + 精车 + 超声滚压强化工序的可行性，为实现超高强度钢扭力轴的高效率、高性能抗疲劳制造提供了理论基础与实验依据。

本书的结论与展望部分归纳总结本书的主要研究成果与创新点，并对本领域后续研究工作进行展望。

第2章
淬火回火前的加工表面完整性特征和演变规律

2.1 引言

在超高强度钢扭力轴制造工艺过程中，最终的高性能加工表面完整性是基于上一道工序遗传演变综合作用的结果。本章研究了淬火回火前的加工工序表面层晶体学特征、残余应力和显微硬度的演变规律，以及加工工序对淬火回火表面层的晶粒取向、塑性应变、残余应力和显微硬度等特征的影响，阐明了加工表面层的晶粒细化、塑性应变与晶粒中心点平均取向差（KAM）、晶粒参考点取向差（GROD）之间的关系，提出了适用于加工工序、加工工序+淬火回火表面层晶粒细化层和塑性变形层的定量表征方法，揭示了淬火回火前的加工表面完整性演变机制，为面向扭转疲劳服役性能的淬火回火前加工工序控制提供依据。

2.2 实验设计

2.2.1 试样设计

考虑到后续的扭转疲劳实验，首先针对超高强度钢扭力轴零件进行试样设计，扭力轴三维零件模型和设计的扭转试样如图2.1所示。

为了使疲劳试样更能反映实际扭力轴服役条件，试样圆弧段采用相同的应力集中系数进行等比例设计，满足：

$$R/D = r/d \tag{2.1}$$

文献［1］给出了直径 d 为52 mm的重载车辆扭力轴的圆弧半径 r(100 mm)，可得试样直径 D 为12.5 mm时对应的圆弧半径 R 为24 mm，试样设计基于《金属材料 扭矩控制疲劳实验方法》（GB/T 12443—2017），其中，试样直径尺寸为扭转疲劳测试过程中的标准应变引伸计的测量尺寸。设计的试样和实际扭力轴均为实心，具体尺寸如图 2.1（b）所示。

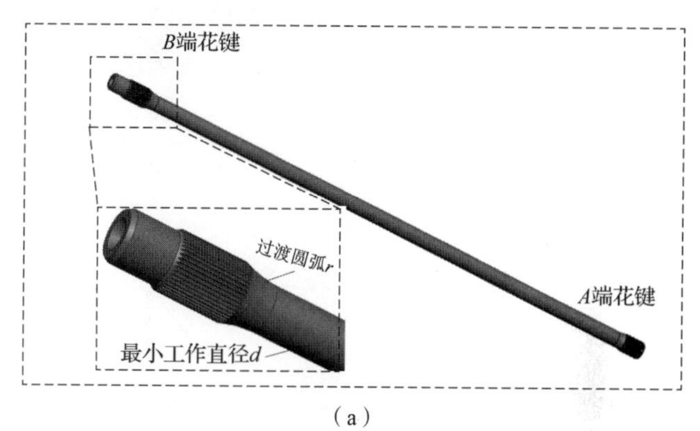

（a）

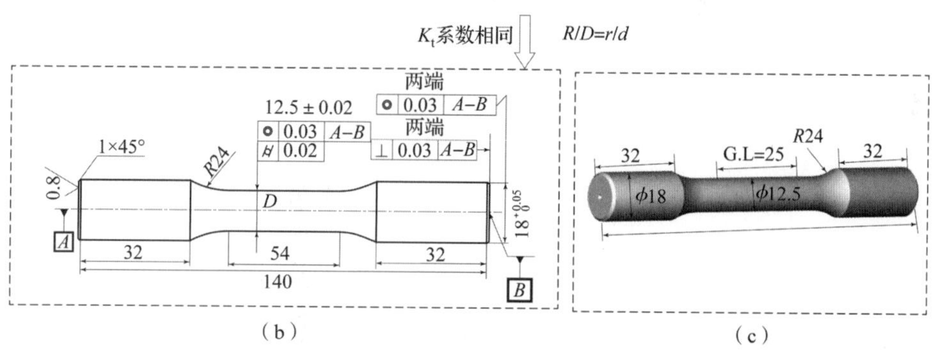

（b）　　（c）

图 2.1　试样设计

（a）扭力轴零件模型；（b）扭转试样详细尺寸；（c）扭转试样三维尺寸

2.2.2　淬火回火前的工序设计

从超高强度钢扭力轴制造工艺过程（图 1.4）可知，淬火回火前的加工工序（如“4. 粗车外圆锥面”和“5. 精车外圆及圆弧”）位于正火处理后，属于典型的正火态钢加工工序。首先设计了 4 组正火态钢加工工序来研究加工表面完整性特征的演变规律，工序安排如图 2.2 所示，分别为粗车工序（RT）、粗车 + 湿式半精车工序（FRT）、粗车 + 干式半精车工序（FRT0）、粗车 + 湿式半精车 + 磨削工序（GFRT）。图 2.3 所示为典型加工多工序过程示意。在实际的加工多工序过程中，磨削往往位于淬火回火工序后，但为了研究从湿式半精车到磨削工序中的加工表面完整性演变特征，以避免淬火回火工序的影响，在淬火回火前添加了磨削工序。相对于车削工序，磨削工序更易引入较为光滑的表面，能够实现较为光滑表面特征对后续淬火回火表面层的影响研究，正火态钢磨削工序与淬火回火表面层的后续精密磨削工序无关，属于淬火回火前的加工工序表面完整性演变研究。

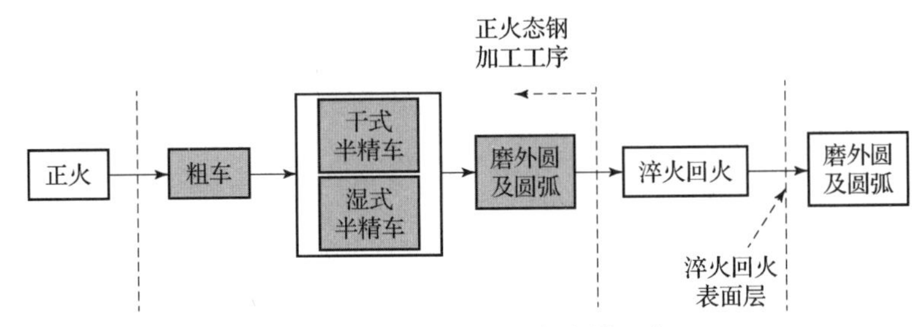

图 2.2　淬火回火前工序安排示意

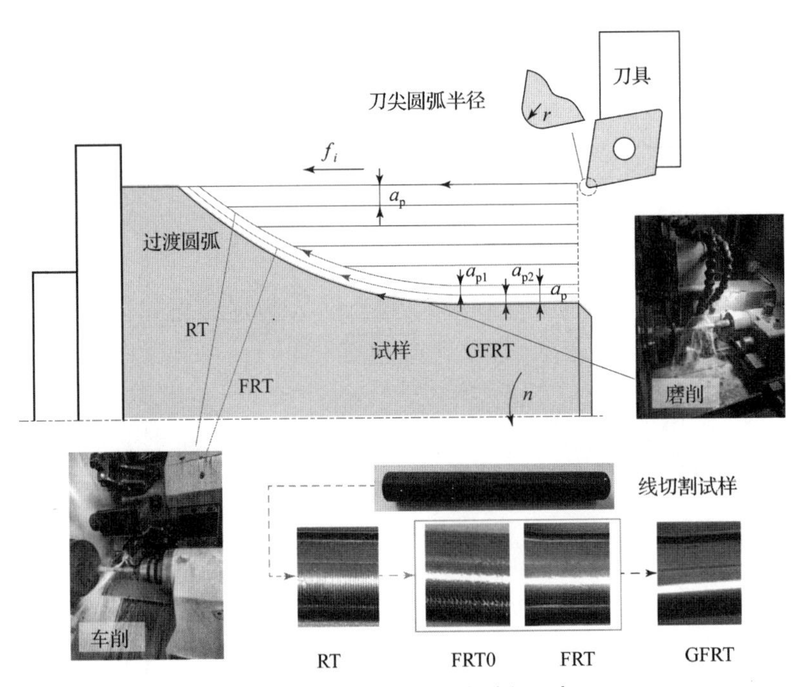

图 2.3　典型加工多工序过程示意

第一组为粗车工序（RT），切削参数 $n=1\ 200$ r/min，$a_p=0.5$ mm，$f=0.35$ mm/r。这里需要注意的是，为了减少试样尺寸对疲劳性能的影响，加工工序的最终尺寸均为 12.5 mm。粗车+湿式半精车工序的最终切削参数分别为 $n=2\ 037$ r/min，$a_p=0.25$ mm，$f=0.12$ mm/r，前一道粗车工序留有 0.25 mm 的加工余量。对于粗车+湿式半精车+磨削工序（GFRT），砂轮的最终速度 $v_s=25$ m/s，$n=150$ r/min，$a_p=0.01$ mm、$v_f=200$ mm/min，粗车工序和粗车+湿式半精车工序分别留有加工余量 0.5 mm 和 0.25 mm。同时，添加一组粗车+干式半精车工序（FRT0），且切削参数与粗车+湿式半精车工序（FRT）相同，其他 3 组采用湿式切削工序，加工工序详细参数见表 2.1。

表 2.1　45CrNiMoVA 超高强度钢的加工工序切削参数

工艺名称	工艺步骤	加工参数	多工序
—	步骤 0	线切割	无
RT	步骤 1	n = 1 200 r/min，a_p = 0.5 mm，f = 0.35 mm/r，r = 0.8 mm	1
FRT0	步骤 2	n =2 037 r/min，a_p =0.25 mm，f=0.12 mm/r，干式，r = 0.4 mm	1 +2
FRT	步骤 3	n =2 037 r/min，a_p =0.25 mm，f=0.12 mm/r，湿式，r = 0.4 mm	1 +3
GFRT	步骤 4	n = 150 r/min，a_p = 0.01 mm，v_f = 200 mm/min，v_s = 25 m/s，P400 * 40 * 127SA	1 +3 +4

图 2.4 所示为淬火回火前的 45CrNiMoVA 超高强度钢晶粒 EBSD 表征，化学成分见表 2.2。淬火回火处理前晶粒的平均尺寸为 25 μm［图 2.4（c），（d）］，标准偏差为 2 μm，从图 2.4（a）中可以看出，晶界分布主要为大角度晶界（15°~63°）。

图 2.4　晶粒 EBSD 特征

（a）IQ 质量；（b）晶粒取向分布；（c）晶粒尺寸分布；（d）晶粒尺寸分布

表 2.2　45CrNiMoVA 超高强度钢的化学成分　　wt%

C	Cr	Ni	Mo	V	Si	Mn
0.42～0.49	0.80～1.1	1.3～1.8	0.2～0.3	0.1～0.2	0.17～0.37	0.5～0.8

车削实验在 CNC 车铣中心（Mazak nexus 200－ⅡML）上完成，粗车工序过程中使用的切削刀具型号为 VNMG160408 VP15TF，刀尖圆弧半径为 0.8 mm，湿式半精车和干式半精车工序使用的刀具型号为 VNMG160404－MS VP05RT，刀尖圆弧半径为 0.4 mm，具体车削加工过程如图 2.5 所示。

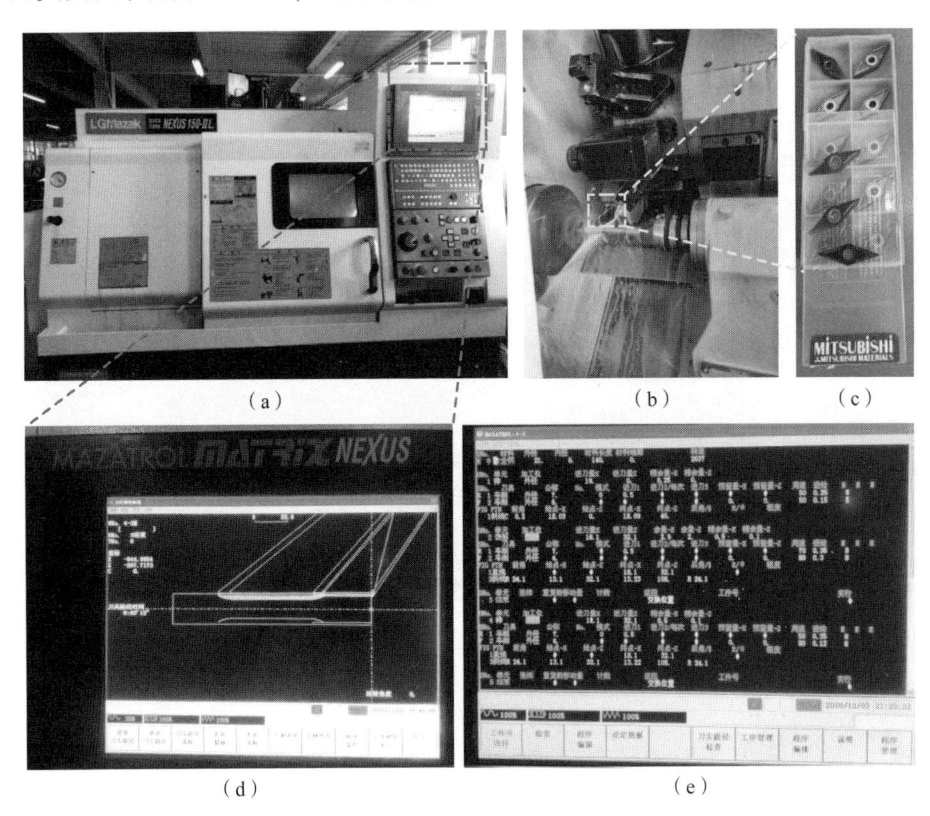

(a)　(b)　(c)　(d)　(e)

图 2.5　车削加工过程

(a) CNC 车铣中心；(b) 加工过程；(c) 刀具；(d) 加工路径规划；(e) 加工编程

磨削实验在 OCD－3240 数控高精密外圆磨床上完成，采用统一的磨削成型砂轮，可以一次性完成最小工作外圆柱面和圆弧过渡面，消除圆弧过渡面的接痕和疲劳缺陷，同时，可以通过快速轴向进给速率提高生产效率，符合实际磨削工序，在这里磨削成型砂轮的圆弧半径为试样设计尺寸 $R=24$ mm，与后续设计的扭转疲劳试样圆弧段相同［图 2.6（b），（c）］。采用的砂轮为目前应用于磨削超高强度钢的单晶刚玉砂轮，单晶刚玉磨料具有较高的硬度和韧性，适用于磨削硬度高、韧性大的超高强度钢及易变形烧伤的工件。砂轮型号为 P400 * 40 * 127SAGC80KV35，外直径为 400 mm，内直径为 127 mm，宽为 50 mm，砂轮磨料粒度为 60，陶瓷结合剂主要为长石、黏土、硼玻璃等材料。具体磨削加工过程如图 2.6（c）所示，其中，完成一个试样加工后进行一次砂轮修整，相应的砂轮修正编程如图 2.6（d）所示。

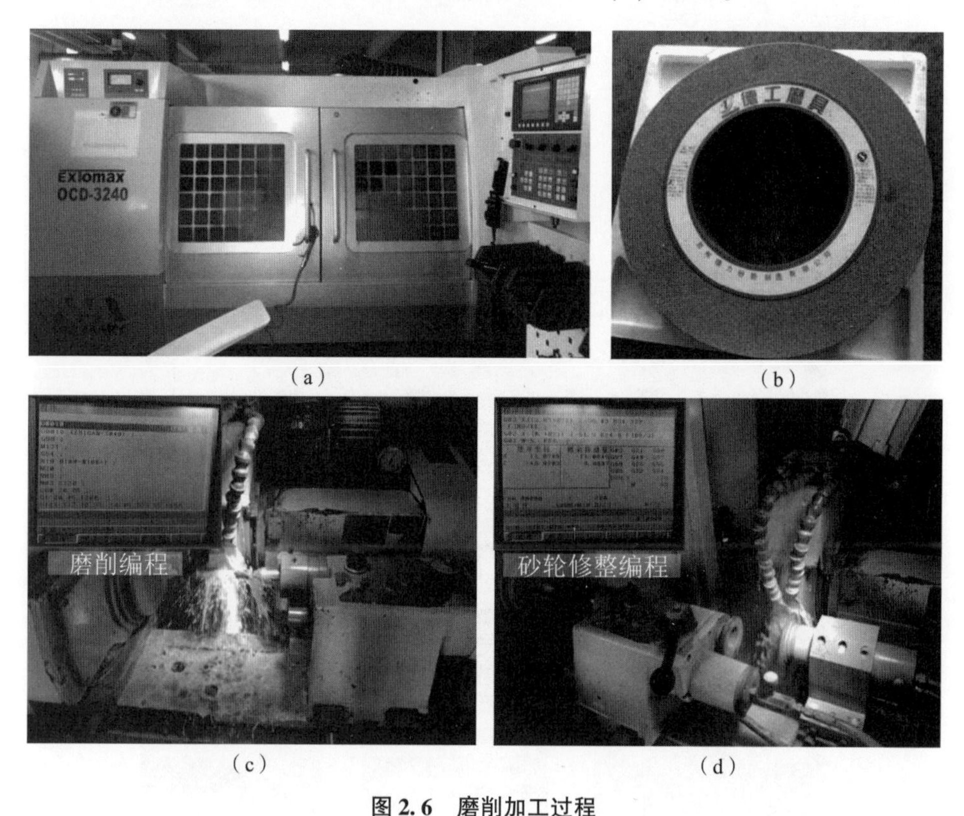

（a）　（b）　（c）　（d）

图 2.6　磨削加工过程

（a）数据磨床；（b）单晶刚玉砂轮；（c）扭转试样磨削现场；（d）砂轮修整

在超高强度钢扭力轴的制造工序中，采用加工工序 + 淬火回火的多工序，然后在加工工序 + 淬火回火表面层进行后续的精密磨削加工。为了研究加工工序对淬火回火表面层的影响，将 4 组典型加工工序试样再次进行淬火回火处理，如图 2.7 所示，获得粗车 + 淬火回火表面层（RH）、粗车 + 湿式半精车 + 淬火回火表面层（FRH）、粗车 + 干式半精车 + 淬火回火表面层（DRH）、粗车 + 湿式半精车 + 磨削 + 淬火回火表面层（GFRH）。

在淬火回火处理中采用箱式电阻炉对试样进行加热和保温处理。具体过程为：将试样随炉升温至 870 ℃ ±10 ℃，由于试样直径尺寸小于 20 mm，将

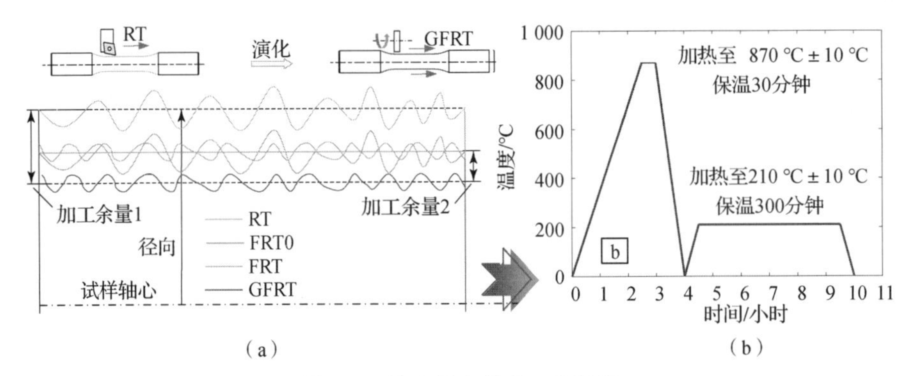

（a）　　　　　　　　　　（b）

图 2.7　淬火回火处理工艺示意

（a）淬火回火前加工多工序；（b）淬火回火处理

保温时间设置为 30 分钟，然后在优质淬火油中进行冷却，待试样冷却完成以后，将其放入 210 ℃ ±10 ℃的电阻炉中进行回火处理，保温 5 小时，最后空冷，具体淬火回火处理过程如图 2.8 所示。

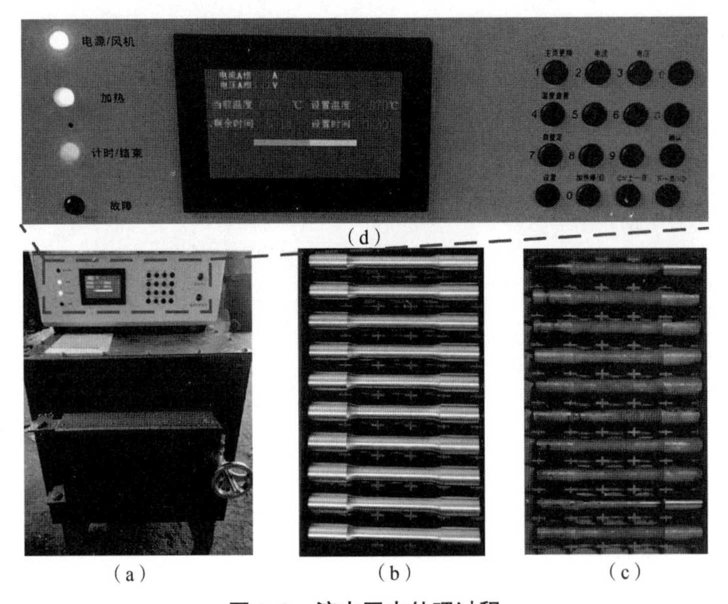

（d）

（a）　　　　　　（b）　　　　　　（c）

图 2.8　淬火回火处理过程

（a）热处理装置；（b）热处理前试样；（c）淬火回火后试样；（d）热处理控制面板

2.3　加工工序的表面完整性演变规律

在完成所有试样的加工后，需要对不同工序的试样表面完整性进行测试。具体测量表征包括表面形貌、表面粗糙度、显微组织、显微硬度、表层残余应力、晶粒尺寸、取向和织构特征等，不同表面完整性参数的测量位置与方法如图 2.9 所示。

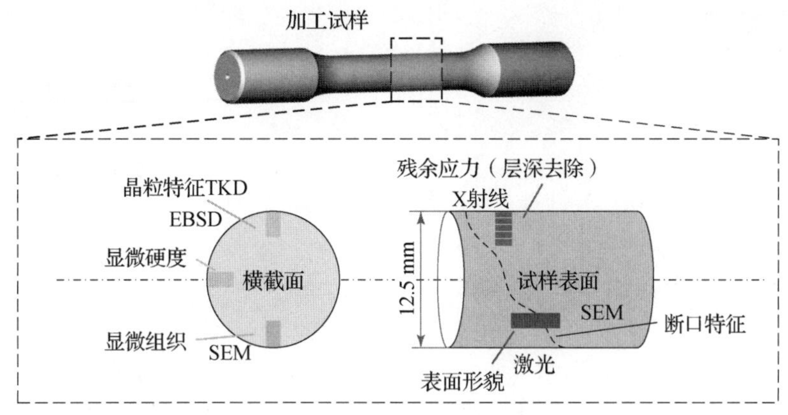

图 2.9　测量位置与方法示意

2.3.1　表面形貌

使用三维激光扫描显微镜（VK－X100，Keyence）对加工试样的表面形貌和粗糙度进行测量，对表面三维形貌进行分析时，采用对比分析模式中的色条同步模式以区别不同工艺的影响。为保证足够大的取样长度，表面粗糙度是在放大 10 倍的情况下通过分析三维形貌获得的，在每组试样的最小直径（12.5 mm）上沿周向测量 3 次，取平均值并计算标准偏差。

45CrNiMoVA 超高强度钢不同加工工序的表面形貌特征如图 2.10 ~ 图 2.14 所示，左侧为试样表面形貌，右侧为试样表面形貌的高度分布云图。在粗车过程中，相当大的切削深度和进给量去除了大部分加工余量，使表面显示出巨大的波峰和波谷［图 2.10（b）］，以及由刀尖半径和进给量引起的划痕［图 2.10（a）］。理论上的表面轮廓最大高度 R_{max} 满足 $f^2/(8r)$，在取样长度上，测量获得的表面轮廓最大高度 R_y 为 24.2 μm，大于理论上的表面轮廓最大高度 R_{max}（19.1 μm），这是由于实际加工过程中不可避免地产生加工表面缺陷。

粗车 + 干式半精车工序在表面高塑性流动的地方产生颤振痕［图 2.11（a）］，使波谷中的波峰变得不规则［图 2.11（b）］。在干切条件下，机械加工过程中摩擦的增加造成了划痕的出现［图 2.11（a）］。切削区温度升高，导致高塑性流动增加，并形成颤振痕迹，同时，出现了可见黏附物［图 2.11（a）］。表面轮廓最大高度 R_y 高达 43.2 μm。

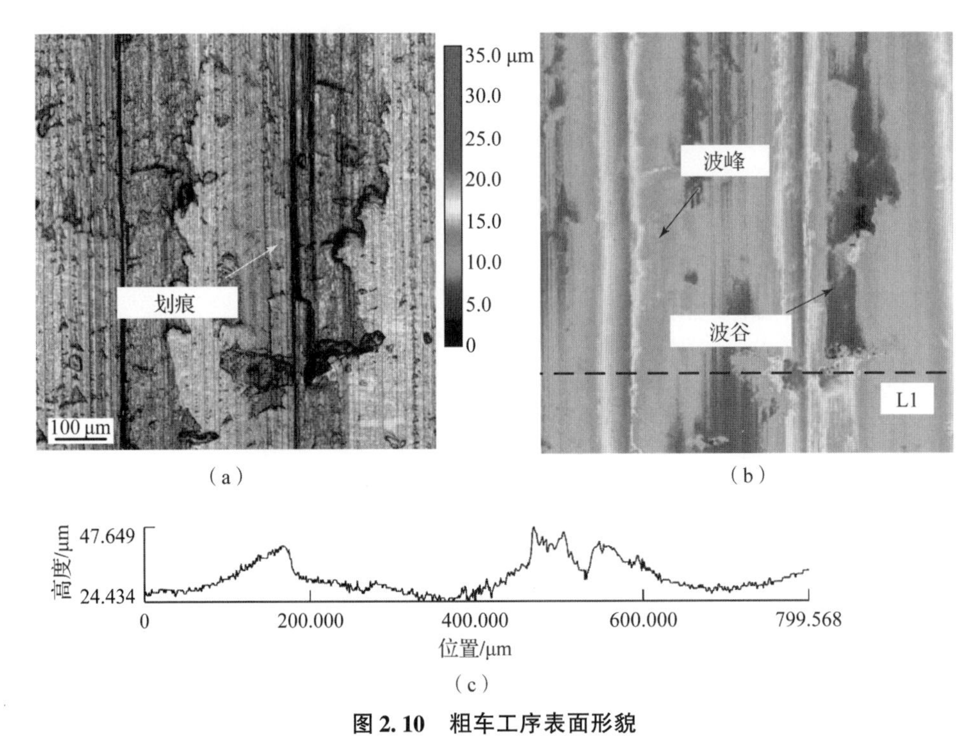

图 2.10　粗车工序表面形貌

(a) 光镜形貌；(b) 高度分布云图；(c) L1 截面形貌

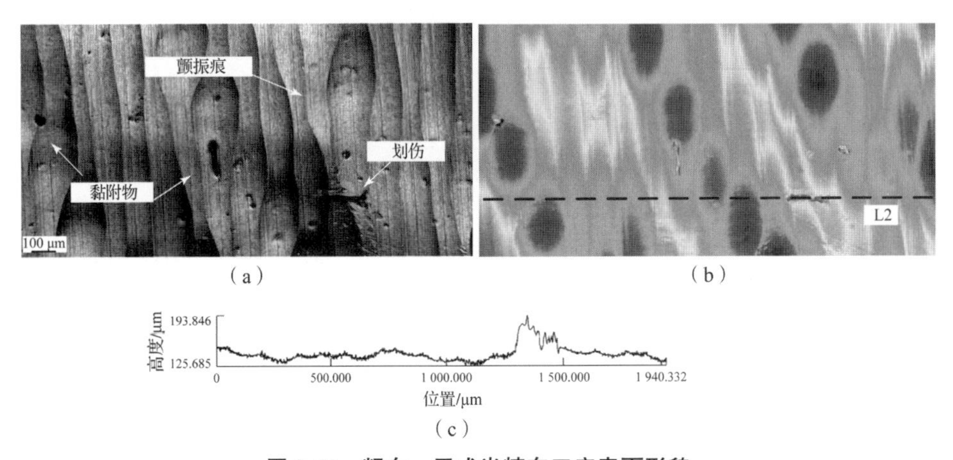

图 2.11　粗车 + 干式半精车工序表面形貌

(a) 光镜形貌；(b) 高度分布云图；(c) L2 截面形貌

当采用粗车 + 湿式半精车工序时，低进给量提高了几何精度并使加工表面更加光滑。比较图 2.12（b）和图 2.10（b），较小的刀尖圆弧半径和较慢的进给量使宽度显著变小。干式和湿式半精车都具有较高的塑性流动，如图 2.12（a），（b）所示。理想表面轮廓最大高度 R_{max} 为 4.5 μm，测量获得表面

轮廓最大高度 R_y 为 8.9 μm。

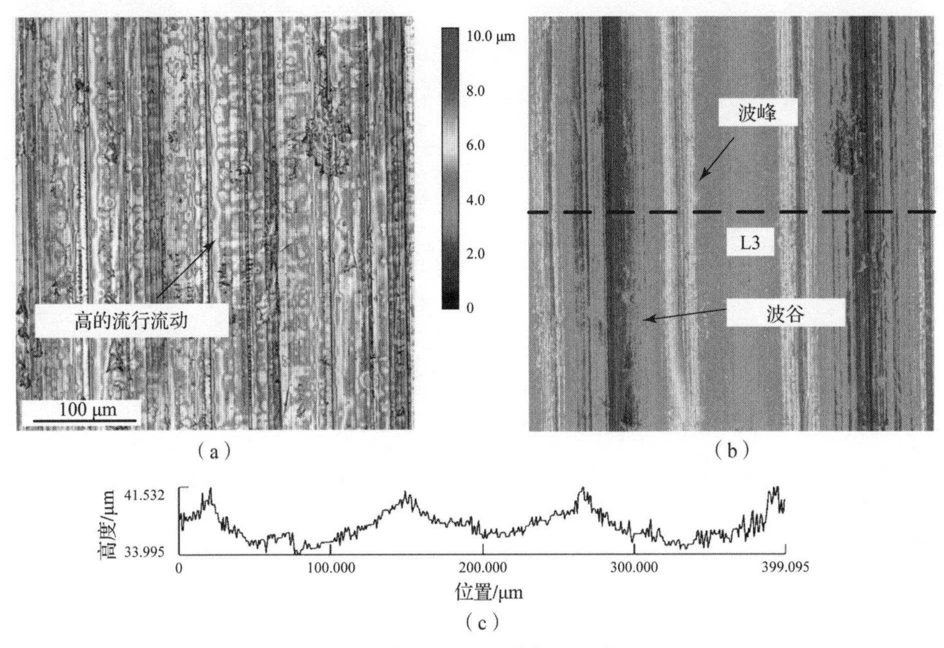

图 2.12　粗车 + 湿式半精车工序表面形貌

(a) 光镜形貌；(b) 高度分布云图；(c) L3 截面形貌

粗车 + 湿式半精车 + 磨削表面由许多细小的划痕组成，长而细的磨粒划痕具有较小的表面平均不规则间距 R_{sm} [图 2.13 (b)]。表面形态相对光滑，降低了表面粗糙度 R_a。然而，表面轮廓最大高度 R_y (23.6 μm) 并没有减小。虽然较小的磨粒间距消除了精加工过程中巨大的波峰和波谷，但也使表面形貌产生了更窄、更尖锐的波峰和波谷 [图 2.13 (a)]。即使表面平均不规则间距 R_{sm}小于湿式半精车工序，但其他表面粗糙度特征参数并未显著减小 [图 2.13 (c)]。多工序过程典型表面粗糙度 R_a、表面轮廓最大高度 R_y、微观不平度十点高度 R_z 和表面平均不规则间距 R_{sm}演变如图 2.14 所示。

2.3.2　晶粒细化层和塑性变形层

为了获得不同工艺的表面层晶体学特征，需要进行 EBSD 制样，使用 DK7745 线切割机床横向切割试样以获得试样块，并镶嵌在导电树脂模具中进行冶金制备，镶好的样品用不同型号的砂纸（P240、P400、P800 和 P1200）进行打磨，并在 Buehler EcoMet 300 设备中使用带有 0.02 μm 胶体二氧化硅悬浮液的抛光绒布进行机械抛光，然后在 Buehler Vibromet 振动抛光机中使用胶体二氧化硅进行 8 小时振动抛光。使用 FEI Quanta FEG 250 – SEM 对 EBSD 数

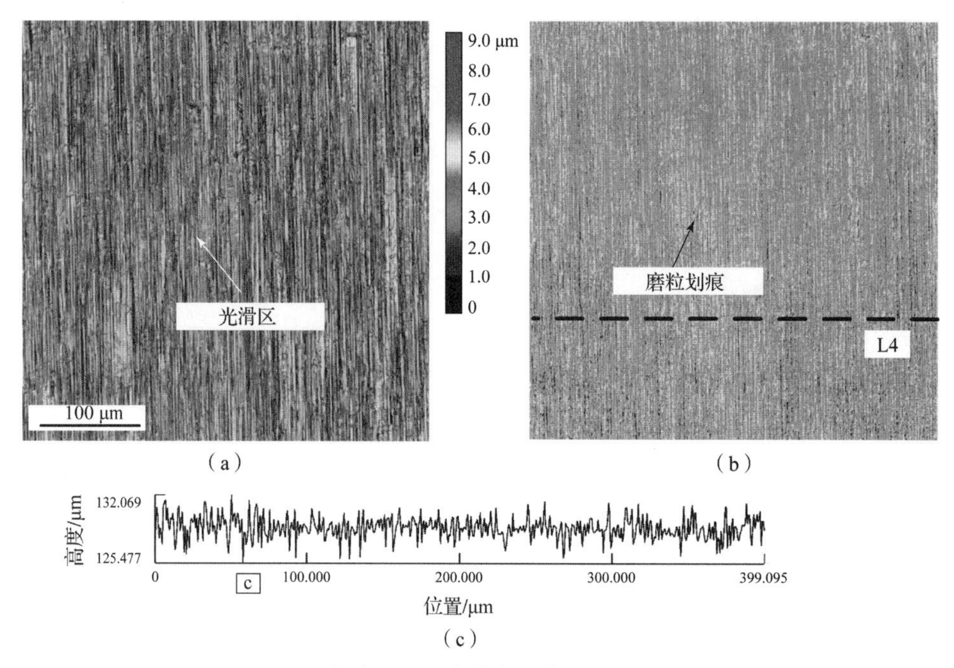

图 2.13 粗车 + 湿式半精车 + 磨削工序表面形貌

(a) 光镜形貌；(b) 高度分布云图；(c) L4 截面形貌

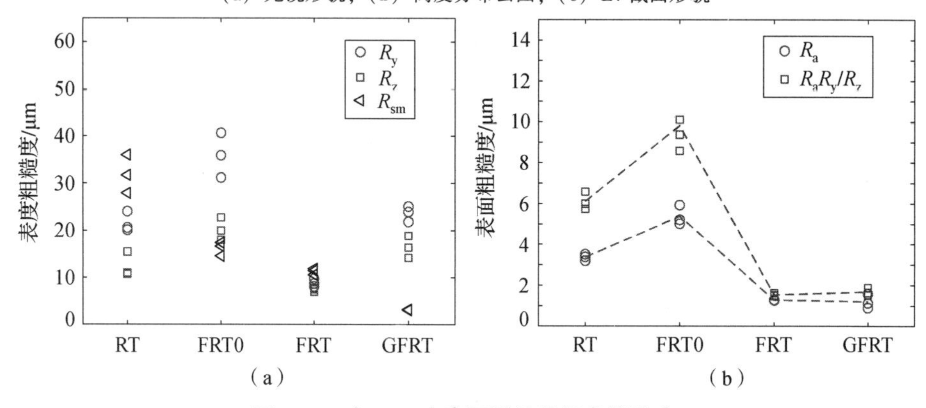

图 2.14 加工工序表面形貌特征参数演变

(a) R_y，R_z 和 R_{sm}；(b) R_a，R_aR_y/R_z

据进行采集，FEG 250 - SEM 配有牛津仪器摄像系统和 Aztec 软件，其工作电压和工作距离分别为 20 kV 和 20 mm。在本工作中，取最小可接受的晶粒大小为 2 个像素，满足双向要求。任何小于该 4 个像素点面积的都被认为是噪声，而不被统计到平均有效晶粒中，当最小尺寸颗粒由 4 个像素组成时，同时需要满足位错角 $\theta > 15°$的大角度晶界（HAGB）的块才可认为是一个新的晶粒。

粗车工序后表面层 EBSD 表征如图 2.15 所示，图 2.15（a）~（c）分别表示不同加工过程中的晶体取向、IQ 和晶界分布。黄色虚线［图 2.15（a），(b)］为表面，黄色第一层上方的区域在晶体方向上呈现噪点特征，降噪后显示为黑色。IQ 小于 46.4 的区域被视为表面。第一层［图 2.15（a）］IQ 小于 77.8，晶体取向随机分布，由于加工硬化作用，该层的晶粒呈现较小的晶粒尺寸[119]，因此，图像质量（IQ）很差。图 2.15（b）中红色箭头所指部分为亚晶粒层（第二层），加工硬化引起的几何必要位错密度（GND）增加。第一层和第二层统称为晶粒细化层。如图 2.15（c）中红色边界所示，由于许多细化晶粒的形成，两层之间出现了许多高角度晶界。第三层是加工过程中位错取向变化引起的晶粒塑性变形。如图 2.15（a）中的黑色箭头所示，呈现许多塑性变形痕迹，晶界主要在 5°~15°之间［如图 2.15（c）中黑色圆区域］，第一层、第二层和第三层统称为塑性变形层。

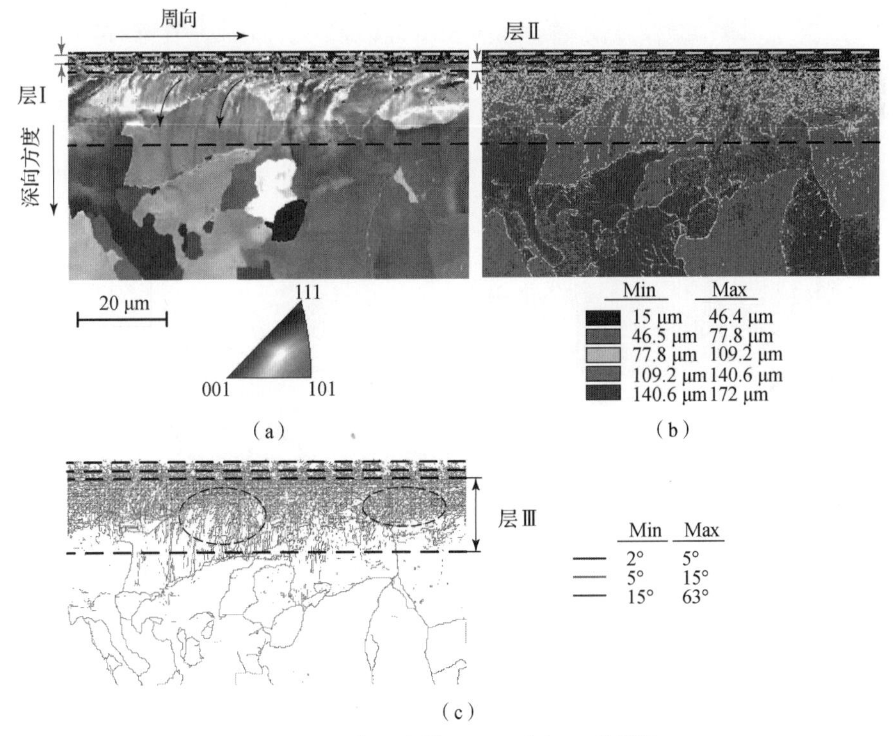

图 2.15　粗车工序的 EBSD 分析（附彩插）

（a）晶粒取向；（b）IQ；（c）晶界分布

量化晶粒细化层和塑性变形层深度对研究疲劳寿命的影响因素至关重要。KAM 指与几何必要位错密度（GND）相关的局部位错参数[120]，其中新的细化晶粒满足晶粒容许角为 15°，如图 2.16（a）所示。图 2.16（d）表明，在深度11 μm 处，粗车工序的平均晶粒尺寸为 10.9 μm。考虑到基体中的晶粒尺寸为 25 μm [图 2.16（e)]，在晶粒尺寸稳定在 25 μm 之前，它可以被视为细化晶粒。虽然 GROD 是与塑性变形有关的局部取向错向参数[121]，但大塑性变形仍然会使晶粒位错角发生变化，对应于晶粒中大于 5°的晶界。塑性变形层深度的测量方法与细化晶粒层深度的测量方法相同。图 2.16（g）显示了粗车过程中表面层的 GROD 分布。

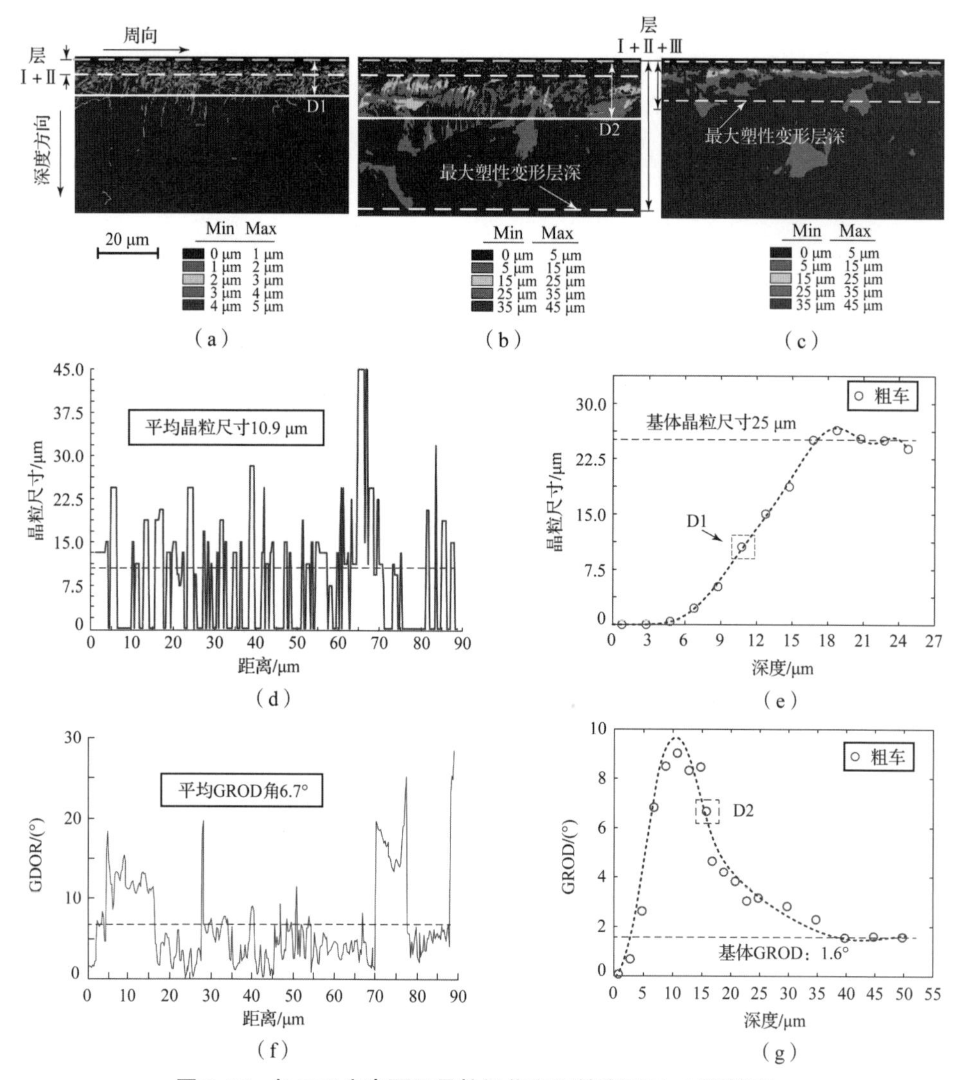

图 2.16　加工工序表面层晶粒细化和塑性变形层（附彩插）

(a) 粗车工序 KAM 分布；(b) 粗车工序 GROD 分布；(c) 粗车 + 湿式半精车 + 磨削工序 GROD 分布；
(d) D1 线段经过的晶粒尺寸分布；(e) 不同深度的晶粒尺寸分布；
(f) D2 线段经过的 GROD 分布；(g) 不同深度的 GROD 分布

在粗车过程中，大的加工余量不仅产生16 μm深的晶粒细化层［图2.16（a），（e）］，同时产生39 μm深的塑性变形层［图2.16（b），（g）］。当引入湿式半精车工序时，它去除了粗车工序中相当大的塑性变形层，同时产生了20.1 μm深的塑性变形层和8 μm深的晶粒细化层。然而，干式切削的半精车过程产生了最深的塑性变形层（46.4 μm），这可能是干燥条件下刀具和工件之间的颤振造成的。在最后的磨削工序完成后，最小晶粒细化层深度为4.8 μm，塑性变形层深度为12.2 μm［图2.16（c）］，可以看出晶粒细化和塑性变形的层深呈现相同的演变趋势。

2.3.3　残余应力

使用X射线衍射仪（X－350A，爱思特）对试样不同深度的周向和轴向残余应力进行检测，利用$\sin^2\psi$公式，采用侧倾固定ψ法对疲劳试样表面的周向区域每120°进行一次测量，共测量3次，最终表面的残余应力取平均值。采用电化学抛光技术检测试样不同深度的残余应力分布，利用逐层法去除材料，电解溶液由饱和氯化钠溶液组成。残余应力测试参数设置见表2.3。

表2.3　残余应力测试参数设置

参数	设置	参数	设置
靶材	CrKα	工作电压/kV	20
衍射角/(°)	0，24.2，35.3，45	工作电流/A	5
衍射晶面	(211)	2θ扫描起始角度/(°)	148
扫描时间/s	1	2θ扫描终止角度/(°)	163
衍射管直径/mm	3	2θ扫描步距/(°)	0.1

加工工序不同过程中的表面残余应力特征演变如图2.17所示。首先，在粗车加工前，测量了电火花线切割后圆棒表面的残余应力，周向和轴向残余应力分别为427 MPa和325 MPa。引入粗车工序后，残余拉应力减小，加工过程中大塑性变形产生的残余压应力抑制了一定量残余拉应力的产生。当采用干切削或湿切削条件下的精车工序时，塑性变形增加，轴向残余拉应力减小。然而，周向残余应力几乎保持不变，并且在误差范围内。与轴向相比，圆周方向较小的曲率半径更难产生较大的塑性应变。最后一次磨削后，残余应力由拉应力变为压应力，且轴向残余压应力（－312 MPa）高于周向残余压应力（－249 MPa），这与DANG等人[122]研究湿切削条件下的300M钢结论一致。

结果表明，磨粒与加工表面之间的残余压应力大于热效应引起的残余拉应力，因而产生了残余压应力。BALART 等人[123]提出合金钢表面残余应力从拉应力转变为压应力的磨削工序临界转变温度，且轴向残余压应力大于周向残余压应力。

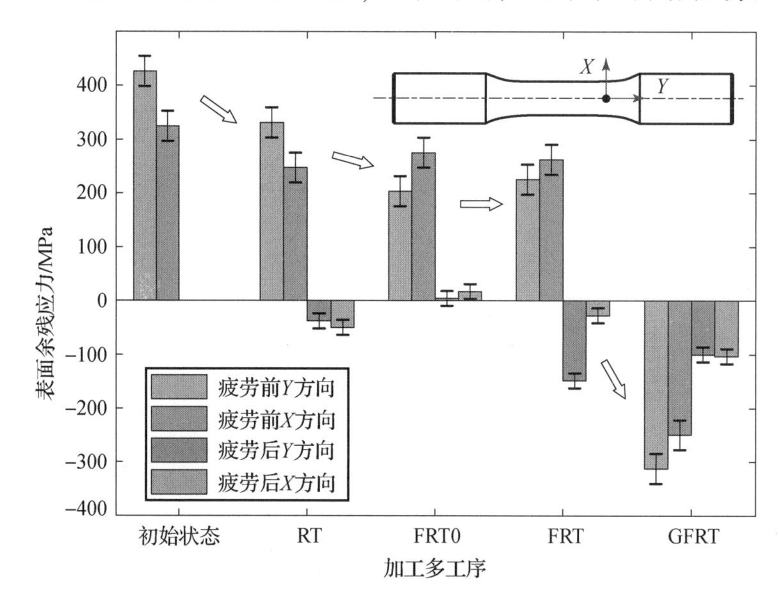

图 2.17　加工工序不同过程中的表面残余应力特征演变

疲劳实验后，表面上的每个过程都会呈现特定的残余压应力（图 2.17）。这主要归因于单向循环扭转载荷在疲劳实验期间产生了一定的预扭转效应[124]。塑性变形引起的残余压应力在疲劳后出现在表面，以抵抗周向和轴向塑性变形。同时，循环加载过程导致晶粒之间发生塑性变形，残余应力释放[125]，残余压应力变小。

2.3.4　显微硬度

显微硬度测试根据 GB/T 4340.1—2009，使用金刚石压头（HXS－1000A，中国）测试样品截面的硬度，维氏压头在 0.2 kgf 实验载荷和 10 s 保载情况下在表面层进行矩形压痕，沿样品横截面至少进行 40 次测量。沿 X 和 Y 方向的任意两个凹痕之间的距离保持为 100 μm，以确保任意两个凹痕之间的对角线宽度间隔超过 3 个对角线宽度的间距。

疲劳实验前和疲劳实验后的表面显微硬度变化如图 2.18（a）所示。疲劳实验后加工工序的表面显微硬度明显高于疲劳实验前，这主要归因于疲劳实验过程中往复位错运动引起的位错密度集中。如图 2.18（b）所示，加工表面层的显微硬度随着深度的增加而降低，加工硬化的存在，使中间过渡层产生弹性变形以平衡表面层的塑性变形，最内层是未变形的基体。因此，试样的显微硬度沿深度方向呈现梯度分布。如图 2.18（b）所示，显微硬度深度在 100 μm 以内，且粗车 + 干式半精车工序、粗车 + 湿式半精车 + 磨削工序具有较低的表面显微硬度，加工颤振或磨粒滑动摩擦导致表面热软化效应增强，抵消了表面塑性变形的强化效应。

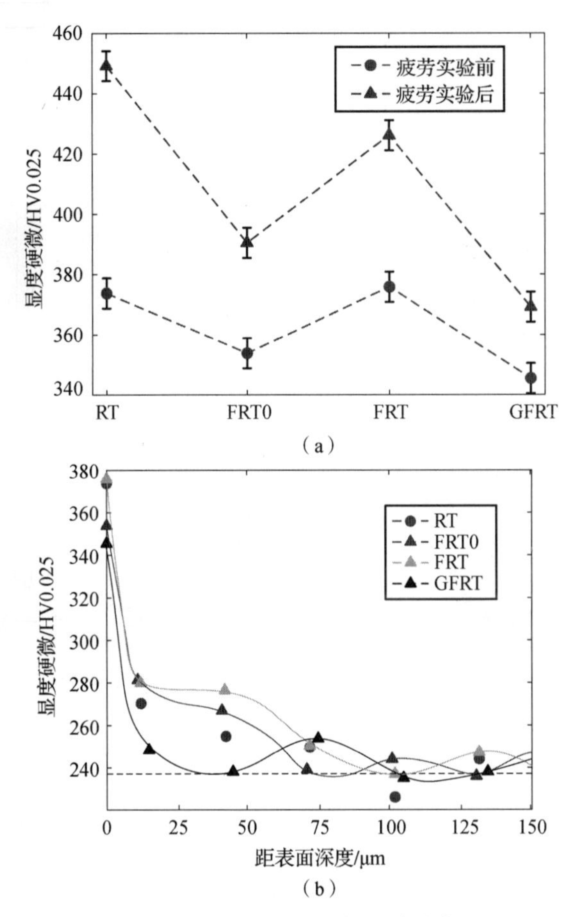

图 2.18　加工工序显微硬度演变

（a）表面显微硬度演变；（b）深度方向显微硬度演变

2.4　加工工序 + 淬火回火表面层的演变规律

2.4.1　加工工序 + 淬火回火表面形貌

加工工序 + 淬火回火三维表面形貌演变如图 2.19 所示。粗车工序过程中大的进给量使淬火回火表面形貌仍显示出明显的峰谷，说明加工工序对淬火回火表面形貌仍然具有一定的遗传作用。在湿式半精车的过程中，看到表面比较平整，但还是可以看出一些较小的峰谷，同时在干切产生颤振的情况下，同样可以看出明显的颤振纹理，表明半精车工序对淬火回火表面形貌仍具有一定的遗传作用，然而磨削工序对淬火回火表面形貌而言已是模糊不清，呈现片状起伏特征。

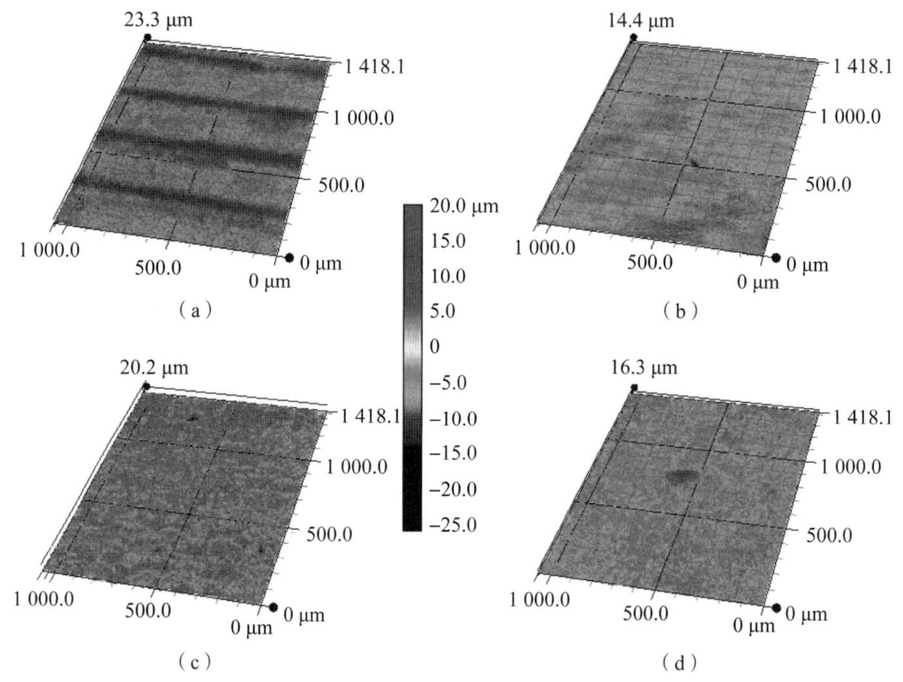

图 2.19　加工工序 + 淬火回火三维表面形貌演变

(a) RH；(b) DRH；(c) FRH；(d) GFRH

加工工序 + 淬火回火表面形貌和相应的表面粗糙度分布如图 2.20 所示。可以看出在粗车工序后淬火回火表面出现光亮的氧化峰［图 2.20 (a) 中箭头所示］，且在波谷处出现了很多氧化粉末，具有最大的 R_a 和 R_y 值，分别为 3.5 μm 和 37.7 μm［图 2.20 (e)］，说明淬火回火处理氧化并未去除原始的波峰特征。与粗车 + 淬火回火工序相比，粗车 + 干式半精车 + 淬火回火表面层出现更加光亮的氧化峰和黑色氧化粉末，这使表面粗糙度相对有所降低，R_a 和 R_y 分别为 2.1 μm 和 25.7 μm。在湿式半精车淬火回火表面上，可以看到相对较少的氧化粉末，但氧化峰难以识别，相对更加光亮，表面形貌趋于平整。然而由于凹坑的出现，相比粗车 + 干式半精车工序，R_z 和 R_y 有所增大［图 2.20 (f)］，分别为 46.0 μm 和 30.7 μm。磨削工序后在淬火回火表面可以看到明显的氧化皮，呈现层层脱落的趋势，并且可以看到明显的凸起部分，这很可能是由多层未脱落的氧化皮叠加而成，因此表面粗糙度各个参数均呈现较小的趋势。最后，氧化层使加工工序的峰值变得平整，因此后三者具有类似的 R_a 值（2.1 μm）。同时可以看出，湿式半精车过程产生的较小的峰谷间距使氧化减缓，表面呈现发亮的趋势。

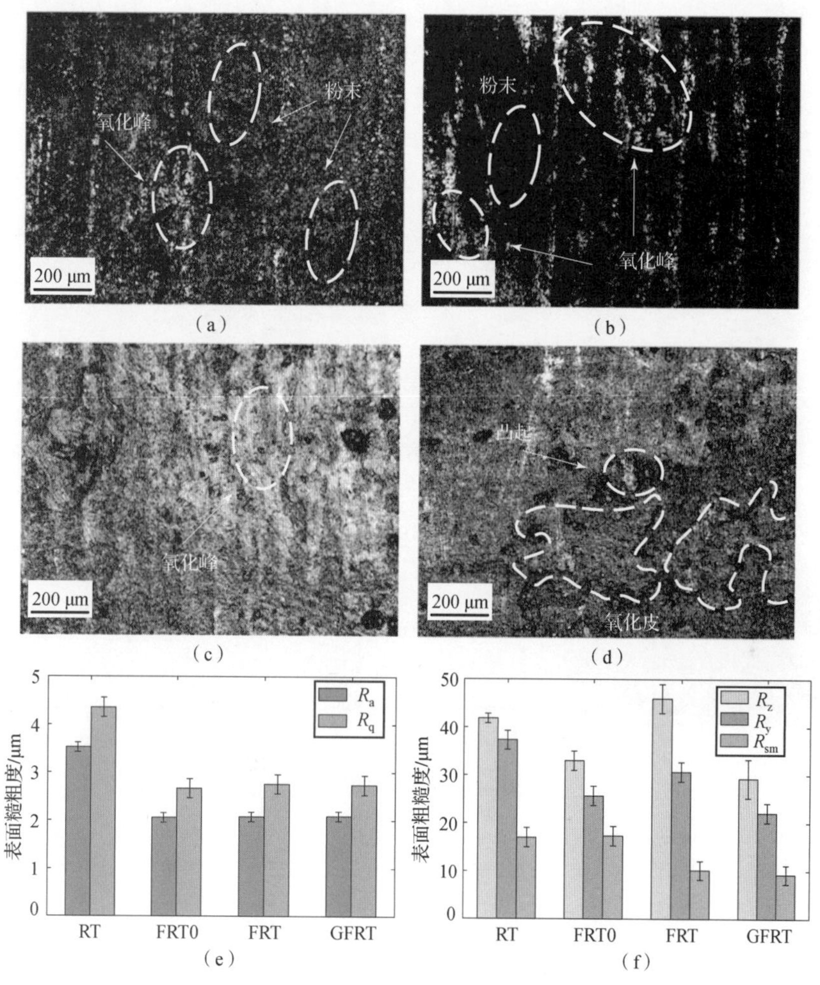

图 2.20　加工工序+淬火回火表面形貌和相应的表面粗糙度分布

（a）RH；（b）DRH；（c）FRH；（d）GFRH；

（e）加工多工序对 R_a，R_q 的影响；（f）加工多工序对 R_z，R_y 的影响

2.4.2　加工工序+淬火回火表面层的显微组织

图 2.21 所示为加工工序对淬火回火表面层显微组织的影响。光镜下的截

面呈现发白的特征［图 2.21（a）］，这是因为淬火回火表面层氧含量明显增大，外部氧与内部碳发生了严重内氧化现象。图 2.21（e），（f）所示分别为图 2.21（c）中 A，B 区域各元素能谱分布，可以看出碳、氧含量均有所增大，且在表面层氧的成分占了 18.4%，氧含量主要分布在 I 层表面层，表面层碳含量同时也有所增大，这很可能是由于测试过程的成分变化引起的测量误差。在 SEM 电镜下可以看到靠近表面层的区域因内氧化仍呈现黑色［图 2.21（b）中 I 层］，但随着深度的增大，过渡层脱碳现象减少，碳溶解在 α－Fe 中，形成间隙固溶体，在过渡区出现了部分贝氏体组织［图 2.21（a），（b）中 Ⅱ 区所示］。基体组织为典型的马氏体组织，形态上呈现板条状和蝶状，详细晶粒特征如图 2.23 所示。

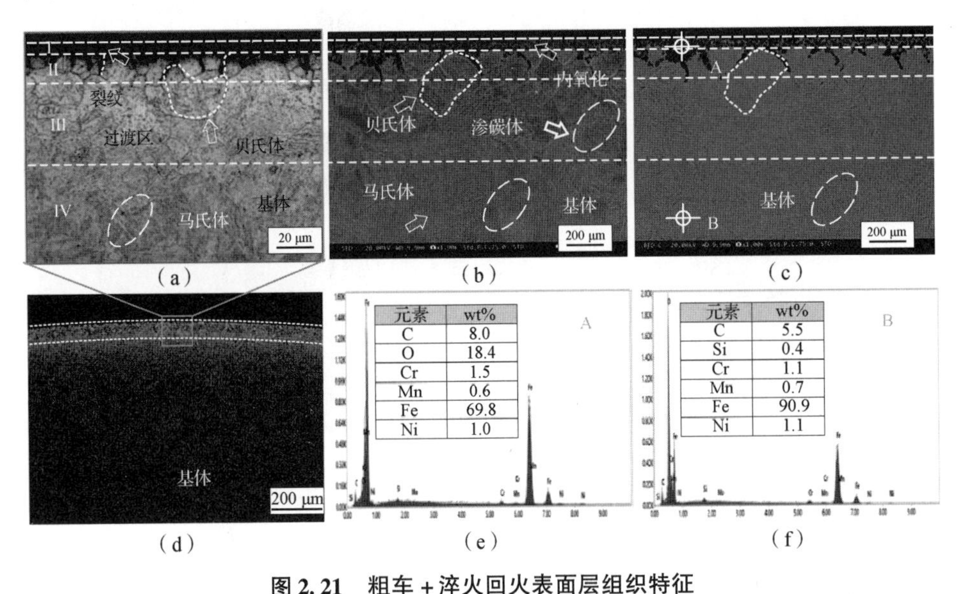

元素	wt%
C	8.0
O	18.4
Cr	1.5
Mn	0.6
Fe	69.8
Ni	1.0

元素	wt%
C	5.5
Si	0.4
Cr	1.1
Mn	0.7
Fe	90.9
Ni	1.1

图 2.21　粗车＋淬火回火表面层组织特征

（a）图（d）的局部放大图；（b）SEM 下的热影响层；（c）图（b）的相应 EDS 图；（d）粗车＋淬火回火后热影响层；（e）A 处化学成分；（f）B 处化学成分

图 2.22 所示为加工工序对淬火回火表面层微观结构的影响。粗车工序后的淬火回火表面层呈现细针状氧化层，较为粗糙的表面使氧化过程呈现撕裂式氧化，使氧化层和半精车工序呈现明显的不同。在最表层可以看到明显的贝氏体组织，其由相互平行的铁素体和渗碳体组成，图 2.22（i）所示为图 2.22（a）中红色虚线处不同深度的碳、氧含量变化，可知不同表面层的碳、氧含量变化较小，但表面层呈现较多的白色渗碳体。干式半精车过程中表面层呈现一定的氧化层深度（3.4 μm），从图 2.22（j）中可以看出图 2.22（c）中红色虚线处部分氧含量随着深度逐渐降低，并且在超过氧化层后趋于稳定，

同时可以观测到部分较深的氧化层［图 2.22（d）中蓝色曲线区域］。而经过湿式半精车工序后的淬火回火表面层产生了更深的氧化层（10.1 μm），相比干切工艺，氧化层呈现松散状。最后的磨削工序具有最深的氧化层，高达 12.7 μm，表面层的氧含量相比半精车工序相对较小，这说明较深的氧化层使氧含量区域更加均匀。

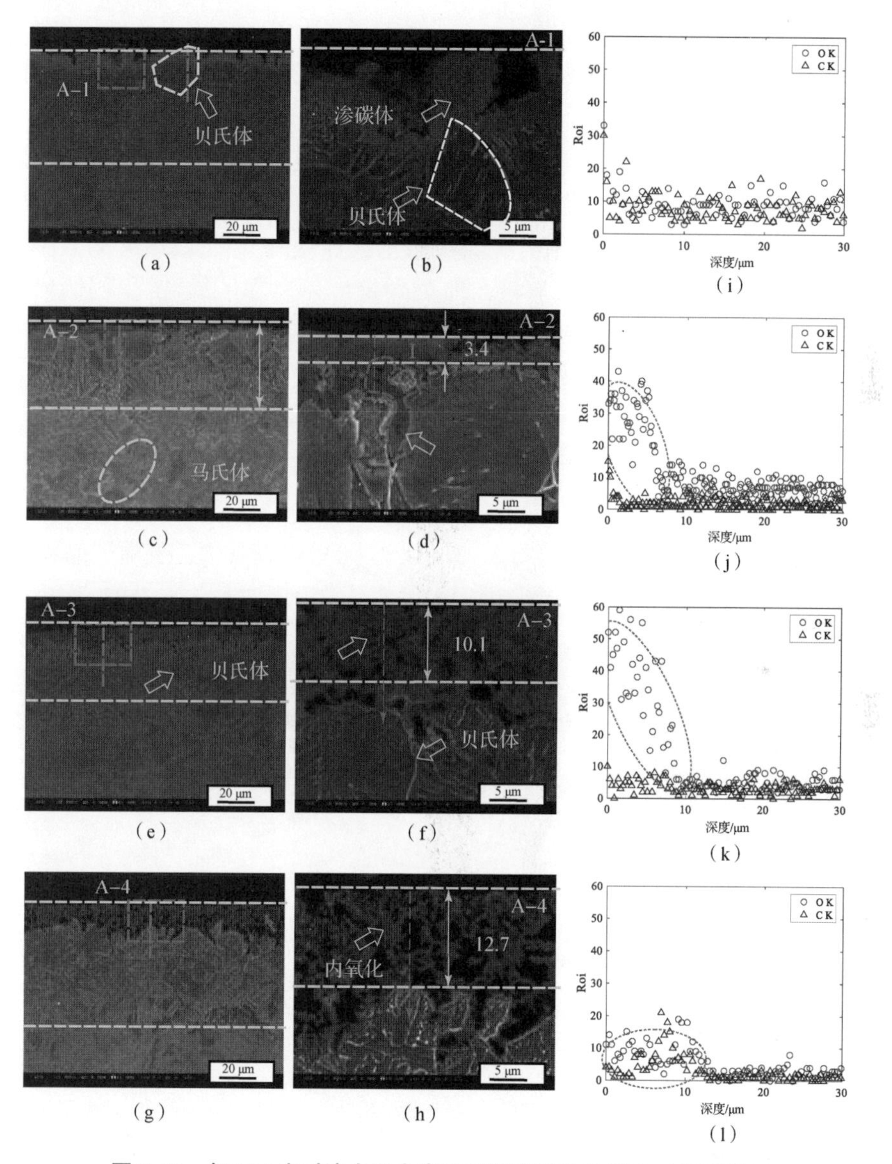

图 2.22　加工工序对淬火回火表面层微观结构的影响（附彩插）

(a) RH；(b) A-1 局部放大图；(c) DRH；(d) A-2 局部放大图；(e) FRH；(f) A-3 局部放大图；(g) GFRH；(h) A-4 局部放大图；(i)～(l) 碳、氧含量随深度的变化

2.4.3 加工工序+淬火回火表面层的晶体学特征

图2.23所示分别为粗车+淬火回火工序（RH）基体和表面层的晶粒IQ图、晶体取向图、相图、织构图以及晶体尺寸分布图。从基体相分布图［图2.23（c）］可以看出，基体内晶体主要包含大量的体心立方马氏体［图2.23（c）中绿色区域］，少量的面心立方奥氏体［图2.23（c）中红色斑点区域］。基体马氏体微观结构主要由原奥氏体围成的包、宏观的块和微观的板条组成，其中宏观板条马氏体块包含多个平行的微观板条马氏体[126]。文献［127］报道了Fe-0.2C-2Mn合金钢的屈服强度与块宽相关，且宏观板条马氏体钢的强度和韧性强烈依赖于马氏体块的尺寸，因此马氏体块的大小常作为有效晶粒尺寸，马氏体组织除板条马氏体块外［图2.23（a）中蓝色箭头］，由于碳含量和合金添加量，淬火碳钢中还出现了蝶状马氏体块[128]，如图2.23（a）中黄色箭头所示。从图2.23（f）所示表面层相图中可以看出，表面层黑色氧化部分呈现严重的奥氏体化，然而内部的奥氏体含量与基体相同。

图2.23（j），（k）所示为表面层晶粒尺寸分布，基体马氏体块平均晶粒尺寸为2.4 μm，且随着晶粒尺寸的增大占比减小［图2.23（j）］，表面层晶粒平均尺寸约为5.9 μm，对比图2.23（a），（d）可以看出，表面层晶粒尺寸显著大于基体晶粒尺寸，这主要归因于大尺寸晶粒占比增大［图2.23（k）］。

图2.23 粗车+淬火回火表面层与基体晶粒学表征（附彩插）

（a）基体IQ；（b）基体IPF；（c）基体相；（d）热影响层IQ；（e）热影响层IPF；（f）热影响层相

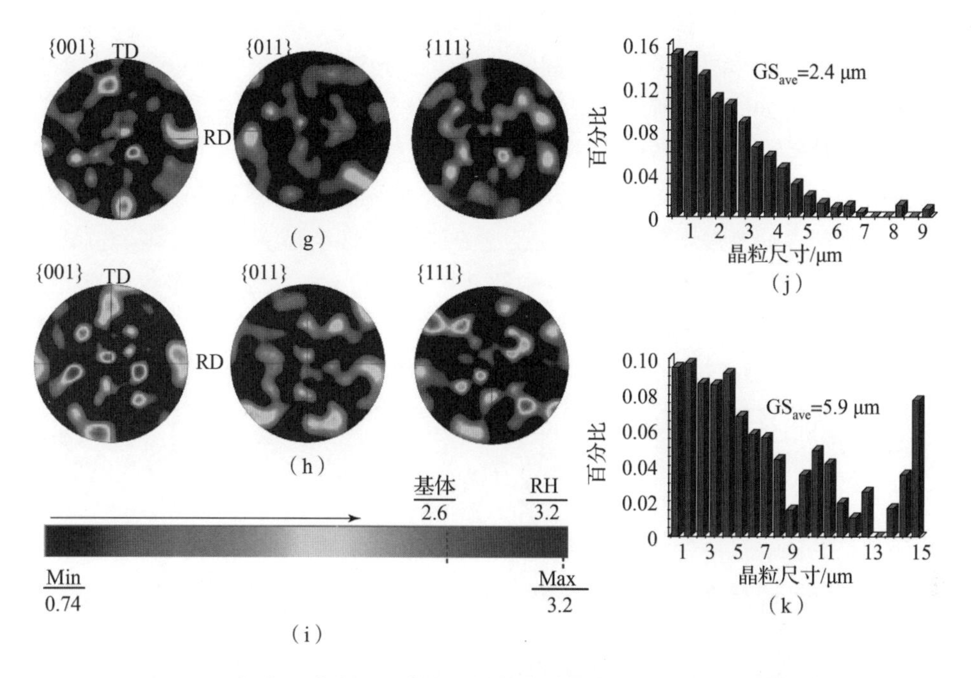

图 2.23　粗车 + 淬火回火表面层与基体晶粒学表征（续）（附彩插）

（g）基体织构取向分布；（h）RH 表面层织构取向分布；（i）织构密度分布；

（j）基体晶粒尺寸分布；（k）表面层晶粒尺寸分布

图 2.23（g），（h）所示分别为粗车 + 淬火回火工序基体和表面层的晶体取向极图，为了更好地进行对比，采用统一的表面织构密度条分布［图 2.23（i）］。可以注意到，粗车 + 淬火回火的基体织构呈现弱织构集中，织构方向呈现各方向异性，最大织构密度为 2.6，而表面层密度相对较高［图 2.23（h）］，对比图 2.23（h）中的｛001｝方向分布，可以看到表面层出现多个红色密度点，最大织构密度高达 3.2，粗车 + 淬火回火处理对表面层的影响使晶粒呈现一定择优取向的趋势，减少了滑移系的产生[129,130]。在实际超高强度钢扭力轴的生产工艺过程中，超高强度钢的表面层去除由磨削外圆及外圆弧完成。不同淬火回火表面层特征作为输入量对磨削过程产生影响，进而得到不同的磨削加工表面完整性。

2.4.3.1　晶粒尺寸特征

为了得到加工工序对淬火回火表面层晶粒细化层的影响，通过 EBSD 对其进行定量表征显得十分重要。粗车 + 湿式半精车 + 淬火回火的表面层晶粒尺寸分布如图 2.24（a）所示，部分表面层晶粒明显大于基体晶粒，在 EBSD

表征过程中，一个晶粒由多个像素点组成，晶粒尺寸越大，像素点越多，一个晶粒内要求相邻两个像素点之间的位错角小于15°且两个方向包含至少2个像素点。图2.24（b）所示为根据包含像素点数据所确定的晶粒尺寸分布图，从最底部对经过 x 轴进行线性表征［图2.24（a）中从右至左白色箭头］，距离底层116 μm处的晶粒尺寸如图2.24（c）所示，它反映了经过的各个位置的晶粒所包含的像素点数，当线段经过 B 点附近多个位置点时，多个位置点均属于一个晶粒，使图2.24（c）中的B段70～80 μm均为217个像素点，从图2.24（b）中可知，A 点对应晶粒像素点数量为1 253。利用式（2.2）对不同深度处的线段经过的平均晶粒尺寸进行线性计算，这里 v_i 是处于 i 处像素点的晶粒所包含的总的像素点数。

$$\bar{v} = \sum_{i=1}^{N} h_i v_i \Big/ \sum_{i=1}^{N} h_i \tag{2.2}$$

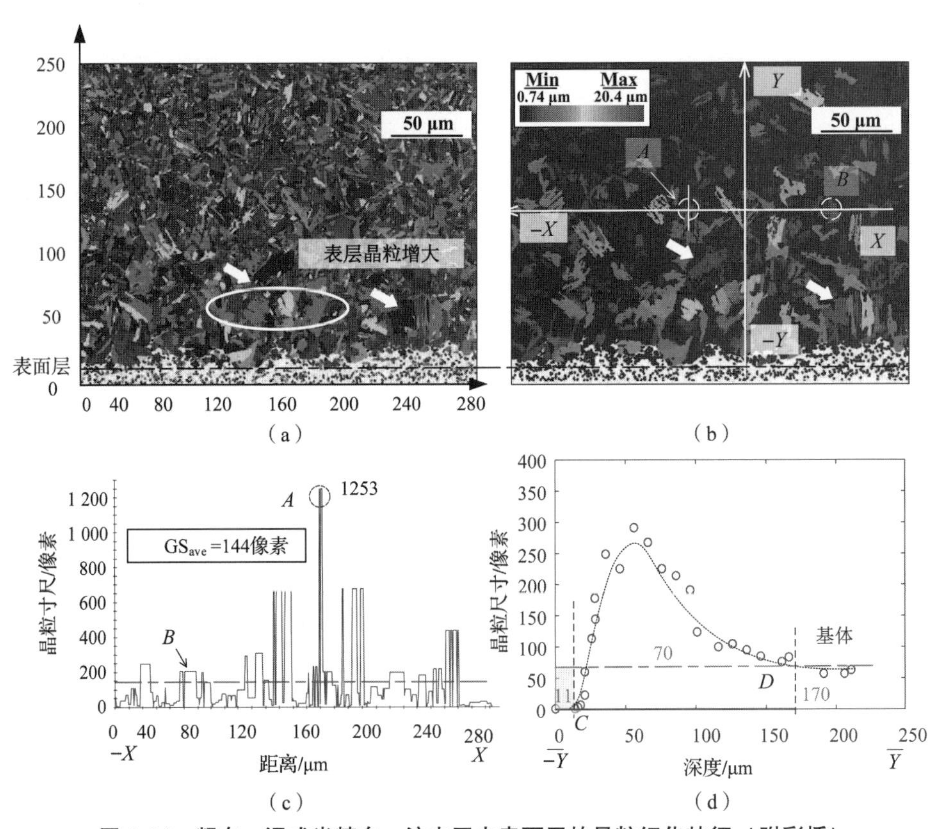

图2.24 粗车+湿式半精车+淬火回火表面层的晶粒细化特征（附彩插）

（a）晶粒分布图；（b）量化晶粒尺寸分布；

（c）深度为116 μm时的晶粒尺寸分布；（d）不同深度的晶粒尺寸分布

图 2.24（d）所示为平均晶粒尺寸在不同深度处的变化曲线，在 EBSD 扫描点的过程中，由于难以确定最终表面，不可避免地对试样表面外进行扫描。从图中可以看出，在 0~11 μm 内，晶粒的平均像素点几乎为 0，当扫描至试样表面 *C* 处时，晶粒像素点增多，考虑到淬火回火表面层晶粒尺寸增大，因此取 *C* 处为试样表面。可以看到随着表面深度的增加，晶粒尺寸先增大后减小，最后趋于稳定，稳定值为图 2.23（a）中基体平均晶粒尺寸 70 像素，同时可以看到粗车 + 半精车湿切 + 淬火回火表面层的最大晶粒影响层深为 159 μm。

图 2.25 所示为加工工序对淬火回火表面层晶粒尺寸的影响曲线，可以看出磨削 + 淬火回火工序具有最小的晶粒细化层深（112 μm），且在 21 μm 处存在最大的平均晶粒尺寸（319 像素），随着层深的增大，最后稳定于 70 像素。干式半精车 + 淬火回火工序使总体曲线更趋向于沿着 *Y* 轴压缩，然而湿式半精车 + 淬火回火工序相对干式半精车 + 淬火回火工序晶粒尺寸分布曲线沿着 *X* 轴被拉长，具有最大的晶粒尺寸影响层（159 μm），在 47 μm 处产生最大平均晶粒尺寸，粗车 + 淬火回火工序曲线相对湿式半精车 + 淬火回火工序呈现 *Y* 轴压缩，最大晶粒尺寸相对其他工序最小。

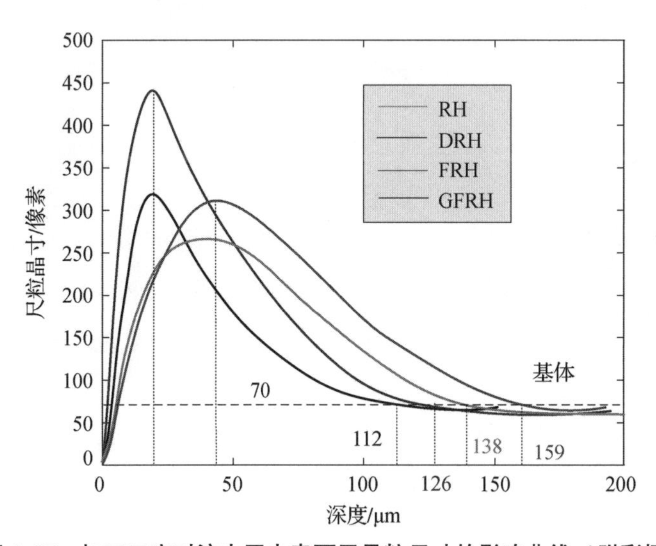

图 2.25　加工工序对淬火回火表面层晶粒尺寸的影响曲线（附彩插）

2.4.3.2　表面层晶粒中心点平均取向差分布

图 2.26（a）~（c）所示为不同加工工序的淬火回火表面层的 KAM 图，通过测量单个测量点与周围点之间的局部位错特征，KAM 越大，则加工工序 + 淬火回火表面层的位错储能越高，越容易发生位错滑移，因此 KAM 是与几何位错有关的局部位错参数。为了更好地区分不同工艺的表面层，采用统一的

大小色条，如均为0~5。从图2.26（a）可以观察到，粗车+淬火回火工序产生了更大的局部位错取向差（如右上角表中$KAM_{ave}=5°$，高达6%）。从图2.26（a）可以看出，表面层（0~100 μm）红色部分（大应变）增多，超过深层绿色部分（小的应变）的影响，因此粗车+淬火回火工序应变水平相对基体塑性位错储能（$KAM_{ave}=1.47°$）呈现轻微增大（$KAM_{ave}=1.53°$）的趋势。然而，湿式半精车和干切工序+淬火回火的表面层KAM_{ave}值均有明显的减小，分别为1.13°、1.16°。从图2.26（b），（c）右上角表中可以看出，大局部位错角明显减小，表层（0~100 μm）绿色部分明显增多；磨削+淬火回火工序由于表面层低角度应变的比例减小［图2.26（d）］，使位错储能有所增大（1.25°）。

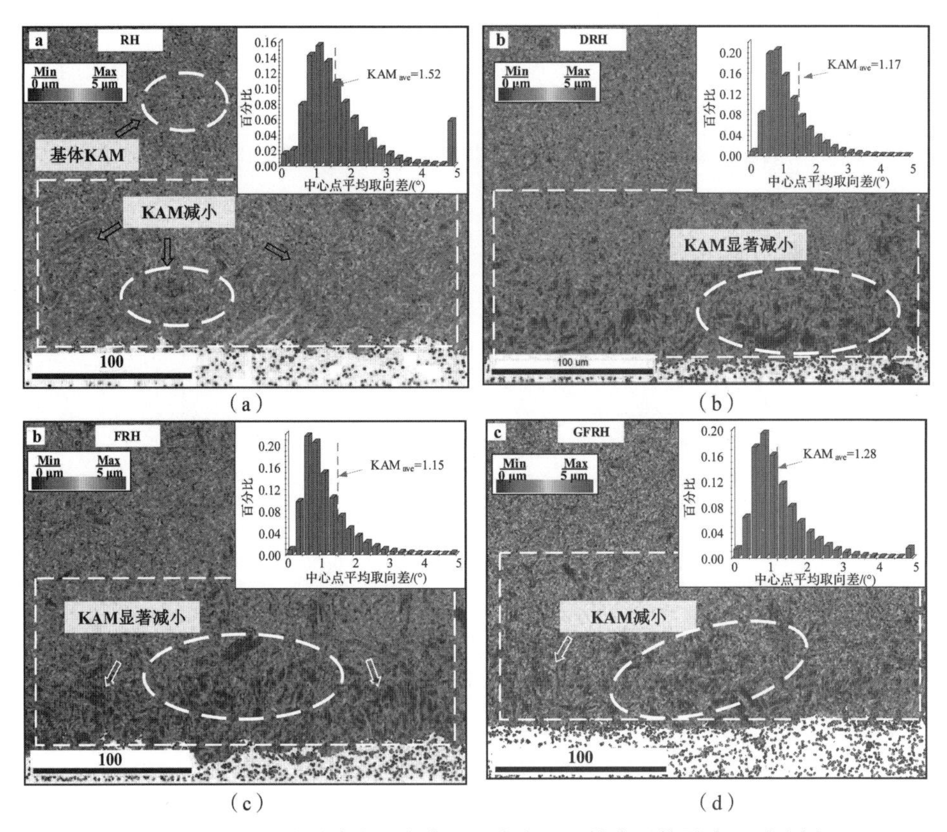

图2.26　加工工序对淬火回火表面层应变和塑性变形的影响（附彩插）

（a）RH；（b）DRH；（c）FRH；（d）GFRH

图2.27所示为不同加工工序下的淬火回火表面层随着深度变化的晶粒位错取向差分布图。从图2.27可知，粗车+淬火回火表面层具有最大的位错取向差，进而产生最小的晶粒尺寸，CAO等人[131]的研究指出，高应变诱导的严

重塑性应变是表面层晶粒细化的先决条件，HASUNUMA 等人[132]提出了将 KAM 首次达到 $\sigma_m+\mu_m$ 的深度定义为晶粒细化层的深度。然而对于淬火回火表面层，由于贝氏体的产生，粗车 + 淬火回火表面层较大的晶粒取向差并未使表面层晶粒尺寸小于基体晶粒尺寸，这些位错取向差可进一步与各自的平均有效晶粒尺寸关联。对比图 2.27 和图 2.25 中的磨削 + 淬火回火工序可知，较大的 KAM 反而具有较大的晶粒尺寸分布，这显然使基于 KAM 间接表征晶粒细化的方法不再适用于淬火回火表面层。因此，针对这个问题，在对淬火回火表面层晶粒细化进行表征时，人们提出了直接表征晶粒变化层深的方法，为后续的显微硬度随层深的变化提供依据。

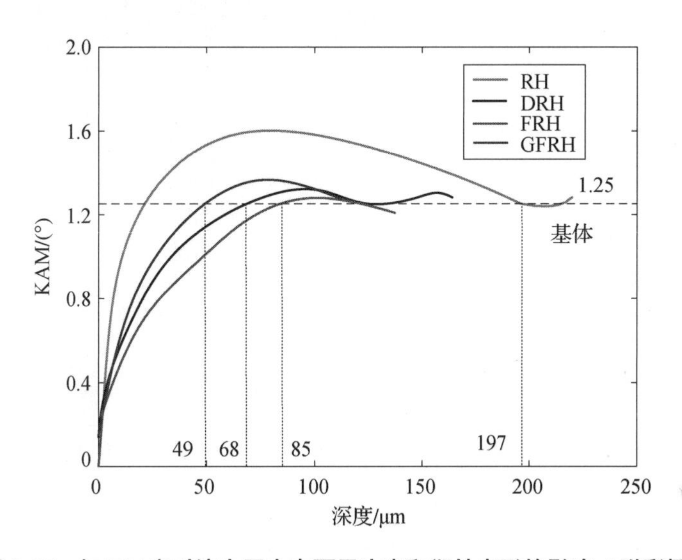

图 2.27　加工工序对淬火回火表面层应变和塑性变形的影响（附彩插）

2.4.3.3　表面层晶粒参考点取向差分布

图 2.28 所示为加工工序 + 淬火回火表面层的 GROD 图，其采用统一的色条，GROD 通过测量一个晶粒内部各个像素点与平均像素点之间的局部位错，从而表示单个晶粒内部的塑性变形。从图 2.28（a）可以看出，粗车 + 淬火回火表面层（0 ~ 100 μm）的晶粒内部呈现更大的塑性变形，如白色箭头所示，晶体内高塑性变形的累积通过动态再结晶过程将亚晶粒细化为均匀的等轴晶粒[129]，因此具有较小的晶粒尺寸分布。粗车 + 干式半精车 + 淬火回火表面层的塑性变形相对减小，晶粒尺寸相对增大。粗车 + 湿式半精车 + 淬火回火表面层的晶粒内部塑性变形较小，粗大晶粒出现的深度变大（图 2.25 中红色曲线）。而粗车 + 湿式半精车 + 磨削 + 淬火回火表面层具有最大的晶粒尺寸，相

对车削＋淬火回火表面层，磨削＋淬火回火表面层由穿刺型向整体脱落型改变，阻止了晶粒的细化。

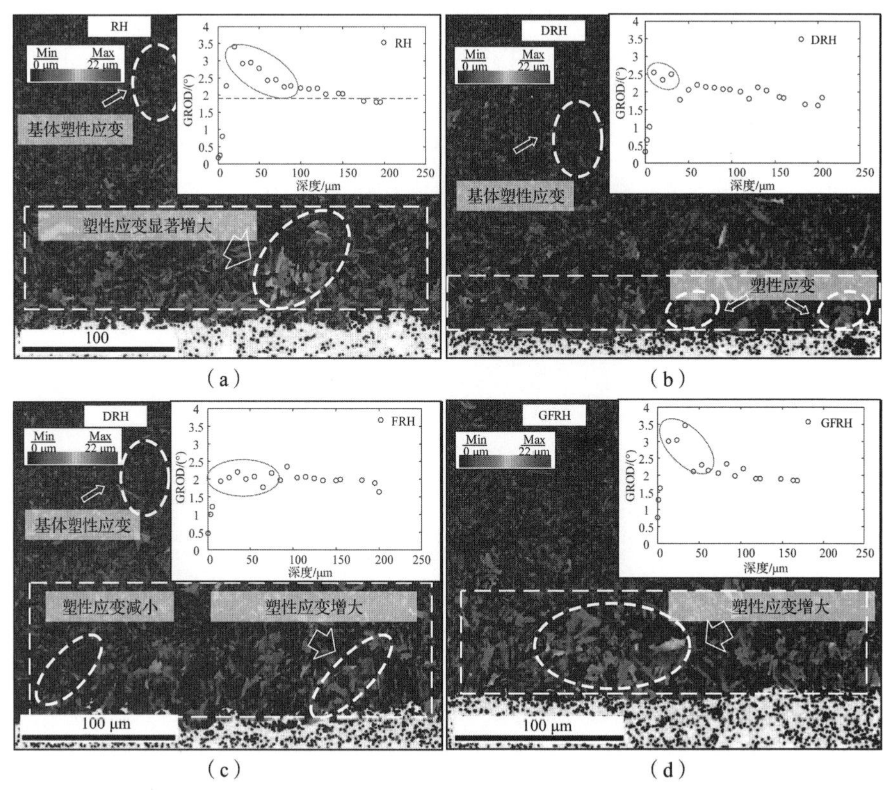

(a) (b) (c) (d)

图 2.28 加工工序对淬火回火表面层塑性变形的影响（附彩插）

(a) RH；(b) DRH；(c) FRH；(d) GFRH

图 2.29 所示为不同工艺对应的表面层（0～90 μm）处的反极图（IPF），其中统一的纹理密度如图 2.29（e）中色条所示。从粗车＋淬火回火工序的 IPF［图 2.29（a）］可以看出，{100} 平面沿 *Z*0（ND）方向有轻微的纹理累积，最大的纹理密度为 2.31（图 2.29 中箭头 A 所示），粗车的表面使淬火回火处理产生择优取向，减小了滑移系统数量。与粗车＋淬火回火表面层相比，干式半精车＋淬火回火工序使织构择优取向 *Z*0（ND）由原来的 {100} 平面向 {110} 平面转变（图 2.29 中箭头 B 所示），织构密度呈现下降趋势，最大值为 1.88，激活了其他滑移系统。湿式半精车＋淬火回火表面层的织构呈现两极化，{100} 平面和 {110} 平面分别沿 *X*0（RD）方向（图 2.29 中箭头 C1 所示）和 *Y*0（TD）方向（图 2.29 中箭头 C2 所示）转动，使最大织构密度进一步减小（1.74）。磨削工序后的淬火回火处理表面层激活了更多的滑移系统，主要为 {111} 平面沿 *Y*0（TD）方向、{110} 平面沿 *Z*0（ND）

方向等，最大织构密度最小（1.58），并且相对基体（最大织构密度1.49）而言，磨削表面层对淬火回火表面影响较小，具有较低的择优取向。可以预测，加工工序+淬火回火表面层晶粒呈现重新排列，并且材料的微观结构和织构分布对材料疲劳性能有很大的影响。

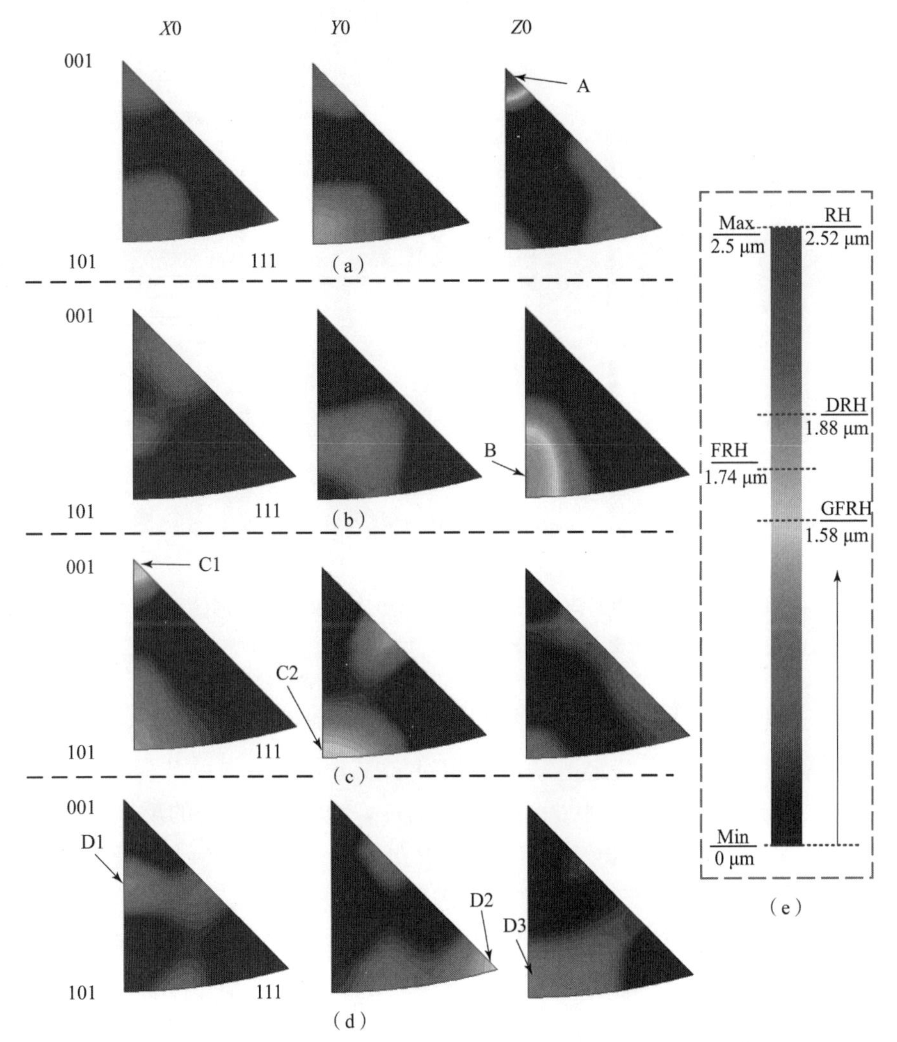

图2.29　加工工序对淬火回火表面层织构取向的影响（附彩插）

(a) RH；(b) DRH；(c) FRH；(d) GFRH；(e) 色条

2.4.3.4　表面层施密德因子

图2.30所示为加工工序对淬火回火表面层施密德因子的影响分布。可以看出，湿式半精车+淬火回火工序在距离表面90 μm处的两种滑移系统的施

密德因子分布存在很大差别，在同一个色条的情况下［图 2.30（c）］，可以看出｛110｝<111>滑移系统的施密德因子最小值为0.273。随着因子的增加，所占的比例逐渐增大，且平均施密德因子（0.421）显著大于｛001｝<010>滑移系统。由经典施密德方程 $\sigma_y = m\tau_{crss}$ 可知，在相同的屈服强度 σ_y 下，较大的 m 值可以产生更小的临界剪应力 τ_{crss}，使表面层的｛110｝<111>滑移系统更容易产生滑移。

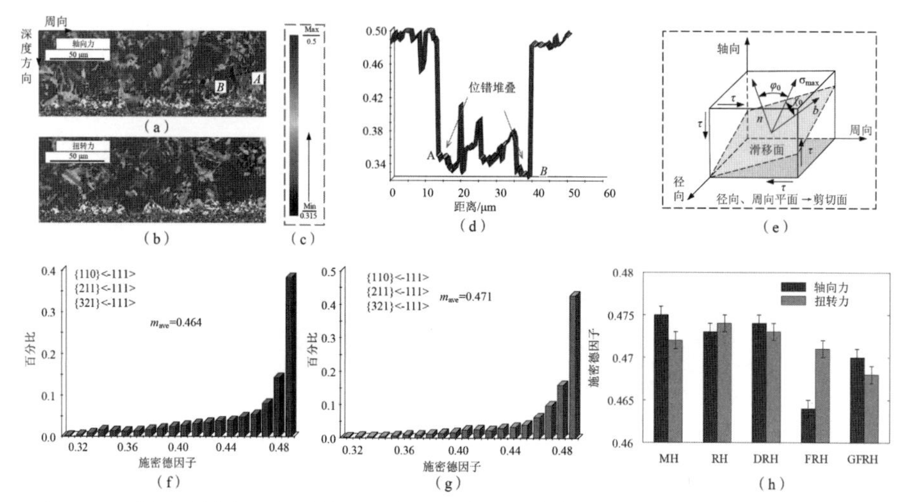

图 2.30　湿式半精车工序对淬火回火处理表面层应变和塑性变形的影响（附彩插）

（a）FRH 扭转力施密德因子分布云图；（b）色条；（c）AB 线段施密德因子分布；

（d）晶体滑移示意；（e）FRH 轴向力施密德因子；

（f）FRH 扭转力施密德因子分布；（g）不同多工序对施密德因子的影响

施密德因子体现了特定滑动系统相对于应力状态方向的几何特征，如图 2.30（e）所示，扭转受力状态为周向（TD）-轴向（ND）剪切应力 τ，施密德因子 $m = \cos\varphi_0\cos\chi_0$，位于横截面的 *AB* 处有较小的 m 值，增大了临界剪切抗力，使 *AB* 处更容易产生位错堆叠，进而产生应力集中。图 2.30（h）所示为不同工艺下的 m 值演变规律，轴向应力的｛110｝< -111 >滑移系统中，湿式半精车工序具有较小的施密德因子，这归因于湿式半精车+淬火回火表面层晶体织构演变[133,134]。对于后期的剪切应力而言，磨削工序产生的淬火回火表面层具有较小的 m 值，增大了临界剪切抗力，有利于延长扭转疲劳寿命。

2.4.4　加工工序+淬火回火表面层的残余应力

图 2.31 所示不同工序对表面层残余应力测试点的多项式拟合曲线示意，可以看出表面层的残余应力在两个方向上均呈现为残余拉应力，且呈现先增大后减小的趋势，最后趋于稳定。粗车+淬火回火表面层产生了较大的残余

拉应力（+376 MPa），明显大于湿式半精车+淬火回火表面层残余拉应力（+103 MPa）。初始的表面层状态在淬火回火处理过程中，产生的过高温度和马氏体相变引起了体积变化。随着深度的增大，粗车+淬火回火表面层仍具有最大的残余拉应力，在深度50 μm处达到最大，高达+973 MPa，工件内部的残余应力峰值分别在氧化层和表面层[135]的变化处形成。干式半精车+淬火回火表面层随深度的变化相对粗车+淬火回火表面层呈现 Y 轴压缩的趋势，残余拉应力层深减小至231 μm。同时可以看到，湿式半精车+淬火回火表面残余拉应力有所降低，且保持到一定深度范围内，磨削+淬火回火表面层与湿式半精车+淬火回火表面层残余应力的变化很小，沿着 X 轴呈现轻微的右移，但残余应力影响层深增大。

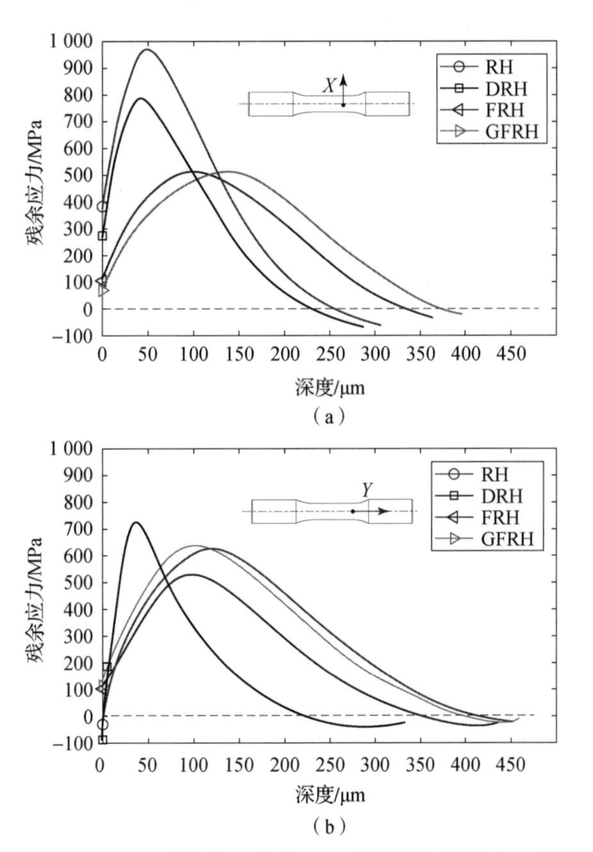

图2.31　加工工序对淬火回火表面层残余应力的影响（附彩插）

（a）周向残余应力随深度的变化；（b）轴向残余应力随深度的变化

粗车+淬火回火表面层和干式半精车+淬火回火表面层产生了轴向残余压应力，分别为−36 MPa和−83 MPa，但随着深度的增大，与 X 轴方向类似，表面层也呈现残余拉应力。干式半精车+淬火回火表面层的次表面处产生最大的残余拉应力（+726 MPa），具有最小的表面层深（227 μm）。湿式半精车+淬火回火表面层具有最小的残余应力峰值，且峰值所处层深相对干式半精车+淬火回火表面层产生右移，然而粗车+淬火回火表面层和磨削+淬火回火表面层具有较小的差距，影响层约为410 μm。

2.4.5 加工工序+淬火回火表面层的显微硬度

加工工序+淬火回火表面层显微硬度测试点的多项式拟合曲线如图2.32所示。为了获得更加详细的不同深度的显微硬度值，采用交叉的测量方式（如图2.32中间所示），以确保任何两个凹痕间的距离超过3个压痕对角线的间距，同一个点重复实验3次，取平均值，最后进行多项式拟合后得到图2.32，各工序的表面层显微硬度演变均呈现先降低后升高的趋势。可以看出淬火回火基体显微硬度值保持为561 HV，而淬火回火表面层显微硬度显著降低，干式半精车+淬火回火表面层显微硬度最低，只有247 HV，在距离深度约200 μm以内（*B*点），干式半精车+淬火回火表面层一直保持最低的显微硬度，超过*B*点以后各工序间的显微硬度差距变化很小，其中湿式半精车+淬火回火表面层具有最大的显微硬度层深（359 μm），同时具有最高的显微硬度。可以看出表面层显微硬度越高，显微硬度随着层深的演变梯度越小，结合图2.26，可以发现转变层深与晶粒细化层深（图2.25）具有一定的相关性。关于加工工序对淬火回火表面层显微硬度的演变趋势与表面层的微观结构演变关系，下文将对此进行详细讨论。

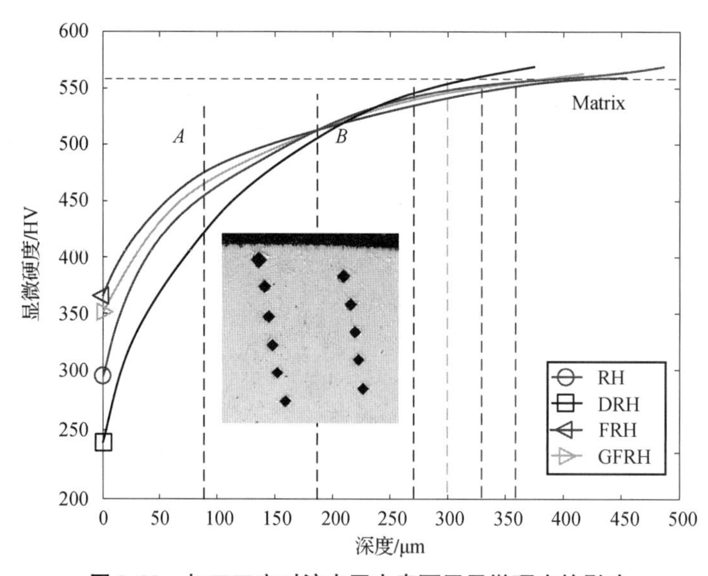

图2.32 加工工序对淬火回火表面层显微硬度的影响

2.5　加工工序 + 淬火回火表面完整性演变机制

2.5.1　表面层微观结构演变分析

实验结果表明，不同加工工序对淬火回火表面层晶粒尺寸和显微组织产生影响，其中，高应变、相变是淬火回火表面层晶粒尺寸变化的先决条件。表面层淬火奥氏体化过程中，在高温情况下，表面层中氧和铁元素产生内氧化（图 2.33 中Ⅰ区），使最上层表面层呈现黑色（图 2.21 中Ⅰ区），随着深度的增加，内氧化逐渐减少（图 2.21 中Ⅱ区），如粗车工序过程中表面层呈现大量碳化物［图 2.22（b）中箭头所示］；在淬火油冷过程中，由于过热零件与表面层之间存在热传导，具有一定温度的表面层转变温度呈现逐渐减小的趋势，当油冷温度范围为 330 ℃～550 ℃时，次表面奥氏体向上贝氏体转化，生成铁素体和渗碳体组织，组织特征为扇形羽毛状［图 2.22（b）中箭头虚线区域］，渗碳体分布在铁素体之间（图 2.33 中Ⅱ区所示），随着深度增加，油冷温度范围为 230 ℃～330 ℃时，深层的奥氏体向下贝氏体相变，组织特征为针状，铁素体内存在排列整齐的细小碳化物（图 2.33 中Ⅲ区所示），形态上与针状马氏体相似，同时表面碳化物析出量减小。最后，当内部的油冷温度处于 230 ℃以下时，基体出现明显的马氏体特征，几乎无碳化物析出，在形态上可看到明显的蝶状马氏体块和板状马氏体块（图 2.33 中Ⅳ区所示）。加工工序 + 淬火回火表面层按照深度从上至下分为内氧化层、上贝氏体层、下贝氏体层、马氏体层，如图 2.33 所示。

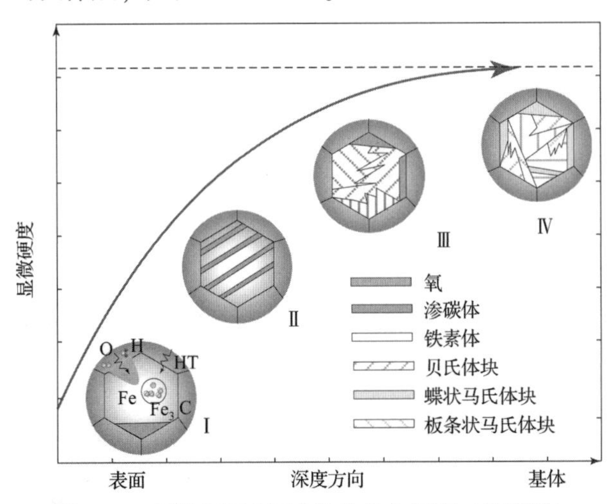

图 2.33　显微组织随深度梯度分布示意（附彩插）

加工工序使淬火回火表面层产生明显的晶粒取向择优，同时淬火回火氧化层产生不同特征的奥氏体化过程。表面层氧化过程沿着粗车工序后波谷处发生内氧化，淬火回火车削纹理依然清晰可见［图 2.19（a）］，内氧化在截面处未出现逐层氧化现象［图 2.22（b）］，主要集中于波谷处，氧化层沿着波谷处以穿刺形式进行氧化［图 2.34（f）中红色微裂纹］，奥氏体化过程中晶体｛100｝面［图 2.34（f）中红色面］与穿刺平面平行，与 ND［001］垂直，内氧化过程中奥氏体化呈现择优取向。在半精车颤振过程中，由颤振引起的表面波谷与表面层呈现 45°角［图 2.19（b）］，使一部分表面层的氧化过程沿着少量的颤振谷底处集中氧化，奥氏体化过程中晶体｛100｝面［图 2.34（g）中红色面］与穿刺平面平行，与 ND［001］成 45°分布，同时表面粗糙度 R_a 的降低使氧化过程呈现一定的均匀性［图 2.34（g）］，图 2.22（d）中的Ⅰ区显示出明显的均匀氧化层深。湿式半精车工序［图 2.34（h）］减少了颤振的产生，氧化过程总体呈现均匀逐步氧化，氧化层深明显大于干式半精车工序。因此，奥氏体晶体｛100｝面呈现一定的抗力，择优取向与 RD［100］方向垂直［图 2.34（h）］，最后在磨削工序后，表面质量得到进一步提升，表面粗糙度各指标值达到最小，氧化过程呈现更加明显的均匀氧化，表面可以看到明显的氧化皮脱落层［图 2.20（d）］，较低的表面粗糙度使奥氏体晶体化择优取向变小［图 2.34（i）］，由于表面淬火后马氏体并未改变原始的奥氏体晶体取向，使马氏体呈现同样的弱择优［图 2.29（d）］。

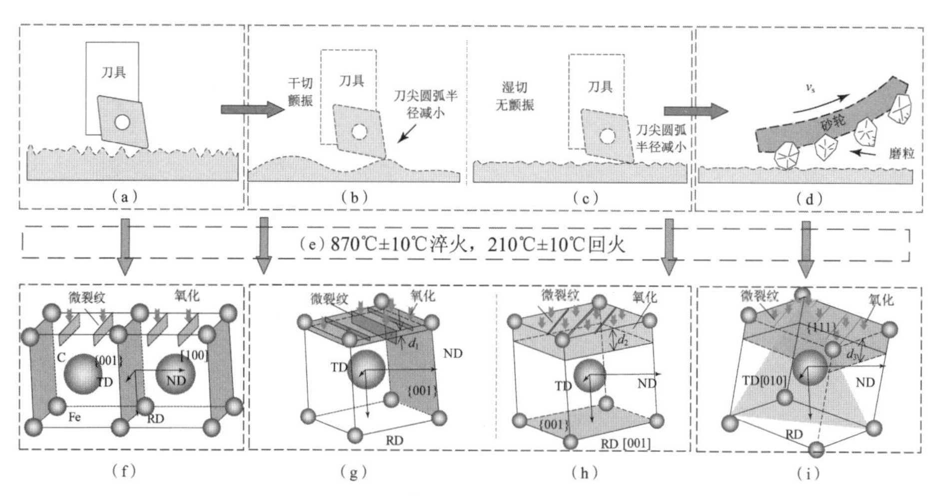

图 2.34　加工工序对表面层晶粒取向的影响（附彩插）

（a）RT；（b）FRT0；（c）FRT；（d）GFRT；（e）870 ℃ ±10 ℃淬火，210 ℃ ±10 ℃回火；（f）RH；（g）DRH；（h）FRH；（i）GFRH

2.5.2　表面层显微硬度和残余应力演变分析

加工工序 + 淬火回火表面层的显微硬度沿深度呈现外软内硬的梯度分布，综合考虑动态霍尔 – 佩奇和泰勒强化效应，可以从理论上对表面层显微硬度进行分析。

$$HV = H_0 + k/\sqrt{d} + M\alpha Gb\sqrt{\rho} \tag{2.3}$$

式中，HV 表示局部硬度；H_0 表示基体硬度；k 表示霍尔 – 佩奇常数；d 表示平均晶粒尺寸；M 表示泰勒因子；α 表示材料常数；G 表示剪切模量；b 表示 Burgers 矢量值；ρ 表示位错密度。在表面层，淬火回火处理引起的相变使 α – Fe 中的碳含量产生明显变化，同时晶粒间较大的塑性应变使表面层晶粒粗大。动态霍尔 – 佩奇效应发生改变表明，与基体试样相比，表面层显微硬度降低。不同工序下的奥氏体化晶粒择优取向使泰勒因子增强，同时晶体内大塑性应变使位错密度增加，次表面层的较大晶粒降低了表面层的硬化程度，因此从表面层到次表面层显微硬度值的增加充分证明了这一变化过程。淬火回火表面经过粗车工序，表面层晶粒相对于其他工艺更小（图 2.25 中绿色线条），但淬火回火表面层的晶粒择优取向（晶体 {100} 面与 ND [001] 垂直）在轴向力的作用下，更易在滑移面 {111} < –111 >、 {211} < –111 > 和 {321} < –111 > 发生剪切滑移，使泰勒因子显著减小，泰勒效应起主导作用。随着干式半精车的进行，虽然泰勒因子效应变化不大，但干式半精车 + 淬火回火表面层较大尺寸的晶粒使显微硬度更低，在湿式半精车过程中，由于颤振的消失，晶粒择优取向（晶体 {100} 面与 RD [100] 垂直），阻止了晶粒在上述三个滑移系统中发生剪切滑移，使泰勒效应增强，因此粗车 + 湿式半精车 + 淬火回火表面层具有更高的显微硬度。最后，磨削工序后的表面层，由于晶体取向的择优取向变差，泰勒效应减弱，粗车 + 湿式半精车 + 磨削 + 淬火回火表面层的硬化效果降低。

相对基体部分，晶粒尺寸较大的多工序表面层呈现较大的残余拉应力，加工工序 + 淬火回火表面层残余应力是相变、位错储能和塑性变形共同作用的结果。由于粗车 + 淬火回火表面层位错储能和塑性应变最大 [图 2.28 (a)]，它使残余拉应力最高 [图 2.31 (a)]。随着湿式半精车和磨削工序的推进，较小的位错储能 [图 2.26 (c)]、与基体保持一致的晶内塑性变化 [图 2.31 (c)] 使湿式半精车 + 淬火回火表面层具有较低的残余拉应力。虽然磨削工序具有和干式半精车工序相同的位错储能和塑性变形，但干式半精车过程中更大的颤振纹理产生较深的针状氧化层（相变形式发生改变），不均匀性程度增加，产生更大的残余拉应力。

2.6 本章小结

本章针对淬火回火前的加工工序，研究了45CrNiMoVA超高强度钢加工工序、加工工序+淬火回火表面层的晶体学特征和几何力学组织演变规律。主要结论如下。

(1) 随着加工工序的推进，表面层晶粒细化层和塑性变形层深度逐渐减小，且与表面粗糙度演变趋势保持一致，相对于初始状态的表面周向残余应力，车削工序使周向和轴向残余拉应力呈现微量的降低趋势，磨削工序使表面产生更大的周向残余压应力。

(2) 加工工序+淬火回火表面层残余应力主要受到相变、位错储能和塑性应变的影响。粗车+淬火回火表面层具有最大的位错储能和最大的塑性应变，进而产生了最大的残余拉应力。相对于磨削+淬火回火表面层，干式半精车+淬火回火表面层具有相同的晶内塑性变形，然而大的颤振纹理使相变形式发生改变（较深的针状氧化层），组织的不均匀性使残余拉应力增大，湿式半精车+淬火回火表面层较小的进给痕使氧化形式逐渐转变为逐层氧化，表面层残余拉应力最小。

(3) 加工工序+淬火回火表面层显微硬度相对基体组织主要归因于动态霍尔-佩奇效应，随着深度的增加，晶粒尺寸逐渐减小，显微硬度逐渐升高，最后趋于稳定。加工工序+淬火回火表面层显微硬度主要取决于泰勒效应，相对于粗车+淬火回火表面层，粗车+干式半精车+淬火回火表面层虽然具有相同的泰勒因子，但晶粒尺寸的增大和位错密度的减小导致了更差的显微硬度；粗车+湿式半精车+淬火回火表面层最小的进给痕产生晶体择优取向，泰勒因子最大，显微硬度升高，层深为0.36 mm。

第3章
淬火回火前的加工表面层扭转疲劳失效行为

3.1 引言

在循环载荷下，循环应力－应变响应曲线反映了金属材料的循环硬化或循环软化特征，应力幅、剪切模量、剪切屈服强度和应变硬化指数是表征金属材料疲劳力学行为的重要参量，这些参量既可以反映材料加工表面层的宏观力学行为，也可以反映加工表面层的显微结构变化。

本章针对淬火回火前的加工工序，开展扭转疲劳循环应力－应变响应和扭转疲劳断裂失效行为研究。首先分析加工表面完整性演变对疲劳行为单调特性和循环应力－应变的影响规律，揭示了淬火回火前的加工表面完整性演变对疲劳寿命的影响规律，分析了加工表面层的扭转疲劳断裂行为，构建考虑加工表面完整性的循环塑性应变能法扭转疲劳寿命预测模型。同时，揭示了加工工序＋淬火回火表面层的疲劳断裂失效机制，并实现了面向扭转疲劳性能的淬火回火前加工工序优化，为研究淬火回火表面层的后续精密加工与疲劳行为研究奠定了工艺和理论基础。

3.2 扭转疲劳失效分析

3.2.1 剪切循环特征响应分析

在应变控制下的疲劳分析中常采用循环应力－应变曲线来描述材料的循环迟滞回线。在循环剪切扭转载荷的作用下，超高强度钢的循环应力－应变关系与单调加载时有很大区别，工程上大多金属在循环载荷下会不同程度地循环软化和硬化，最后趋于稳定状态，形成稳态循环迟滞回线。尽管在不同应变幅控制下达到的稳定或者基本稳定的循环周次并不相同，但在大部分寿命期间迟滞回线基本上是稳态的。

因此，将不同应变幅控制下的稳态环或半寿命环置于同一坐标系中，将各环顶点的连线定义为材料的循环应力－应变曲线，表达为

$$\gamma = \gamma_e + \gamma_p = \frac{\tau}{G} + \left(\frac{\tau}{k'}\right)^{1/n'} \tag{3.1}$$

循环迟滞回线通常采用循环应力－应变曲线来描述。定义在对称循环条件下各稳态滞后环顶点连线的循环应力－应变曲线，当坐标标度放大1倍后，可以近似描述滞后环的形状，即滞后环曲线与循环应力－应变曲线是几何相似的，当坐标原点为循环迟滞回线的底点时（图3.1），则仿照式（3.1）可将滞后环曲线表达为

$$\frac{\gamma}{2} = \frac{\tau}{2G} + \left(\frac{\tau}{2k'}\right)^{1/n'} \tag{3.2}$$

即

$$\gamma = \frac{\tau}{G} + 2\left(\frac{\tau}{2k'}\right)^{1/n'} \tag{3.3}$$

每个循环的塑性应变能密度 ΔW_p（图3.1中绿色面积）由循环迟滞回线包围，包围的面积可通过以下公式获得：

$$\Delta W_p = \Delta\tau \cdot \Delta\gamma - 2\Delta W_1 \tag{3.4}$$

即

$$\Delta W_p = \Delta\tau \cdot \Delta\gamma - \int_0^{\Delta\gamma} \tau \mathrm{d}(\gamma) \tag{3.5}$$

故有

$$\Delta W_p = 2\int_0^{\Delta\gamma} \tau \mathrm{d}(\gamma) - \Delta\tau \cdot \Delta\gamma \tag{3.6}$$

通过将坐标原点移动到最小弹性段的迟滞回线的下端点（图3.1），环 *ODBEO* 成为最小环。沿弹性段调整各环所得到的重合上线段 *ODB* 称为基本迟滞回线。循环迟滞回线由式（3.3）表达，将式（3.6）的积分部分写成弹性及塑性二部分之和：

$$d(\gamma) = d(\gamma_e) + d(\gamma_p) \tag{3.7}$$

联立方程可得

$$\Delta W_p = 2\left\{\int_0^{\Delta\gamma_e} G\Delta\varepsilon_e \mathrm{d}(\gamma_e) + \int_0^{\Delta\gamma_p} 2k'(\gamma_p/2)^{n'} \mathrm{d}(\gamma_p)\right\} - \Delta\tau \cdot (\Delta\gamma_e + \Delta\gamma_p) \tag{3.8}$$

即

$$\Delta W_p = \frac{1-n'}{1+n'}\Delta\tau \cdot \Delta\gamma_p \tag{3.9}$$

根据循环应变能量法可知，在每个单周次的循环应变过程中，零件或部件由于吸收外部能量而在内部产生不可逆的损伤，并且一旦达到能量阈值，零件就会因疲劳而失效，考虑到弹性应变是可逆的，循环塑性应变能更能反映不可逆的疲劳损伤。

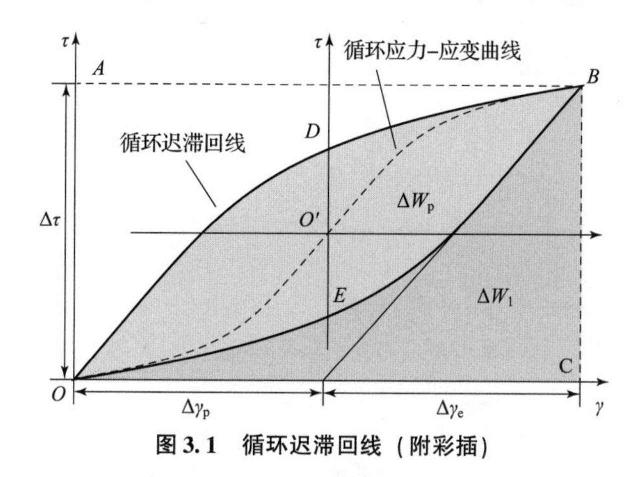

图 3.1　循环迟滞回线（附彩插）

3.2.2　加工表面层的扭转受力分析

图 3.2（a）所示为在扭矩作用下的圆柱体单元受力情况。将正六面体单元体放大可得图 3.2（b）。在扭转载荷下，*A*1 面和 *A*2 面、*A*3 面和 *A*4 面受到方向相反的剪切应力 τ，根据剪切应力互等定理[136]，可得到纯剪切应力下的单元体受力，如图 3.2（c）所示。

取图 3.2（c）中的一个面积为 $dF = MN$ 的任意截面，如图 3.3（a）所示。可得所取截面周向和轴向投影，如图 3.3（b）所示。

$$dS_{AM} = dF \cdot \cos\theta \tag{3.10}$$

$$dS_{AN} = dF \cdot \sin\theta \tag{3.11}$$

图 3.3（c）所示为扭矩 T 作用下的圆柱单元体外施交变剪切应力 τ 与加工过程引入圆柱单元体 x，y 轴上的残余应力 σ_x，σ_y，取参考坐标系 x' 和 y' 分别与斜截面 dF 垂直与平行，在新的参考坐标系下，由静力平衡可知

$$\sum F_{x'} = 0 \tag{3.12}$$

$$\sigma_\theta \cos\theta - \tau_\theta \sin\theta - \sigma_x \cos\theta - \tau_{xy} \sin\theta = 0 \tag{3.13}$$

$$\sum F_{y'} = 0 \tag{3.14}$$

$$\sigma_\theta \sin\theta + \tau_\theta \sin\theta - \sigma_y \sin\theta - \tau_{xy} \cos\theta = 0 \tag{3.15}$$

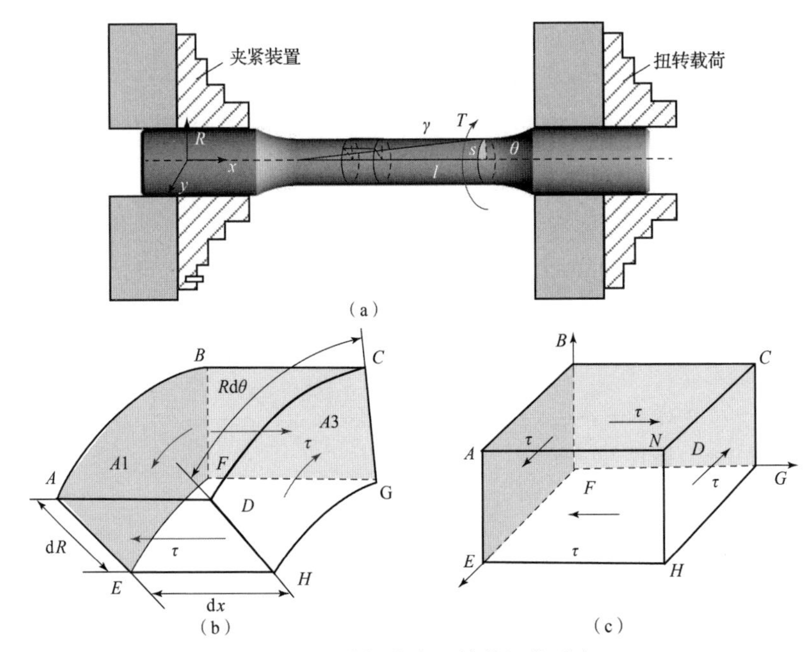

图 3.2　纯剪切应力下的单元体受力

(a) 整体受力扭转；(b) 圆柱单元体；(c) 正方单元体

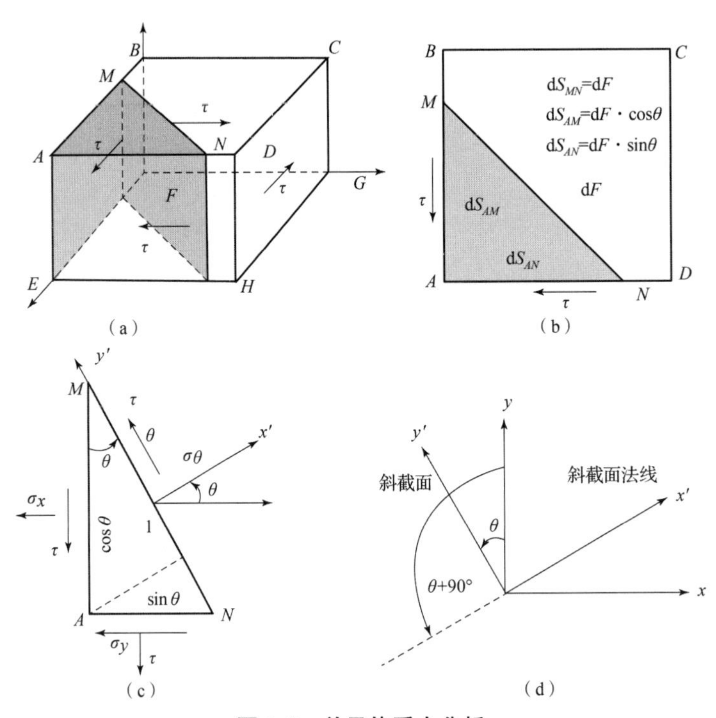

图 3.3　单元体受力分析

(a) 取任意截面 dF；(b) 截面 dF 投影；(c) 受力分析；(d) 坐标系转换

联立式（3.13）和式（3.14），可得任意斜截面 dF 的正应力 σ_θ，切应力 τ_θ 与扭转切应力 τ_{xy}，残余应力 σ_x 与 σ_y 的关系如下：

$$\sigma_\theta = \frac{\sigma_x + \sigma_y}{2} + \frac{\sigma_x - \sigma_y}{2}\cos 2\theta + \tau_{xy}\sin 2\theta \tag{3.16}$$

$$\tau_\theta = -\frac{\sigma_x - \sigma_y}{2}\sin 2\theta + \tau_{xy}\cos 2\theta \tag{3.17}$$

图3.3给出了任意截面处的正应力 σ_θ 与剪切应力 τ_θ 与原始 $x-y$ 坐标系所成的角度 θ。由于最大正应力 $\sigma_{\max}$ 与最大剪切应力 $\tau_{\max}$ 是引起疲劳断裂的重要参数，因此通过分析正应力与剪切应力随 θ 的变化获得相应的最值对分析疲劳断裂机制具有重要意义。取 θ_{n}，θ_{s} 分别为最大正应力 $\sigma_{\max}$ 截面方向、最大剪切应力 $\tau_{\max}$ 截面方向，如图3.4所示。

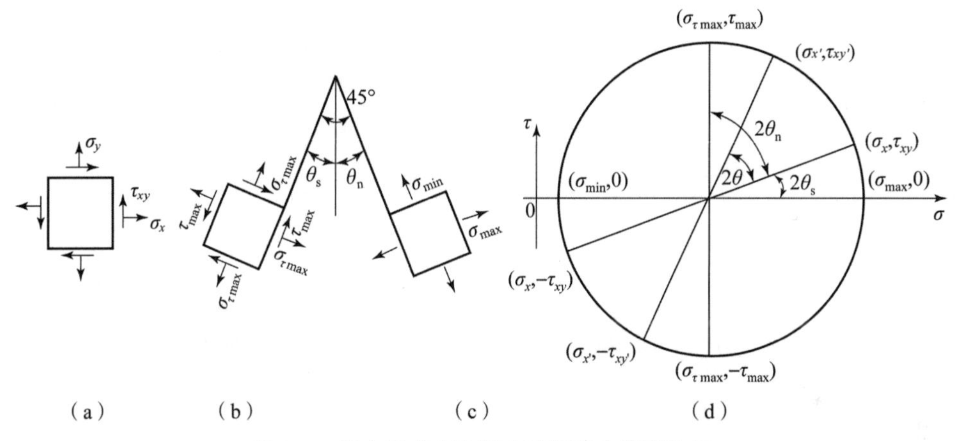

图3.4 最大正应力和最大剪切应力截面分析

(a) 原始坐标系；(b) 最大剪切应力；(c) 最大正应力；(d) 任意截面受力

对式（3.16）求导，可得最大正应力 $\sigma_{\max}$ 的值与相应旋转角坐标，即

$$\begin{cases} \dfrac{\mathrm{d}\sigma}{\mathrm{d}\theta} = 0 & \text{(a)} \\ \tan 2\theta_{\mathrm{n}} = \dfrac{2\tau_{xy}}{\sigma_x - \sigma_y} & \text{(b)} \end{cases} \tag{3.18}$$

可知有两个相位相差90°的 θ_{n} 值满足式（3.18）。联立式（3.18）、式（3.16）可得到最大正应力 $\sigma_{\max}$ 和最小正应力 $\sigma_{\min}$：

$$\sigma_{\max}, \sigma_{\min} = \frac{\sigma_x + \sigma_y}{2} \pm \sqrt{\left(\frac{\sigma_x - \sigma_y}{2}\right) + \tau_{xy}^2} \tag{3.19}$$

将式（3.19）代入式（3.17），可知位于 θ_{n} 方向的剪切应力为0，得到的正应力最优解方向特征与图3.4（a）所示的初始应力状态相符。

同理，可得

$$\begin{cases}\dfrac{d\tau}{d\theta}=0 & \text{(a)}\\ \tan 2\theta_s=-\dfrac{\sigma_x-\sigma_y}{2\tau_{xy}} & \text{(b)}\end{cases} \tag{3.20}$$

联立式（3.17）与式（3.20）可得到最大剪切应力 τ_{max}：

$$\tau_{max}=\sqrt{\left(\frac{\sigma_x-\sigma_y}{2}\right)+\tau_{xy}^2} \tag{3.21}$$

上式即初始 $x-y$ 平面上转换后的主剪切应力 τ_{max}。在该主剪切应力 τ_{max} 的两个相互垂直的截面上，具有相同的正应力 $\sigma_{\tau max}$，需要注意的是下标特殊符号表示这个正应力是最大剪切应力 $\sigma_{\tau max}$ 截面下的正应力，即

$$\sigma_{\tau max}=\frac{\sigma_x+\sigma_y}{2} \tag{3.22}$$

图3.4（b）所示为最值下原始应力状态的第二种等价描述。由式（3.18）和式（3.20）可知，$2\theta_n$ 和 $2\theta_s$ 相位相差90°。当 $2\theta_n$ 和 $2\theta_s$ 位于 ±90° 范围内，且最大正应力为正时，最大剪切应力为负，沿逆时针方向为正，即满足：

$$|\theta_n-\theta_s|=45° \tag{3.23}$$

另外，把式（3.21）、式（3.22）带入式（3.19）可知，最大剪切应力 τ_{max} 和伴随正应力 $\sigma_{\tau max}$ 可以用最大主应力 σ_{max} 和 σ_{min} 表示，图3.4（c）给出了相应的莫尔圆表征。

$$\begin{cases}\tau_{max}=\dfrac{|\sigma_{max}-\sigma_{min}|}{2} & \text{(a)}\\ \sigma_{\tau max}=\dfrac{\sigma_{max}+\sigma_{min}}{2} & \text{(b)}\end{cases} \tag{3.24}$$

表3.1列出了四个特殊疲劳断裂截面的正应力 σ_θ 与剪切应力 τ_θ 的值，其中，θ 角为外法线 n 与 x 轴正向之间的角度，具体如图3.5所示。

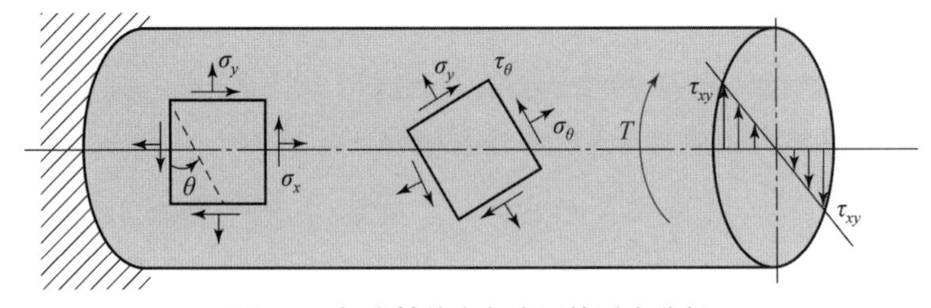

图3.5　扭力轴特定角度下的受力分析

表 3.1　四个特殊截面处的正应力与剪切应力

角度 θ/(°)	正应力 σ_θ/MPa	剪切应力 τ_θ/MPa
0	σ_x	τ_{xy}
45	$\tau_{xy}+(\sigma_x+\sigma_y)/2$	$(\sigma_y-\sigma_x)/2$
90	σ_y	$-\tau_{xy}$
135	$-\tau_{xy}+(\sigma_x+\sigma_y)/2$	$(\sigma_x-\sigma_y)/2$

由图 3.5 和表 3.1 可知：

（1）当外施交变剪切应力 τ_{xy} 与材料扭转抗力比值较小时，发生正断型疲劳断裂。当残余应力为拉应力（正值）时，在 $\theta=45°$ 位置处，正应力分量 $\sigma_\theta=\tau_{xy}+(\sigma_x+\sigma_y)/2$ 最大，更易发生扭转疲劳断裂；当残余应力为压应力（负值）时，在 $\theta=135°$ 位置处，正应力分量 σ_θ 最大，更易发生扭转疲劳断裂。

（2）当外施交变剪切应力 τ_{xy} 与疲劳断裂扭转抗力比值较大时，发生横向和纵向切断型疲劳断裂。在 $\theta=0°$ 位置处，正应力分量为 σ_x，且与剪切应力分量 τ_{xy} 并无交互作用，当残余应力 σ_x 为压应力时，通过增加剪切应力阻力的方式延长疲劳寿命，当残余应力 σ_x 为拉应力时，呈现张开型的剪切滑移运动，且横向切断型疲劳断裂与残余压力 σ_y 无关。同理，纵向切断型疲劳断裂（$\theta=90°$）与残余应力 σ_x 无关。

3.3　扭转实验设计

3.3.1　测试装置

扭转疲劳性能测试和单调力学性能均在微机控制的 MTS－250kN809 闭环伺服液压实验机上完成，淬火回火处理加工工序的扭转疲劳性能测试如图 3.6 所示。试样上端固定，下端施加单向扭转载荷。实验机总应变控制设置为应变比为 0，频率为 0.2 Hz，以正弦波控制。Epsilon 周向和轴向引伸计通过控制室温下的扭转应变来测量每个扭转循环中的应变变化，其中 25 mm 的伸长计位于标距上，最大扭转角为 3°，根据试样尺寸可得应变幅为 0.013。疲劳实验后，通过 FEG 250－SEM 扫描电镜对试样表面与内部断口特征进行观察。

在扭转疲劳过程中，通过扭矩 T 可计算得到表面处的剪切应力 τ：

$$\begin{cases}\tau = Tr_2/J & \text{(a)}\\ \tau=\dfrac{2Tr_2}{\pi(r_2^4-r_1^4)} & \text{(b)}\end{cases} \tag{3.25}$$

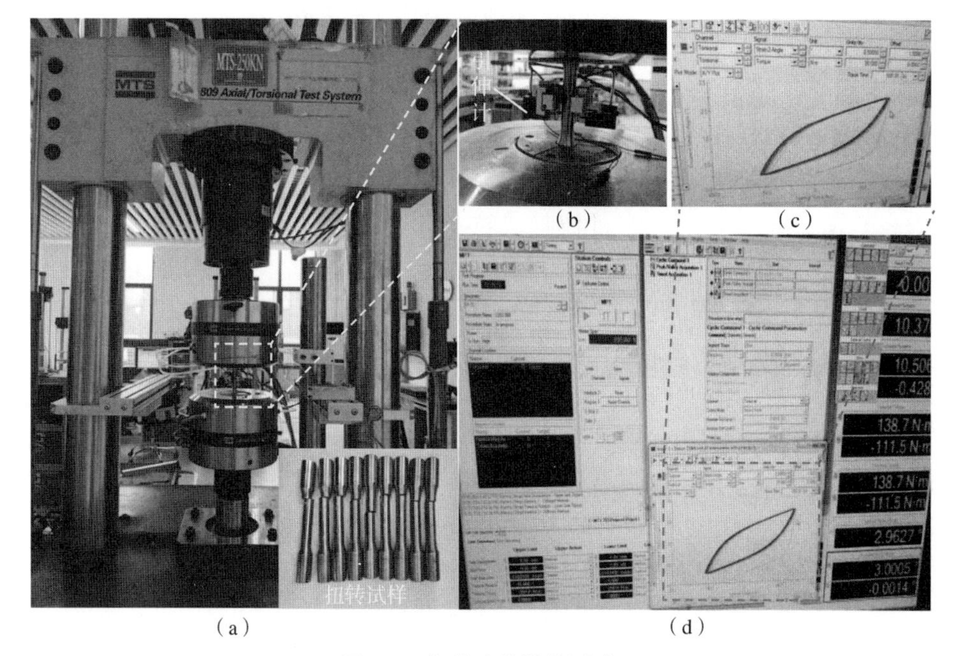

图 3.6　扭转疲劳性能测试

(a), (b) 扭力疲劳实验机；(c), (d) 控制面板

式中，J 是横截面积的极惯性矩；r_2 是外圆半径。通过对内径为 r_1 的空心管 J 求值，针对实心试样，$r_1=0$，即

$$\tau = 16T/\pi d_2^3 \tag{3.26}$$

剪切应力在试样表面产生的剪切应变为

$$\begin{cases} \gamma = \dfrac{\varphi d_2}{2l} & \text{(a)} \\ \gamma = \dfrac{\pi\theta d_2}{360l} & \text{(b)} \end{cases} \tag{3.27}$$

在扭转实验中，通常绘制扭矩 T 与扭转角度 θ 的关系图。剪切模量 G 可根据该图初始线性部分的斜率 $\mathrm{d}T/\mathrm{d}\theta$ 获得：

$$\begin{cases} G = \dfrac{32Tl}{\pi\varphi d_2^4} & \text{(a)} \\ G = \dfrac{5\,760Tl}{\pi^2\theta d_2^4} & \text{(b)} \end{cases} \tag{3.28}$$

扭转屈服强度为

$$\tau_{0.003} = 16T_{0.003}/\pi d_2^3 \tag{3.29}$$

式中，$\tau_{0.003}$ 为剪切塑性应变为 0.003 时的扭矩，通过剪切塑性应变为 0.003 下的扭矩来表征扭转屈服强度，这与塑性应变为0.002时表示拉伸屈服强度相对应。

3.3.2 等效标距确定

考虑到45CrNiMoVA超高强度钢材料具有较大的弹塑性，远远超出了伸长计的量程，进行扭转力学以及疲劳实验有很大的困难，因此常采用系统产生的扭转角计算扭转应变，然而对于设计的试样，不添加引伸计很难获得有效的试样标距，因此需要通过实验获得不添加引伸计时的扭转试样等效标距，进而通过式（3.27）获得扭转应变。

首先在材料弹塑性位于引伸计量程范围内时，通过添加引伸计对扭转试样进行扭转实验，分别获得引伸计的扭转角和系统的扭转角，从图3.7中可知系统扭转角和引伸计扭转角呈现显著的线性关系，且 $R^2=1$。

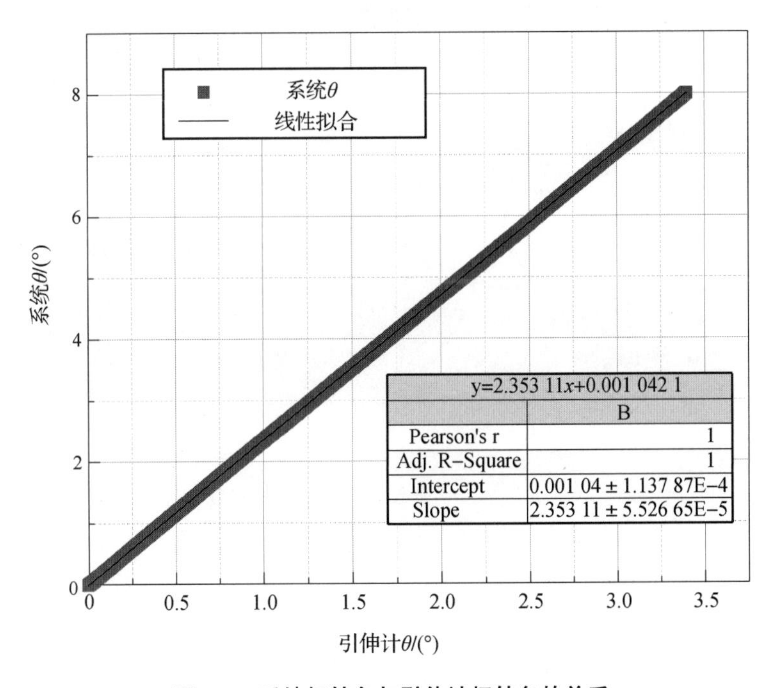

图3.7 系统扭转角与引伸计扭转角的关系

根据扭力轴引伸计和系统的切应变相等，即 $\gamma_{引伸计}=\gamma_{系统}$，结合式（3.27），可得系统等效标距 l 为

$$l=\frac{\theta_{系统}l_{引伸计}}{\theta_{引伸计}} \tag{3.30}$$

可得当采用系统角度时，设计的试样等效标距 $l=59$ mm，可以看出，轴向水

平段 54 mm < l < 极限水平圆弧段 76 mm，该范围为后续设计的试样应变计算提供了依据。

3.3.3 扭转力学特性

3.3.3.1 组织特征

通过淬火回火处理，淬火回火处理前的基体组织（珠光体）转化为马氏体。图 3.8（a），（b）所示为淬火回火处理前 SEM 电镜下的基体组织形貌，可以看出，基体组织为典型的片层状的珠光体，其中铁素体与珠光体彼此相间分布，为渗碳体（白色片层状）和铁素体（黑色区域）的两相混合物。图 3.8（c），（d）所示为淬火回火表面层 SEM 电镜下的基体组织形貌。可以看出，基体组织为板条状回火马氏体组织。在淬火油的快速冷却下，基体组织通过共格切变型相变产生淬火马氏体组织，再经过低温回火后得到最终稳定的回火马氏体[137]，材料的力学性能也将随之发生明显的变化。

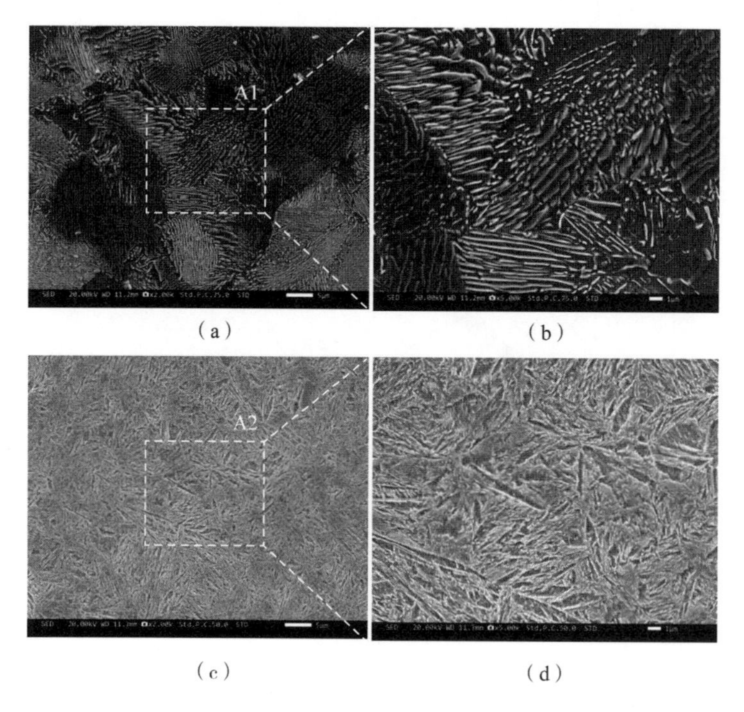

（a）（b）（c）（d）

图 3.8 淬火回火处理前后 45CrNiMoVA 超高强度钢显微组织形貌

（a）珠光体组织；（b）A1 区域放大图；（c）马氏体组织；（d）A2 区域放大图

3.3.3.2　拉伸特性

对淬火回火处理前、后的45CrNiMoVA超高强度钢进行拉伸实验，应力－应变曲线如图3.9所示。其中，淬火回火处理前试样［图3.9（a）］由第2章的粗车＋湿式半精车加工工序完成，淬火回火处理后的试样［图3.9（b）］由粗车＋湿式半精车＋淬火回火＋湿式半精车工序完成。

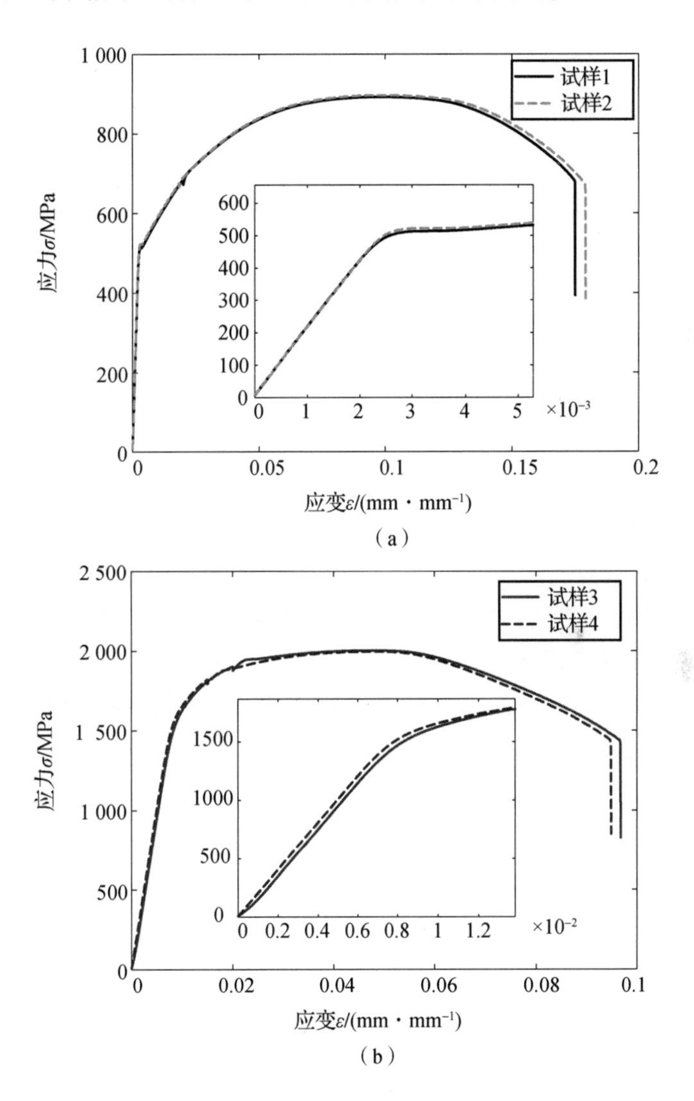

图3.9　拉伸力学性能

（a）淬火回火处理前；（b）淬火回火处理后

表3.2所示为淬火回火处理前、后45CrNiMoVA超高强度钢的力学性能参数。淬火回火处理前的45CrNiMoVA超高强度钢具有较大的材料韧性，延伸率达到了51%，且力学性能显著低于淬火回火处理后的基体特性，有利于材料的大量去除。淬火回火基体的回火马氏体使45CrNiMoVA超高强度钢的抗拉强度和屈服强度显著提高，同时少量的先共析铁素体使材料具有一定的韧性，收缩率达到49.6%，使扭力轴能够承受较大的冲击载荷。

表3.2　淬火回火处理前、后45CrNiMoVA超高强度钢的力学性能参数

类型	弹性模量 E/GPa	屈服强度 σ_s/MPa	抗拉极限 σ_b/MPa	延伸率 δ/%	收缩率 ψ/%
淬火回火前基体	215	521	892	51	23.4
淬火回火后基体	196	1 652	2 004	11.5	49.6

3.3.3.3　扭转特性

图3.10所示为淬火回火处理前、后的45CrNiMoVA超高强度钢扭转力学性能，可以看出，淬火回火处理前45CrNiMoVA超高强度钢的剪切屈服强度为360 MPa，而经过淬火回火处理，剪切屈服强度达到1 145 MPa，这使扭力轴能够承受更大的冲击载荷，根据表3.2可知，淬火回火处理前、后的拉伸屈服强度与剪切屈服强度分别为1.5、1.44，其比值小于文献［139］指出的低合金超高强度钢剪切屈服强度和拉伸屈服强度的比值$\sqrt{3}$，由于淬火回火处理前45CrNiMoVA超高强度钢具有较大的韧性，即使疲劳实验机扭转180°也很难使试样发生断裂，文献［140］给出了低合金超高强度钢拉伸强度和剪切强度的比值满足4/3，因此可得到淬火回火处理前、后的45CrNiMoVA超高强度钢剪切强度分别为669 MPa、1 503 MPa。从图3.10（a）可以看出，实际的剪切强度均大于669 MPa、1 503 MPa。从图3.10（b）可以看出，两根试样具有高度一致的剪切应力－应变变化趋势，实验具有较高的可行性，为后续研究加工工序以及疲劳性能提供了参考。

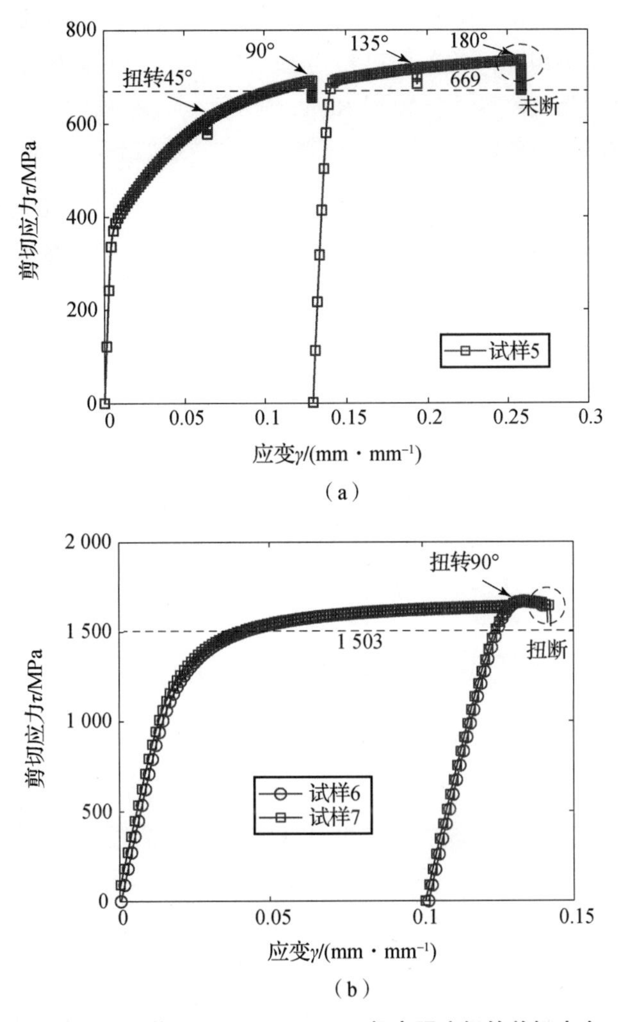

图 3.10　淬火回火处理前、后 45CrNiMoVA 超高强度钢的剪切应力 – 应变曲线

（a）淬火回火处理前；（b）淬火回火处理后

3.4　加工工序表面层的疲劳失效行为特性

3.4.1　循环应力 – 应变响应曲线

3.4.1.1　单调扭转特性

图 3.11 所示为加工工序的单调扭转特征，其中详细参数见表 3.3。为了使

测试结果具有可重复性，在粗车+湿式半精车、粗车+湿式半精车+磨削工序过程中各进行了两组相同的单调扭转实验，如图3.11中虚线所示，单调扭转特征曲线具有较高的吻合度。根据Ramberg－Osgood公式[141]，可得剪切模量G、单调扭转强度系数k_0和扭转硬化指数n_0的关系如下：

$$\gamma = \frac{\tau}{G} + \left(\frac{\tau}{k_0}\right)^{\frac{1}{n_0}} \tag{3.31}$$

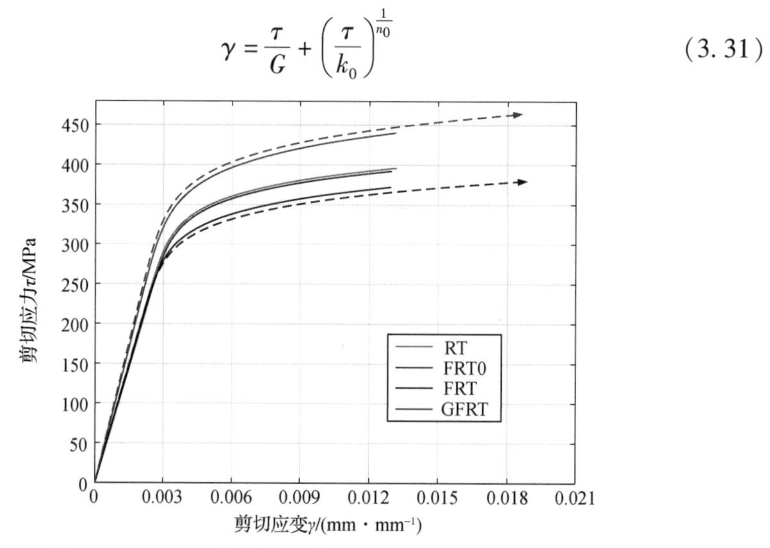

图3.11　加工工序的单调剪切应力－应变曲线演变

从表3.3可以看出，与粗车工序相对，在半精车加工过程中，干切环境下的所有单调扭转特征参数的演变变化不大，趋势曲线几乎一致。然而，湿切环境下的剪切屈服强度较低，这可能是由细化晶粒层造成的。文献［141］在研究低合金中碳钢的屈服强度时得出了类似的结论，表面晶粒细化层使屈服强度降低，但对极限强度影响较小。与其他工序相比，最后一道磨削工序具有最高（大）的屈服强度、单调剪切模量、强度系数和应变硬化指数，见表3.3，磨削过程产生的塑性变形层深度较小，表面损伤最小，且磨削过程产生最大的残余压应力，需要更大的外部载荷来完成扭转变形。

表3.3　加工工序的单调扭转和循环应力特征

特征参数	RT	FRT0	FRT	GRFT
单调扭转参数				
剪切模量 G/GPa	103	99	100	111
剪切屈服强度 τ_0/MPa	360	356	332	384
单调强度系数 k_0/MPa	557	548	533	635
单调硬化指数/n_0	0.070	0.069	0.076	0.081

续表

特征参数	RT	FRT0	FRT	GRFT
第一周循环应力响应				
剪切强度系数 k'_1/MPa	696	696	669	733
剪切应变硬化指数/n'_1	0.125	0.126	0.128	0.127
塑性变形幅/$\Delta\gamma_p$	0.005 959	0.005 887 3	0.006 113	0.005 585
塑性应变能密度/ΔW_p/(MPa·mm·mm^{-1})	3.125 5	3.040 9	3.021 3	3.012
最小剪切应力 τ_{min}/MPa	-282	-276	-271	-267
最大剪切应力 τ_{max}/MPa	392	388	367	430
50%疲劳寿命循环应力响应				
剪切强度系数 $k'_{0.5}$/MPa	809	825	788	1 188
剪切应变硬化指数/$n'_{0.5}$	0.168	0.174	0.167	0.189
塑性变形幅/ $\Delta\gamma_p$	0.006 65	0.006 62	0.006 589	0.005 232
塑性应变能密度/ΔW_p/(MPa·mm·mm^{-1})	2.936 5	2.838 6	2.842 3	2.750 8
最小剪切应力 τ_{min}/MPa	-295	-292	-296	-378
最大剪切应力 τ_{max}/MPa	325	319	309	392

3.4.1.2　循环迟滞回线特性

加工工序的循环应力响应曲线如图 3.12 所示。车削过程中的循环最大剪切应力响应主要为类似的循环硬化率（红色、蓝色和黑色虚线）。然而，磨削过程中的最大剪切应力以较慢的循环硬化速率下降，且 τ_{min} 的循环硬化速率超过了 τ_{max} 的循环软化速率。当干式半精车工序从粗车工序演变时，加工颤振使塑性变形层变化较小，因此 τ_{max}，τ_{min} 变化不大。当湿式半精车工序从粗车工序演变时，较小的晶粒细化层深使剪切应力为 τ_{max}。

磨削作为最后一道工序，大的残余压应力使 τ_{min} 呈现循环硬化特征［图 3.12（b）］。一些研究人员[142-143]研究发现，材料的循环硬化归因于微观结构障碍或塑性变形不均。然而，τ_{max} 表现出循环软化特征。循环软化归因于位错微观结构的重排和变化[144]。SAITOVA 等人[145]研究发现，由于循环塑性变形，高位错密度倾向于重新配置和减小。

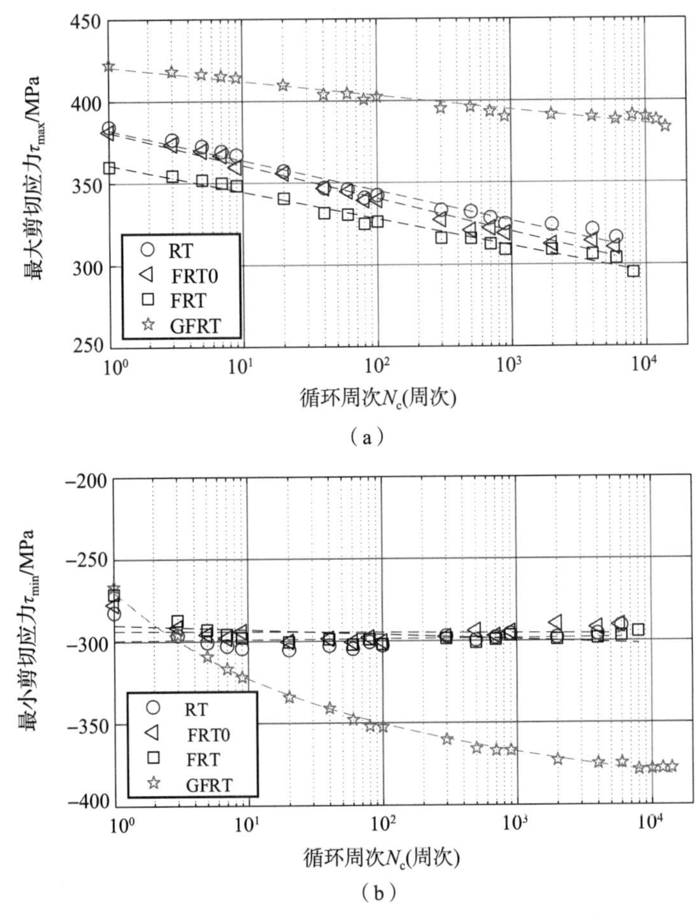

图 3.12　加工工序的循环应力响应曲线（附彩插）

（a）最大剪切应力化；（b）最小剪切应力化

在加工工序转变过程中，第一周、50% N_f 和 90% N_f 循环时的应力 - 应变曲线特征见表 3.3。通过比较 50% N_f 循环下磨削和车削工序的 $\tau-\gamma$ 行为，可以看出，车削过程产生了近似的稳定迟滞回线，磨削工序具有最小的塑性应变幅 $\Delta\gamma_p$。当循环周次从第一周循环演变为 50% N_f 循环时，车削过程塑性应变幅 $\Delta\gamma_p$ 变得更大（见表 3.3）。然而，磨削工序过程显示出相反的结果，塑性应变幅 $\Delta\gamma_p$ 从 0.005 6 减小到 0.005 2，塑性应变幅主要取决于反向循环硬化［图 3.12（b）中的绿色曲线所示］。如图 3.13 所示，加工工序的塑性应变能均呈现逐渐减小的趋势。塑性应变能主要包括摩擦能和储能。往复循环运动可以通过消除晶格摩擦、外来原子等最终减小摩擦能[146,147]，摩擦能的减小导致总塑性应变能密度减小。GIORDANA 等人[148] 指出，室温下铁素体/马氏体钢 EUROFER 97 的摩擦应力随着亚晶粒中自由位错密度的减小而减小，进而产生循环软化。

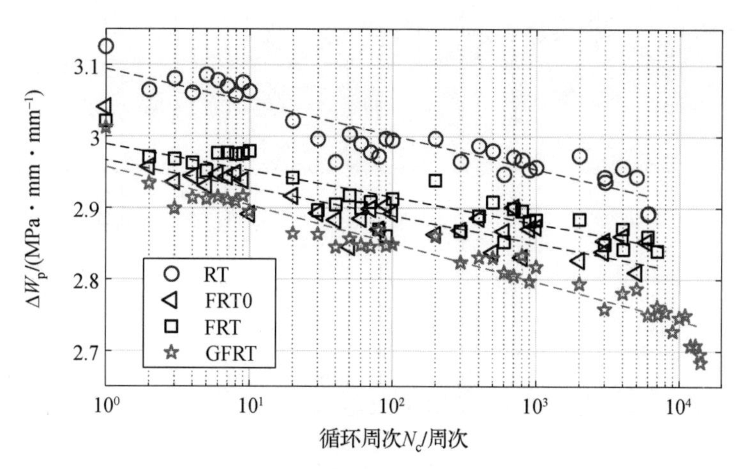

图 3.13　加工塑性应变能密度演变（附彩插）

与车削过程相比，磨削过程的塑性应变能密度减小量最大，这归因于加工过程中磨削试样产生的储能。残余压应力降低了单个循环过程中微观结构屏障或应变不均匀性的塑性变形程度，当塑性变形的减少占主导地位时，塑性应变能密度 ΔW_p 显著减小。

3.4.2　疲劳断口特征

3.4.2.1　断口形貌

淬火回火前的45CrNiMoVA 超高强度钢具有较大的韧性，呈现剪切断裂行为，剪切扭转疲劳断口发生在垂直于轴向的最大剪切面上。图 3.14 ~ 图 3.16 给出了加工工序的疲劳断口的表面形貌。疲劳裂纹从表面开始，然后扩展到内部，有明显的塑性变形痕迹［图 3.14（e）和图 3.16（b）］，在断口的中心发生瞬断［图 3.14（c）和图 3.16（d）］。

粗车工序的疲劳断裂如图 3.14 所示。从图 3.14（d）可以看出，扭转过程的剪切滑移使表面具有明显的凸起，且带有非常薄的撕裂片。材料表面 1/2 R 处的裂纹扩展区域［图 3.14（b）］中，可以看到明显的垂直于径向的微塑性变形轨迹。图 3.14（e）是图 3.14（b）的放大视图，整个周向区域的微塑性变形轨迹呈 360°圆周分布。图 3.14（c）显示了位于试样中心呈圆形的瞬态断裂区域，从放大图［图 3.14（f）］可以明显地观察到，解理台阶呈现瞬间断裂的典型特征。

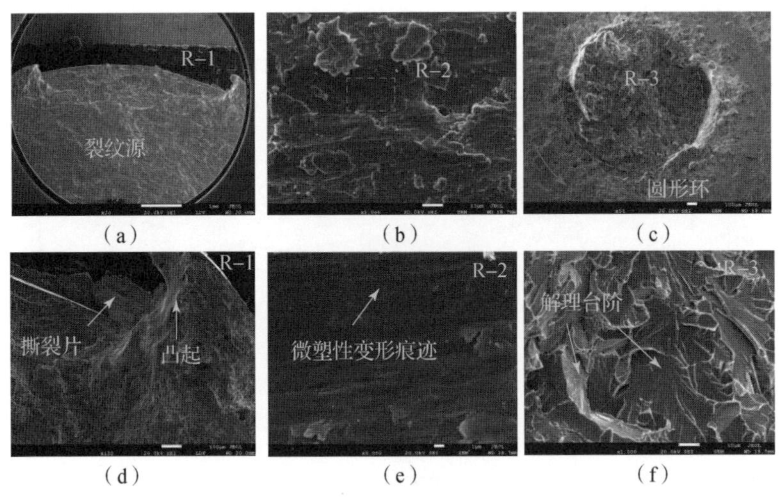

图 3.14　粗车工序疲劳断裂形貌（附彩插）

（a）裂纹萌生区；（b）裂纹扩展区；（c）瞬断区；
（d）R－1 区域放大图；（e）R－2 区域放大图；（f）R－3 区域放大图

图 3.15 所示为干式和湿式半精车工序疲劳断裂形貌。图 3.15（a），（b）所示为干切削条件下疲劳断后表面层的两个裂纹萌生位置，图 3.15（d），（e）分别为相应的放大视图。可以看出，粗车＋干式半精车工序的表面裂纹位置也呈现出与粗车工序类似的凸起，并且在凸起的底部有一定深度的撕裂线［图 3.15（d），（e）中的红线所示］。

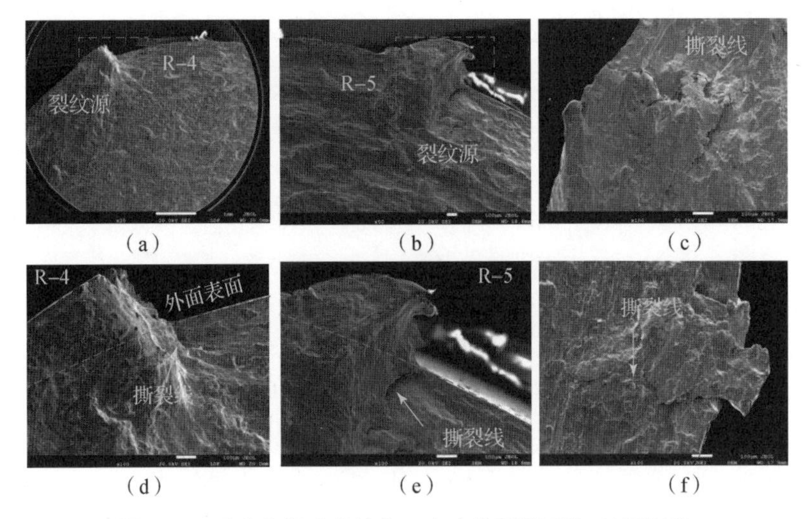

图 3.15　干式和湿式半精车工序疲劳断裂形貌（附彩插）

（a）FRT0 工艺裂纹萌生区；（b）FRT0 裂纹萌生区；（c）FRT 裂纹萌生区；
（d）R－4 区域放大图；（e）R－5 区域放大图；（f）FRT 另一裂纹萌生区

然而，当观察湿式半精车工序的整个疲劳断口圆周表面层时，在湿切削条件下表面层并未发现明显的凸起［图3.15（c），（f）］。此外，湿式半精车工序在平面剪切面上具有更深的剪切线，裂纹萌生区域更平滑。在干式半精车和粗车工序中，疲劳裂纹扩展区的微塑性变形痕和瞬态断裂区的解理特征分别与粗车工序的断裂形态相似，因此不再做进一步说明。

磨削工序过程中的疲劳断裂形貌如图3.16所示。图3.16（a），（d）显示了表面层的疲劳裂纹萌生位置，可以看出裂纹萌生区较平坦，且并未发现类似粗车和干式半精车工序的表面层凸起，材料呈现出更明显的穿晶特征。裂纹周围有明显的与径向垂直的剪切微塑性变形痕［图3.16（b）］。然而，磨削过程的瞬断区从车削过程的规则圆形区域［图3.14（c）中蓝色虚线圆所示］演变为不规则环形区域［图3.16（c）中蓝色虚线环所示］。此外，环形瞬断区呈现解理台阶型特征。不规则环在很大程度上降低了疲劳裂纹扩展速率，有助于延长扭转疲劳寿命。同时，在瞬时断裂区域的右下角也可以看到呈现周向撕开的断裂韧窝特征［图3.16（c）］。

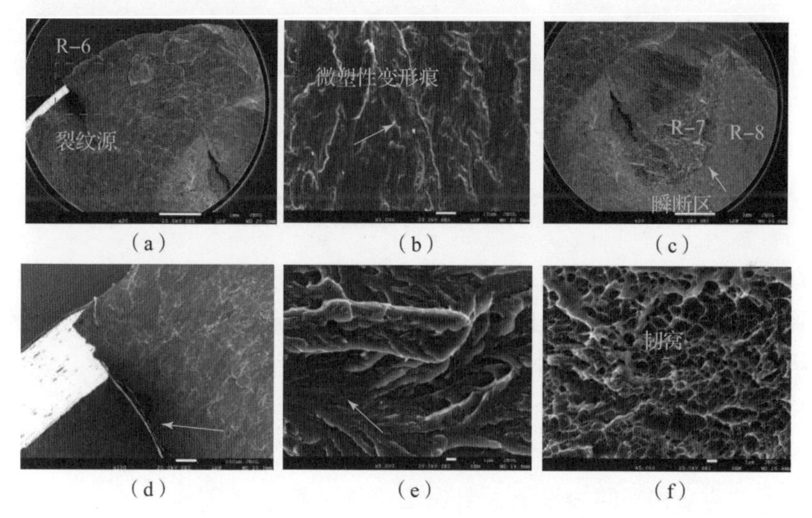

图3.16　粗车+湿式半精车+磨削工序疲劳断裂形貌（附彩插）

（a）裂纹萌生区；（b）裂纹扩展区；（c）瞬断区；
（d）R-6区域放大图；（e）R-7区域放大图；（f）R-8区域放大图

3.4.2.2　表面层位错滑移形貌

图3.17（a），（b），（c）显示了粗车和干式半精车工序疲劳实验后的位错分布特征。如图3.17（a）所示，在铁素体和渗碳体之间的两相区存在明显的高密度位错缠结。此外，与粗车+湿式半精车+磨削工序相比，在一些塑

性变形更明显的铁素体晶粒中，出现了位错墙和位错胞［图3.17（c）］，这种现象与塑性应变能密度的增加相对应（图3.13中红色虚线所示）。

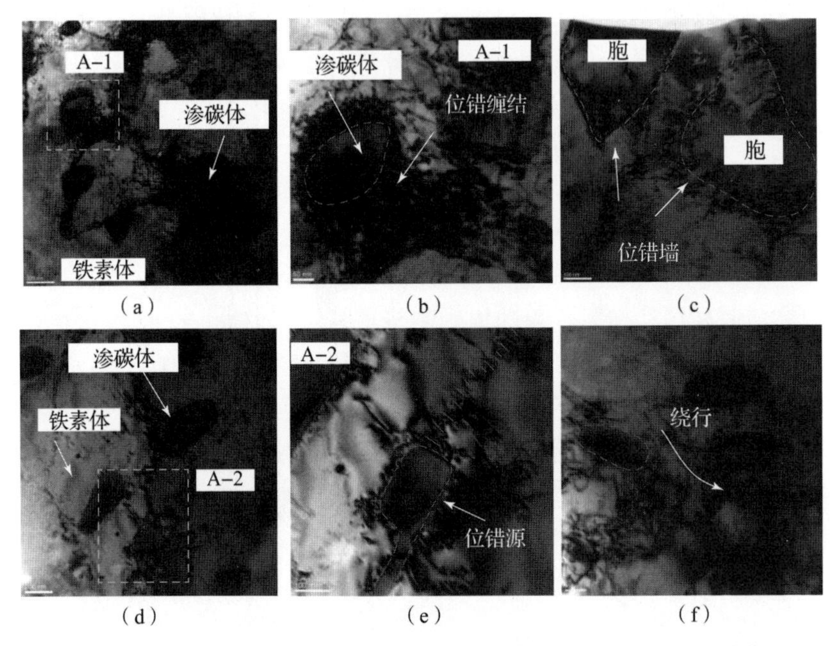

图3.17　粗车和干式半精车工序疲劳实验后的位错分布特征（附彩插）

（a）RT工艺双相区；（b）A－1区域放大图；（c）位错胞和位错墙；（d）FRTO工艺双相区；（e）A－2区域放大图；（f）位错绕行特征

在干式半精车工序过程中，位错在铁素体晶粒中以平面滑移带的形式排列［图3.17（e）］。此外，图3.17（f）所示位错滑移遇到许多碳化物颗粒，出现绕行现象，表明铁素体晶粒的塑性变形程度变低（图3.13中蓝色虚线所示）。

湿式半精车和磨削工序疲劳实验后的位错分布特征如图3.18所示，位错形态发生在两个相邻的边界上，出现位错缠结特征［图3.18（c）］，具体表现为在铁素体晶粒中显示出畸变的位错环［图3.18（a）］。这表明铁素体的塑性变形程度降低，归因于塑性能量密度的减小（图3.13中黑色虚线所示）。在位错形态中，晶界处的位错缠结变得不清楚，位错密度较小，晶界处的位错形态更倾向于穿晶行为。因此，与其他工艺相比，磨削工序具有最小的塑性应变能密度。

3.4.2.3　疲劳寿命

加工工序的表面层演变最终影响扭转疲劳性能，加工工序对疲劳寿命的

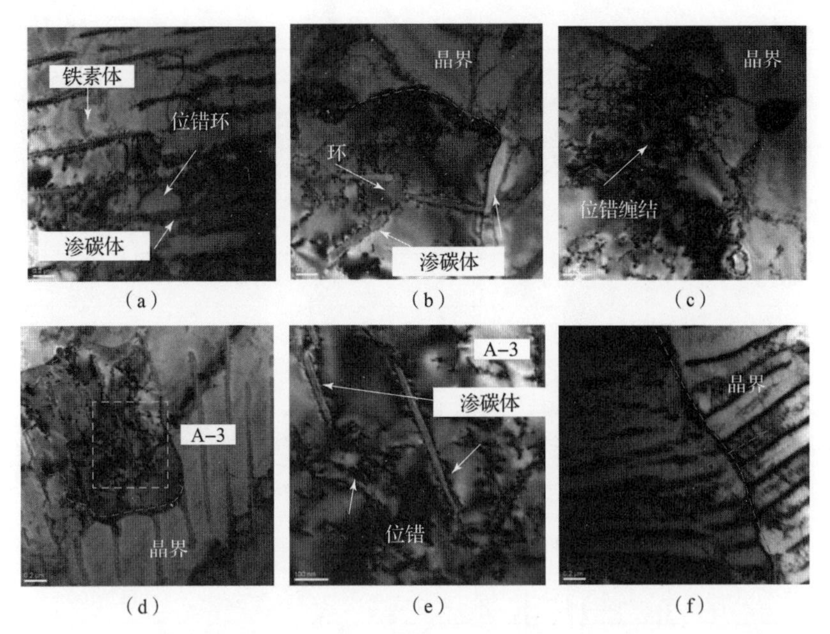

图 3.18　湿式半精车和磨削工序疲劳实验后的位错分布特征（附彩插）

（a）FRT 工艺双相区；（b）晶界与位错环；（c）位错缠结；

（d）GFRT 工艺双相区；（e）A－3 区域；（f）晶界处穿晶

影响见表 3.4。可以看出，较大的表面粗糙度使粗车工序具有最短的疲劳寿命（5 704 周次）。当采用湿切条件下的半精车工序时，平均疲劳寿命延长了 50%，这表明表面形貌和塑性变形层会影响疲劳寿命。然而，与粗车工序相比，干式半精车工序在干切条件下的疲劳寿命延长了 20%。作为最终工艺，研磨工序的平均疲劳寿命最长，为 13 950 周次，比粗车工序延长了 1.45 倍。ABOULKHAIR 等人[149]认为，无论如何进行淬火回火处理，机械加工工艺都不会显著影响高应力水平下的疲劳寿命。文献［150］研究表明，与机械加工试样相比，激光冲击喷丸试样的疲劳强度提高了 50%。然而，在低应力水平下，疲劳寿命可获得近 10 倍的延长。

表 3.4　加工工序对疲劳寿命的影响

工艺	加工尺寸/mm	疲劳裂纹萌生位置与夹持端端面的距离/mm	疲劳寿命/周次	
RT 1	12.565	49.2	6 056	5 704
RT 2	12.534	43.6	4 917	
RT 3	12.571	49.4	6 138	

续表

工艺	加工尺寸/mm	疲劳裂纹萌生位置 与夹持端端面的距离/mm	疲劳寿命/周次	
FRT0 1	12. 565	49. 8	5 867	
FRT0 2	12. 571	79. 5	8 180	6 854
FRT0 3	12. 528	43. 4	6 514	
FRT 1	12. 507	43. 7	9 032	
FRT 2	12. 523	49. 3	8 538	8 547
FRT 3	12. 525	43. 6	8 071	
GFRT 1	12. 571	49. 6	14 117	
GFRT 2	12. 549	43. 4	16 318	13 950
GFRT 3	12. 564	43. 5	11 416	

3. 4. 3 加工表面完整性特征对扭转疲劳行为的影响

图 3. 19 和图 3. 20 所示为加工工序表面完整性演变与扭转疲劳寿命之间的关系。表面粗糙度演变对疲劳行为的影响如图 3. 19（a）所示。当从粗车工序向干式半精车工序演变时，疲劳寿命反而不会随着 R_a 的降低而增加。表面粗糙度参数（R_y/R_z）考虑了表面几何形状的缺口效应[151]，应用式（3. 32）可以将表面粗糙度特征参数转化为 Murakami 初始微裂纹增长尺寸 $\sqrt{\text{area}_s}$，其中 a 和 b 的平均值分别为 R_y/R_z 和 R_{sm}[67]。

$$
\begin{cases}
\dfrac{\sqrt{\text{area}_s}}{2b}=2.97\left(\dfrac{a}{2b}\right)-3.51\left(\dfrac{a}{2b}\right)^2-9.74\left(\dfrac{a}{2b}\right)^3, & \dfrac{a}{2b}\leqslant 0.19 \\
\dfrac{\sqrt{\text{area}_s}}{2b}=0.38, & \dfrac{a}{2b}>0.19
\end{cases}
\tag{3.32}
$$

表面初始微裂纹扩展尺寸对疲劳寿命的影响如图 3. 19（a）中的蓝线所示。可以看出，疲劳寿命随着 $\sqrt{\text{area}_s}$ 的减小而增加，初始微裂纹扩展尺寸 $\sqrt{\text{area}_s}$ 越小，达到临界微裂纹扩展尺寸 $\sqrt{\text{area}_{th}}$ 的时间越长，它能够很好地独立反映疲劳寿命。在粗车工序过程中，表面形貌具有最大的初始微裂纹扩展尺寸（23. 4 μm），这表明粗车工序经过较少的位错滑移就能达到相同的临界微裂纹扩展尺寸。

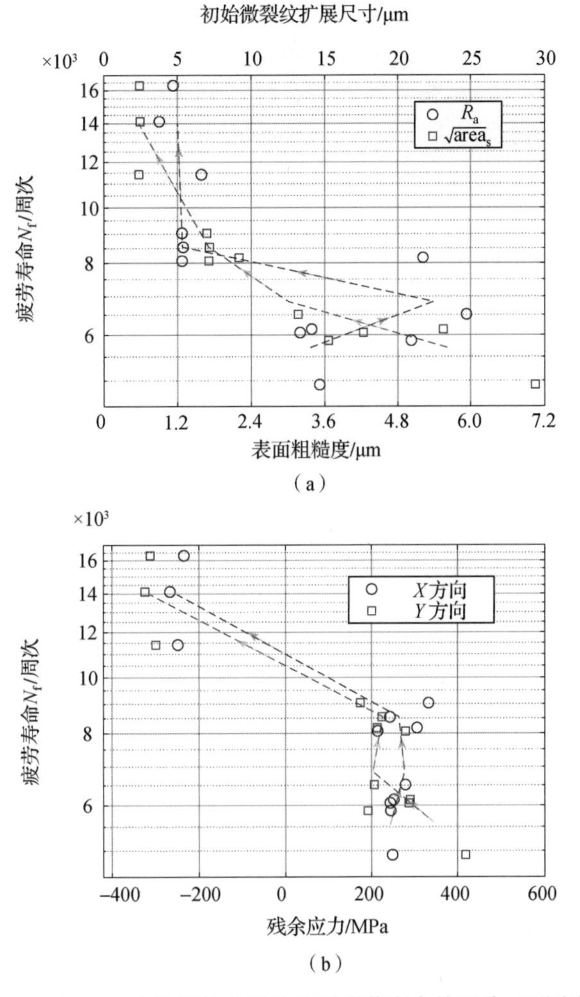

图 3.19　加工工序几何和力学特征对疲劳寿命的影响（附彩插）

（a）几何特征对疲劳寿命的影响；（b）力学性能对疲劳寿命的影响

表面残余应力对扭转疲劳的演变如图 3.19（b）所示。表面最大应力强度因子 K_{surf}如式（3.33）所示，式中，τ_{max}为最大剪切应力，σ_x 为周向残余应力，μ 为摩擦系数，$\sqrt{area_s}$为表面初始微裂纹扩展尺寸。

$$K_{surf}=0.65(\tau_{max}+\mu\sigma_x)\sqrt{\pi\sqrt{area_s}} \tag{3.33}$$

从湿式半精车工序向磨削工序演变的过程中，轴向和周向残余应力对疲劳寿命的演变趋势相同。当残余应力从干式半精车演变为湿式半精车时，周向残余应力几乎不变，因此疲劳寿命的延长很可能是表面形态或塑性变形层深度的减小引起的。

加工工序塑性变形层演变对疲劳寿命的影响如图3.20（a）所示。可以看出，疲劳寿命随着塑性变形层深度的减小而增加。大角度晶界塑性变形层阻止了循环位错滑移，表明铁素体和渗碳体之间的两相区存在高密度位错缠结［图3.17（b）］，裂纹在塑性变形层处过早萌生，因此总应变能减小。从疲劳断口形貌可以看出，疲劳裂纹萌生呈现出一种特殊的凸起特征［图3.14（d）和图3.15（d）］，该现象是由于粗车和干式半精车工序中深层塑性变形层引起的高应变集中，如图3.21（a），（b）所示。当湿式半精车和磨削过程从深的塑性变形层演变为浅的塑性变形层时，循环位错滑移呈现为穿晶行为［图3.18（f）］，因此疲劳断裂形貌［图3.15（e）、图3.16（b）］并未发生明显的凸起特征，如图3.21（c），（d）所示。需要注意的是，塑性变形层深度的演变对疲劳寿命与表面粗糙度 R_a 的影响具有相同的变化趋势。

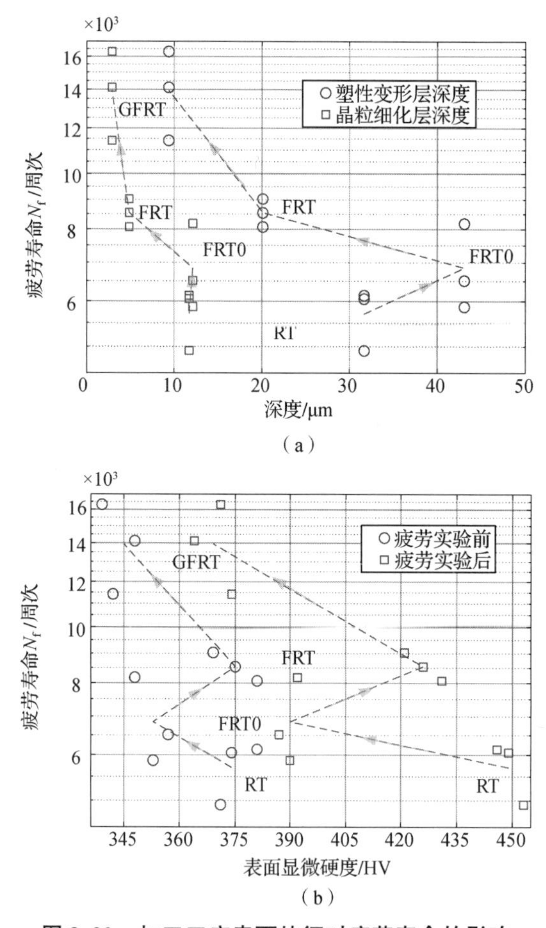

图3.20　加工工序表面特征对疲劳寿命的影响

（a）塑性变形层深度对疲劳寿命的影响；（b）显微硬度演变对疲劳寿命的影响

在加工工序的表面完整性演变过程中，显微硬度演变和疲劳寿命之间的关系有两种趋势［图 3.20（b）］。当从干式半精车工序转化为湿式半精车工序时，疲劳寿命随着显微硬度的增加而增加。然而，从湿式半精车工序演变为磨削工序时，结果正好相反，这表明塑性变形层演变比显微硬度演变更能反映疲劳性能。根据 MURAKAMI[152] 等人提出的结论，具有较高显微硬度的合金钢显示出较高的阈值应力强度因子范围 ΔK_{th}（$MPa \cdot m^{1/2}$），如式（3.34）所示，其中 $\sqrt{area_{th}}$ 为临界表面微裂纹扩展尺寸，加工工序的显微硬度变化范围（0～30 HV）对疲劳性能影响较小。

$$\Delta K_{th} = 3.3 \times 10 - 3(HV + 120)(\sqrt{area_{th}})1/3 \tag{3.34}$$

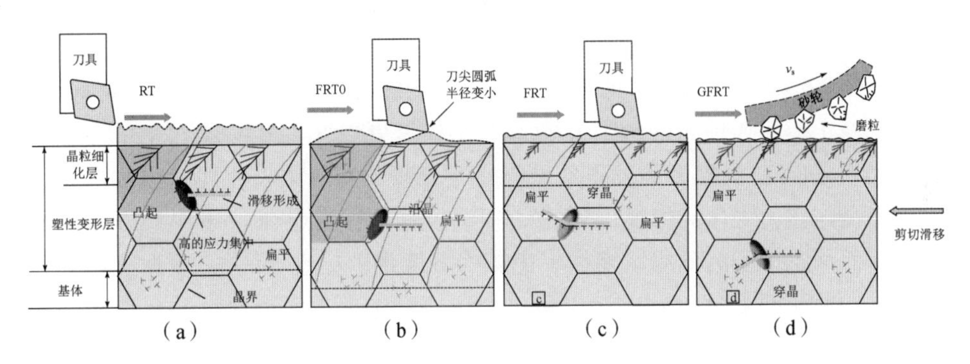

图 3.21　加工表面完整性演变对疲劳行为的影响机制

（a）应变集中；（b）应变集中下移；（c）塑性变形层深度减小；（d）应变集中下移

3.4.4　加工表面完整性预测扭转疲劳寿命

根据能量法，由于零件从外部吸收能量，其在每个循环中都会在内部产生不可逆的损坏。此外，一旦达到能量阈值，零件将因疲劳而失效。考虑到弹性变形是可逆的，只有塑性应变才能导致不可逆的疲劳损伤，Morrow 首次提出了疲劳累积损伤模型，如式（3.35）所示，其中 W'_f 和 β 分别是材料常数。

$$W'_{fT} = W'_f N_f 1 + \beta \tag{3.35}$$

其物理意义表明，总塑性应变能 W'_f 是塑性应变能密度 ΔW_p 和疲劳寿命指数 $N_f^{-\beta}$ 的乘积，如下所示：

$$\Delta W_p N_f^{-\beta} = W'_f \tag{3.36}$$

如表 3.3 所示，与其他三组工序相比，磨削工序的塑性应变幅减小，剪切应力幅增大，塑性应变能密度减小 21%，磨削工序的疲劳寿命显著延长。然而，当表面完整性从粗车工序向干式半精车工序和湿式半精车工序演变时，相同的塑性应变能密度却产生不同的疲劳寿命，这意味着表面完整性引起的总塑性应变能并不是常数。

前面几节从几何－力学－组织特性方面讨论表面完整性演变与疲劳性能之间的关系。考虑到表面粗糙度 R_a 随塑性变形层深度的变化趋势相同，且测量更加方便，故提出考虑加工表面完整性的修正模型：

$$\Delta W_p = (C\sigma_x^2 + BR_a + W_f')N_f^{\beta} \tag{3.37}$$

从能量法的物理意义来看，表面粗糙度的增加使材料过早发生疲劳断裂，主要表现为总能量的减小。因此，在修正模型中增加几何参数 BR_a。另一方面，相当大的残余压应力减小了一个循环内的塑性应变能密度，同时，位错微观结构的重新排列和变化改变了总的塑性性能，因此，在修正模型中增加材料的力学参数 $C\sigma_x^2$。

图 3.22（a）显示了考虑表面完整性演变的修正模型疲劳寿命预测结果。显然，修正模型的预测寿命比 Morrow 预测模型更接近实验数据。图 3.22（b）比较了 Morrow 预测模型和修正模型的疲劳寿命预测的结果，其中分散带表示预测寿命与实验寿命的偏差。Morrow 预测模型的预测结果位于 ±30% 的分散带内，而修正模型的预测结果在 ±10% 的分散带内，且 Morrow 预测模型的最低和平均预测精度分别为 67.6% 和 85.4%，而考虑表面完整性的修正模型的最低和平均预测精度分别为 89.0% 和 93.0%，修正模型的精度高于传统的 Morrow 预测模型，这证明了基于能量法的考虑加工表面完整性的疲劳寿命预测模型具有更明确的物理意义。

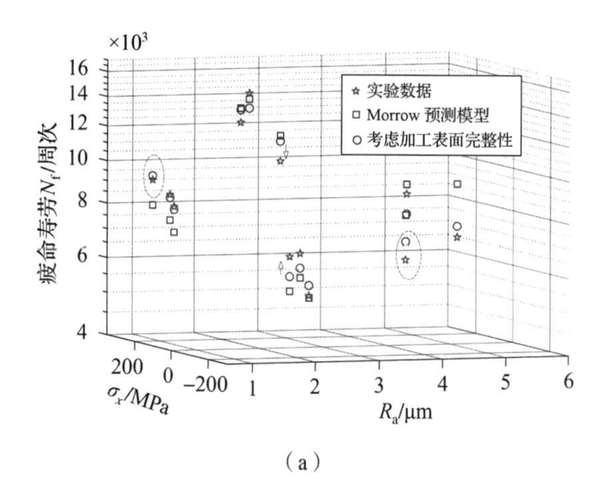

（a）

图 3.22　Morrow 预测模型和考虑表面完整性的修正模型对比

（a）考虑表面完整性的寿命预测

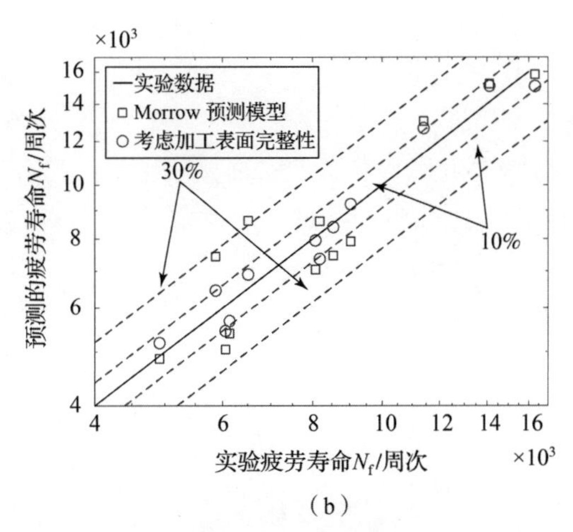

(b)

图 3.22　Morrow 预测模型和考虑表面完整性的修正模型对比（续）

(b) 误差精度对比

3.5　加工工序＋淬火回火表面层的疲劳断裂特征

加工工序＋淬火回火表面层的疲劳断裂特征如图 3.23～图 3.26 所示。从扭转疲劳裂纹表面可以看出，加工工序＋淬火回火表面层产生了不同的疲劳断裂特征，其中，粗车＋淬火回火工序和湿式半精车＋淬火回火工序均呈现横向剪切断口特征，磨削＋淬火回火工序呈现纵横交替的剪切断裂特征。通过对粗车＋湿式半精车＋淬火回火表面层（0.36 mm）进行湿式半精车去除，疲劳断口演变为纵向断口特征，最后发生瞬间断裂。

图 3.23 所示为粗车＋淬火回火表面层疲劳断裂特征，随着循环周次的增加，循环应力逐渐降低（图 3.27 中红色圆标注部分），较大的残余拉应力使表面塑性层较为松散，过早地发生了横向剪切断裂（图 3.27 中 r 点），从图 3.23 中试样表面可以看出，在进给痕的波谷处产生了很多二次裂纹。剪切滑移使两条错开的裂纹（图 3.23 中 A1 区域）呈现凸起特征，在疲劳断口截面的形貌（图 3.23 中 A1 截面）上，凸起部分高 530.4 μm，同时在凸起区域的对立面（A1 截面 180°）可以看到明显的形成环形的疲劳裂纹瞬断区，在环的中心发生瞬间断裂。

图 3.24 所示为粗车＋湿式半精车＋淬火回火表面层疲劳断裂特征。相对于粗车＋淬火回火工序，随着循环周次的增加，循环应力呈现逐渐降低的趋势（图 3.27 中蓝色五角星标注部分），较小的残余拉应力使表面塑性层松散程度降低，提高了横向剪切断裂的临界门槛值（图 3.27 中 f 点）。在图 3.24

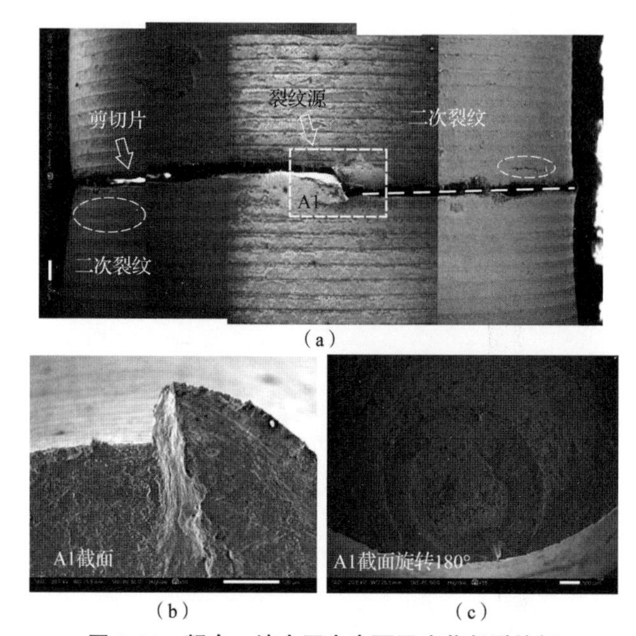

图 3.23　粗车 + 淬火回火表面层疲劳断裂特征

(a) RH 工序裂纹表面；(b) 裂纹源截面；(c) 瞬断截面

中试样表面并未看到过多的二次裂纹，且位于进给痕波谷处的裂纹源并未呈现凸起的特征（图 3.24 中 A2 截面区域），而是呈现典型的剪切滑移片，同时在剪切滑移片的对立面 [图 3.24 (c)] 可以看到和粗车 + 淬火回火工序类似的环形疲劳裂纹瞬断区。

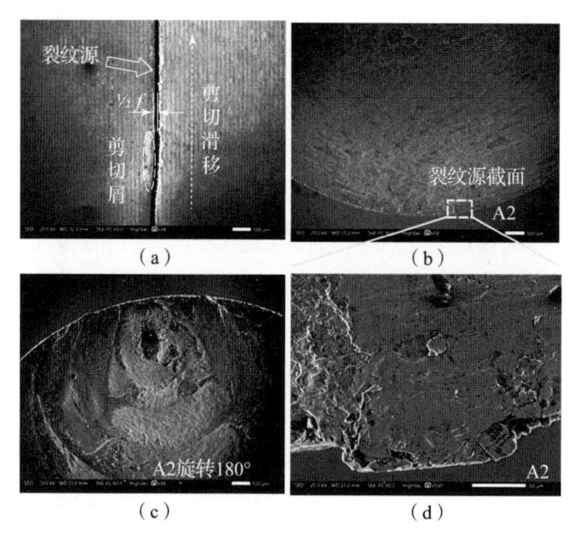

图 3.24　粗车 + 湿式半精车 + 淬火回火表面层疲劳断裂特征

(a) FRH 工序裂纹表面；(b) 断口截面；(c) 瞬断区；(d) A2 局部放大图

图3.25所示为粗车+湿式半精车+磨削+淬火回火表面层疲劳断裂特征。相对于湿式半精车+淬火回火工序，随着循环周次的增加，循环应力呈现逐渐软化的趋势（图3.27中粉红色方块标注部分）。在扭转剪切滑移存在的两个垂直的方向上，轴向残余拉应力大于周向残余拉应力，使裂纹萌生更易沿着轴向产生，从图3.25可以看到很多纵向裂纹线，且由于材料表面显微硬度低于湿式半精车+淬火回火工序，降低了剪切断裂的临界门槛值，使两条纵向裂纹之间横向连接，抗扭转的承载力下降（图3.27中 g 点）。在完成一次横向连接后，如图3.25中断口截面右下角所示，可以明显看出第一次横向连接痕，以及吸附在截面上的磁性粉末，力学性能呈现了典型的急速下降的趋势（图3.27中 g 点后）。对于后续的两条纵向裂纹未达到临界门槛值时，仍需要通过纵向裂纹扩展来提高应力集中，进而达到横向裂纹连接阈值。如图3.27所示，磨削工序并未呈现瞬间断裂，而是经历了很长的纵向裂纹扩展。在图3.25中的断口截面形貌上，可以看出一条主纵向裂纹和多条二次纵向裂纹源，且中间连接部分呈现典型的韧窝瞬断特征。

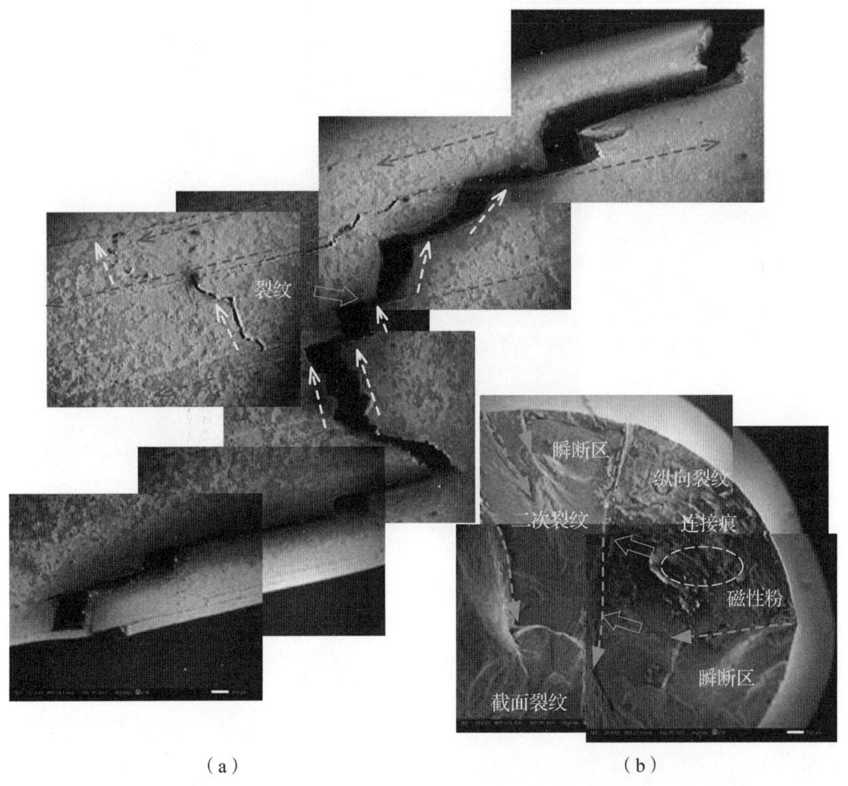

图3.25　粗车+湿式半精车+磨削+淬火回火表面层疲劳断裂特征

(a) GFRH工序裂纹表面；(b) 断口截面

图 3.26 所示为粗车 + 湿式半精车 + 淬火回火 + 湿式半精车工序的疲劳断裂特征。相对于粗车 + 湿式半精车 + 淬火回火工序，去除淬火回火表面层，表面层显微硬度显著提高，使裂纹门槛值得到显著提高（图 3.27 中 h 点）。轴向残余压应力小于周向，使裂纹萌生呈现纵向扩展方式，裂纹门槛值的增加使纵向裂纹扩展长度达到 60 mm，约为圆弧段 + 圆柱轴长的 4/5。随着裂纹的扩展，当应力集中程度增加到裂纹门槛值时，如图 3.26 所示，表面裂纹源位于试样最大和最小直径圆弧过渡处的中间高度位置，且在图 3.26 中的断口截面上可以很明显地看到一条纵向裂纹，深度大于 1/2 截面直径。相对于磨削工序，从图 3.26 中的断口截面可以看出明显的韧窝特征，呈现瞬间断裂的疲劳断裂特征。

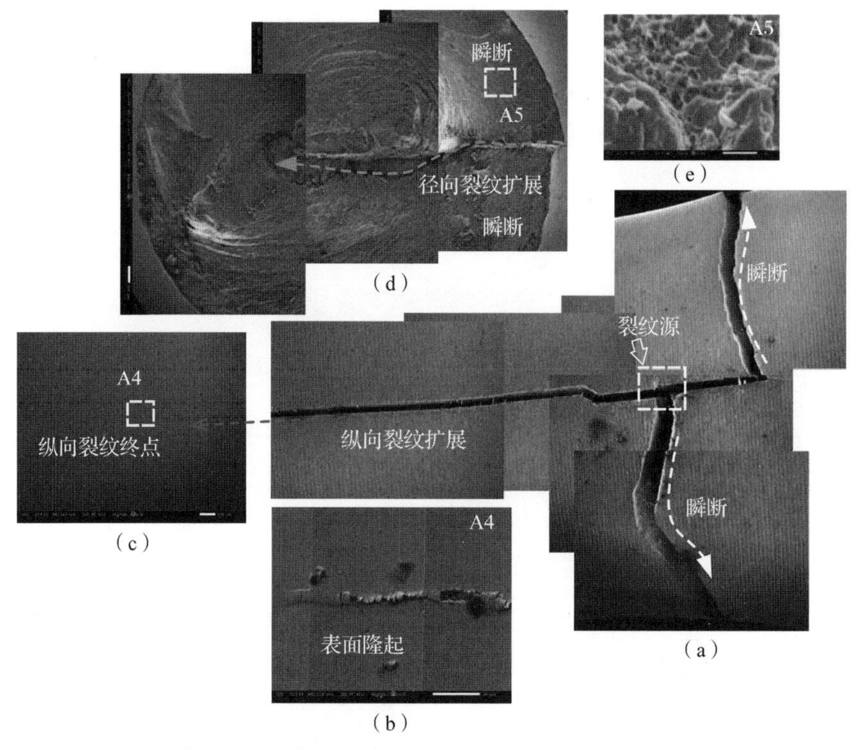

图 3.26 粗车 + 湿式半精车 + 淬火回火 + 湿式半精车工序的疲劳断裂特征

(a) GFRH 工序疲劳裂纹表面；(b) 断口截面；(c) 表面裂纹终点；(d) A4 区域放大图；(e) 韧窝

如图 3.26 所示，磨削工序并未呈现瞬间断裂，而是经历了很长的纵向裂纹扩展。在图 3.26 中的断口截面形貌上，可以看出一条主纵向裂纹和多条二次纵向裂纹源，且中间连接部分呈现典型的韧窝瞬断特征。

3.6　加工工序+淬火回火表面层的循环塑性应变能

加工工序+淬火回火后的循环应力响应特征如图3.27所示。从图3.27（a）可以看出，循环最大剪切应力响应均呈现相同的循环软化趋势，使单调扭转特征参数下的优势在循环载荷下能够一直保持下去，且磨削+淬火回火工序在相同的循环周次下具有最大的τ_{max}，湿式半精车+淬火回火具有最大的τ_{min}。湿式半精车+淬火回火工序单周循环塑性应变能在第一周次和半寿命时均具有最大值（表3.5），ΔW_p分别为0.942 MPa·mm/mm、0.825 MPa·mm/mm，这说明湿式半精车+淬火回火工序并不是通过减小单周循环应变能密度的方式来延长扭转疲劳寿命，而是通过改善表面完整性来增大疲劳断裂临界寿命最大值（图3.27中f点）。对于粗车+半精车+淬火回火+半精车工序，表面层去除后的表面完整性使得在第一周次和半寿命时单周循环塑性应变能显著减小，ΔW_p分别为0.633MPa·mm/mm、0.561 MPa·mm/mm，这说明疲劳断裂临界寿命（图3.27中h点）也获得显著延长。

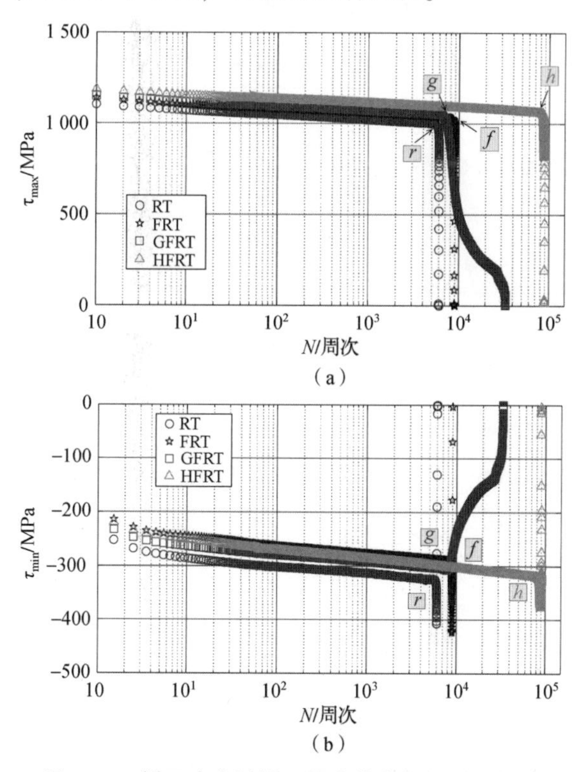

图3.27　循环应力随循环周次的变化（附彩插）

（a）应力最大值；（b）应力最小值

表 3.5　加工工序 + 淬火回火表面层的单调扭转和循环应力特征参数

特征参数	RH	FRH	GFRH	HRFH
单调扭转参数				
剪切模量 G/GPa	57.7	57.3	58.8	58.9
单调强度系数 k_0/MPa	2 310.6	2 580.5	2 576.0	2 491.9
单调硬化指数 n_0	0.1380	0.150	0.148	0.134
剪切屈服强度 τ_0/MPa	1 034.3	1 081.8	1 088.4	1 144.9
最大剪切应力 τ_{max}/MPa	1 104.6	1 138.4	1 153.8	1 188.2
第一周循环应力响应				
剪切模量 G_1'/GPa	57.8	57.5	58.7	59.2
单调强度系数 k_1'/MPa	1 422.1	1 330.5	1 369.2	1 436.1
剪切应变硬化指数 n_1'	0.098 9	0.093 4	0.091 8	0.092 4
最小剪切应力 τ_{min}/MPa	-251.6	-211.9	-232.5	-219.4
最大剪切应力 τ_{max}/MPa	1 092.4	1 122.5	1 141.5	1 174.4
塑性变形幅 $\Delta\gamma_p$	0.000 767	0.000 879	0.000 756	0.000 564
塑性应变能密度 ΔW_p/(MPa · mm · mm^{-1})	0.822	0.942	0.835	0.633
50%疲劳寿命循环应力响应				
剪切模量 $G_{0.5}'$/GPa	57.7	57.5	58.3	58.7
剪切强度系数 $k_{0.5}'$/MPa	3 194.0	2 913.0	1 714.5	1 357.8
剪切应变硬化指数 $n_{0.5}'$	0.209	0.197	0.120	0.085
最小剪切应力 τ_{min}/MPa	-320.5	-283.0	-301.0	-314.7
最大剪切应力 τ_{max}/MPa	1 003.8	1 031.4	1 053.6	1 066.8
塑性变形幅 $\Delta\gamma_p$	0.000 950	0.000 955	0.000 693	0.000 495
塑性应变能密度 ΔW_p/(MPa · mm · mm^{-1})	0.804	0.825	0.719	0.561

3.7　淬火回火前的加工工序优选

图 3.28 所示为不同的加工工序 + 淬火回火表面层的疲劳寿命变化。可以看出，总的疲劳寿命（N_f）随着加工工序的推进呈现增长的趋势，其中，粗车 + 淬火回火工序较大的周向残余拉应力和较低的显微硬度使疲劳寿命最短，疲劳寿命为 6 108 周次，粗车 + 湿式半精车 + 磨削 + 淬火回火工序的疲劳寿命最长，为 33 485 周次，然而在 5 843 周次以后，力学性能发生显著下降，扭力轴就很难承担扭转缓冲的作用，疲劳寿命往往短于粗车 + 湿式半精车 + 淬火回火工序（FRH）的承载扭转载荷寿命（8 565 周次），这意味着淬火回火热影响的承载寿命主要取决于显微硬度和残余应力。粗车 + 湿式半精车 + 淬火后具有较大显微硬度和较小的残余拉应力，是最优的面向表面层疲劳服役性能的淬火回火前序。同时，对粗车 + 湿式半精车 + 淬火回火表面层再次湿式半精车加工，即粗车 + 湿式半精车 + 淬火 + 湿式半精车（HFRT），从图 3.28 可以看出，粗车 + 湿式半精车 + 淬火回火表面层经过车削去除以后，总的疲劳寿命延长了 8.9 倍，且承受力的循环周次提升至 83 872 周次。当疲劳实验最大应变幅由 13°增加到 16°时，扭转疲劳寿命为 41 877 周次，可以看出，增大扭转应变仍具有较长的扭转疲劳寿命。

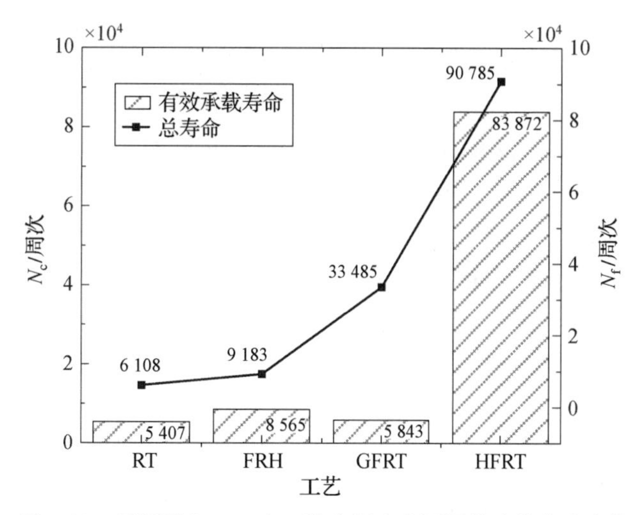

图 3.28　不同的加工工序 + 淬火回火表面层的疲劳寿命变化

同时，确定的加工工序（粗车 + 湿式半精车工序）克服了粗车 + 淬火回火表面层的较深的细针状氧化微裂纹（越粗糙越深），且具有更高的形状精度。相对加工工序（粗车 + 湿式半精车 + 磨削工序），粗车 + 湿式半精车工序具有更高的生产效率。第 4 章和第 5 章对粗车 + 湿式半精车 + 淬火回火表面层的后续精密加工进行研究。

3.8 本章小结

本章针对淬火回火前的加工工序，分析了加工表面完整性演变特征对循环应力 – 应变响应和横向剪断疲劳断裂的影响，揭示了加工工序对淬火回火表面层扭转疲劳寿命的影响规律，实现了淬火回火前的加工工序优化。主要结论如下。

(1) 随着加工工序的推进，加工表面塑性变形层演变显著影响超高强度钢的扭转疲劳寿命，并且与表面粗糙度对疲劳寿命的影响趋势一致。然而，表面显微硬度变化对扭转疲劳寿命的影响较小。当粗车工序向湿式半精车工序推进时，产生较浅的塑性变形层和较光滑的表面层，疲劳裂纹萌生特征从凸起特征演变为平坦的剪切面特征，半寿命时的单周塑性应变能密度变化不大。铁素体和渗碳体之间的两相区有明显的高密度位错缠结现象，湿式半精车工序平均扭转疲劳寿命延长了 50%。

(2) 加工表面残余应力通过改变循环迟滞回线的方式显著影响超高强度钢的扭转疲劳寿命。当湿式半精车工序向磨削工序推进时，表面残余应力演变为更大的反向残余压应力，循环最小应力从软化特征转变为硬化特征。在半寿命时的循环塑性应变能密度减小 4%，磨削工序平均疲劳寿命延长 63.2%。

(3) 加工工序 + 淬火回火表面层的疲劳寿命随着加工工序的推进，表面粗糙度逐渐降低，有效扭转承载疲劳寿命呈现先延长后缩短的趋势，且粗车 + 湿式半精车 + 淬火回火表面层疲劳寿命最长，较高的表面显微硬度和较小的残余拉应力提高了疲劳断裂临界阈值。再次经过湿式半精车工序后，总疲劳寿命延长了 8.9 倍，且有效承载扭转疲劳寿命提升至 83 872 周次，加工表面完整性使半寿命时循环塑性应变能密度显著减小，且提高了疲劳断裂临界阈值。

(4) 粗车 + 淬火回火表面层较大的塑性变形层和较高的表面粗糙度导致过早地发生横向剪切断裂，周向剪切滑移使两条错开的裂纹源呈现凸起特征；粗车 + 湿式半精车 + 淬火回火表面层的表面塑性层松散程度降低，提高了横向剪切断裂的临界门槛值，裂纹源呈现平坦剪切特征；粗车 + 半精车 + 磨削 + 淬火回火表面层的轴向残余拉应力大于周向残余拉应力，使裂纹萌生更易沿着轴向扩展，但较低的表面显微硬度降低了剪切断裂的临界门槛值，使两条纵向裂纹之间横向连接，有效承载能力下降，呈现一条主纵向裂纹和多条二次纵向裂纹源。

第4章
淬火回火表面层的硬车加工表面完整性与扭转疲劳行为的映射关系

4.1 引言

在研究金属材料的中低周疲劳行为时，背应力和摩擦应力是循环迟滞回线中的两个重要力学参数。背应力与局部应变过程相关，主要与材料中的微观结构屏障或应变不相容性有关，摩擦应力通常对应位错移动所需的局部应力，主要与材料中的短程障碍物有关，如晶格摩擦、沉淀粒子、外来原子等。摩擦应力做功主要以摩擦热的形式扩散出去，而背应力做功反映了位错滑移过程对试样内部能量的影响，能够很好地反映扭转疲劳试样的循环特征行为。

本章针对粗车 + 湿式半精车 + 淬火回火工序的梯度分布表面层，通过16组正交硬车代磨的加工实验和循环背应力能量法相结合，研究加工表面完整性与扭转疲劳行为映射关系。首先分析了硬车加工的循环特征对扭转疲劳寿命的影响，阐明了硬车加工表面完整性特征在循环背应力能法预测疲劳寿命中扮演的角色，获得了淬火回火表面层的硬车加工表面完整性对扭转疲劳寿命的影响主因子，揭示了加工表面完整性对扭转疲劳断裂行为的影响机制，同时建立了考虑硬车加工表面完整性的疲劳实验后循环背应力能法疲劳寿命预测模型、疲劳实验前半高宽法疲劳寿命预测模型，构建了淬火回火表面层的硬车加工表面完整性与扭转疲劳行为的映射关系，进而为抗疲劳制造的加工工艺合理的选择提供依据。

4.2 加工工艺设计

在超高强度钢扭力轴加工工序过程中，扭力轴的精密加工由精磨工序完成，这主要是为了以降低表面粗糙度的方式延长扭转疲劳寿命，如图4.1所示。然而，面对粗车 + 湿式半精车 + 淬火回火表面层（0.36 mm深的热影响层，单边，下同），磨削加工的单次切深仅有 0.01 mm（双边），硬车加工单次切深可达 0.36 mm，具有更高的生产效率，当硬车工序作为最终精密加工工序时，扭转疲劳寿命长于磨削工序，即可以实现高效、高性能制造的工序优化。因此，人们更加迫切地研究淬火回火表面层的后续硬车加工表面完整性与疲劳行为的映射关系。

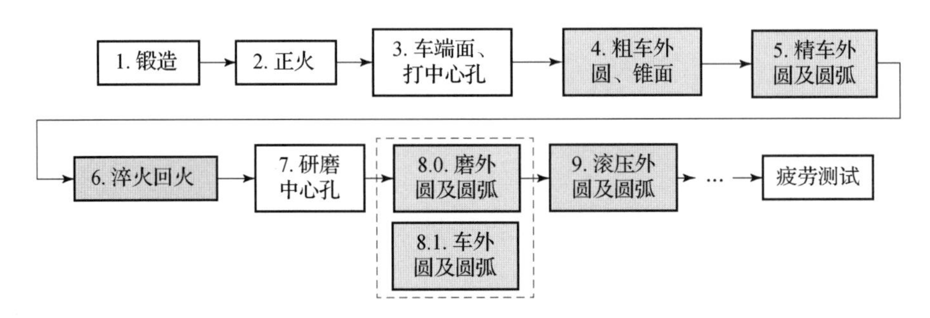

图 4.1　超高强度钢扭力轴制造工艺过程

4.2.1　试样制备

首先获得符合扭力轴工序的输入表面完整性特征，图 4.2 给出了粗车 + 湿式半精车 + 淬火回火扭转试样制备过程，图 4.2（a）所示为正火态超高强度钢线切割试样，图 4.2（b）所示为粗车 + 湿式半精车的正火态钢加工工序试样，考虑到正火态钢加工工序经过淬火回火后的表面层为单边 0.36 mm［图 4.2（c）］，图 4.2（b）所示正火态钢加工工序试样的中间最小直径段为（13.22 ±0.02）mm，保证了经过正交硬车后的试样［图 4.2（d）］中间直径段为（12.5 ±0.02）mm。淬火回火表面层的硬车加工所用到的试样均采用相同的工序［图 4.2（a）~（c）］，图 4.2（c）所示为粗车 + 湿式半精车 + 淬火回火表面层试样制备。

4.2.2　淬火回火表面层 + 硬车代磨加工

选择主轴转速 v_c（m/min）、切深 a_p（mm）和进给量 f（mm/r）为主要切削参数，并结合实际生产工艺确定各工艺参数范围。切削三要素中的每一个要素都规定了 4 个水平（表 4.1）。在 Mazak – nexus200 – Ⅱ ML 数控车铣中心进行粗车和半精车加工。硬车加工实验采用相同圆角半径为 0.4 mm 的车刀 VNMG160404 – MSVP05RT。

淬火回火表面层（0.36 mm 加工余量）的硬车加工切削参数设计满足 4 个水平的 L16（4^3）正交实验方法（表 4.2）。

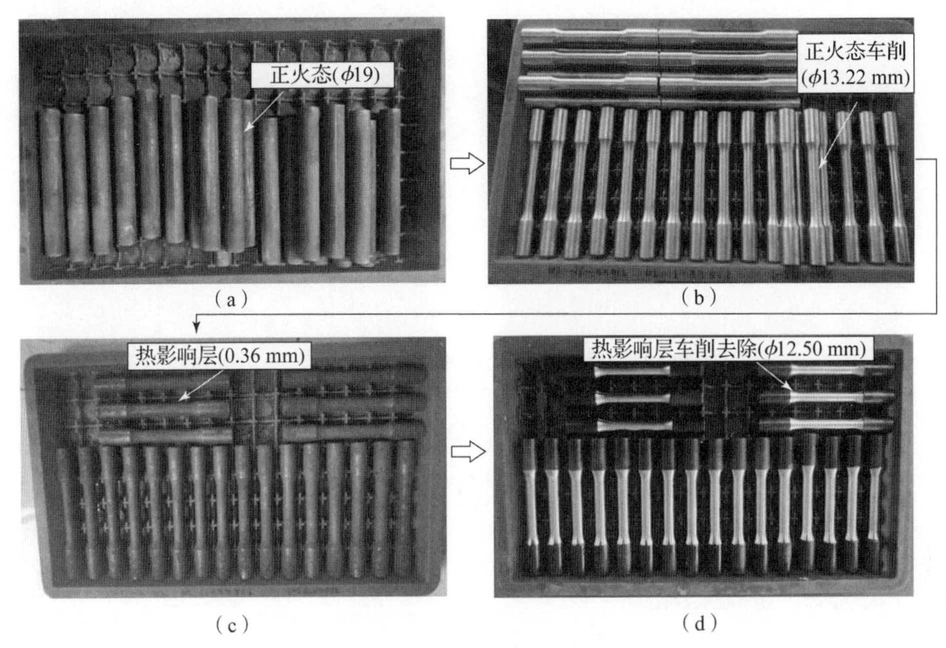

图 4.2　扭转试样制备过程

(a) 线切割；(b) 粗车 + 半精车湿切；

(c) 粗车 + 湿式半精车 + 淬火回火表面层试样制备；(d) 车削正交实验

表 4.1　车削工艺三要素的 4 个水平

要素	水平			
	1	2	3	4
转速 v_c/(m · min^{-1})	50	60	70	80
切深 a_p/mm	0.09	0.18	0.24	0.36
进给 f/(mm · r^{-1})	0.09	0.12	0.15	0.18

表 4.2　车削实验加工参数正交表 L16 (4^3)

实验编号	转速 v_c/(m · min^{-1})	切深 a_p /mm	进给量 f /(mm · r)	实验编号	转速 v_c /(m · min^{-1})	切深 a_p /mm	进给量 f /(mm · r^{-1})
N1	50(1)	0.09(1)	0.09(1)	N9	70(3)	0.09(1)	0.15(3)
N2	50(1)	0.18(2)	0.12(2)	N10	70(3)	0.18(2)	0.18(4)
N3	50(1)	0.24(3)	0.15(3)	N11	70(3)	0.24(3)	0.09(1)

续表

实验编号	转速 v_c/(m·min^{-1})	切深 a_p/mm	进给量 f/(mm·r)	实验编号	转速 v_c/(m·min^{-1})	切深 a_p/mm	进给量 f/(mm·r^{-1})
N4	50(1)	0.36(4)	0.18(4)	N12	70(3)	0.36(4)	0.12(2)
N5	60(2)	0.09(1)	0.12(2)	N13	80(4)	0.09(1)	0.18(4)
N6	60(2)	0.18(2)	0.09(1)	N14	80(4)	0.18(2)	0.15(3)
N7	60(2)	0.24(3)	0.18(4)	N15	80(4)	0.24(3)	0.12(2)
N8	60(2)	0.36(4)	0.15(3)	N16	80(4)	0.36(4)	0.09(1)

4.3 切削参数对表面完整性的影响

4.3.1 显微组织

为了研究车削工艺对加工表面完整性的影响，对以N6切削参数（v_c = 60 m/min，a_p = 0.24 mm，f = 0.18 mm/r，对应的具体切削参数详见表4.2）加工后的表面层进行SEM观察，结果如图4.3（a）所示。车削工艺在表面层产生超高应变，塑性应变从表面层向基体内部逐渐衰减，因此，车削过程中的表面层在不同深度方向呈现不同的微观结构特征［图4.3（a）］。最外表面层为纳米晶层（NS），这一层呈现亮白色，其次靠近纳米晶层的第二层为细晶层（RS），这一层主要为一些细长的马氏体晶粒。第三层为板条弯曲层（LB），这一层主要是切削过程引起的马氏体弯曲塑性变形。最后一层为位错结构层（DS），它呈现一定的基体特征。对表面层进行能谱分析，如图4.3（b）所示，可以看出，纳米晶层具有较大的渗碳体析出［图4.3（d）］，随着深度的增加，动态再结晶程度降低，细晶层渗碳体析出量减小［图4.3（e）］。在板条弯曲层过渡区仍可以看到少量的渗碳体析出［图4.3（f）］，这主要归因于马氏体产生的塑性变形。碳含量在位错结构层趋于稳定，这说明位错运动并未引起渗碳体的析出，同时对材料中的Cr元素进行能谱分析作为参考，发现加工过程并未使Cr含量发生变化。

图4.4所示为4种典型工艺（N4、N7、N10、N12）下的SEM截面显微组织，可以看出加工表面层均存在严重的塑性变形，晶粒尺寸细化层深度不超过2 μm。

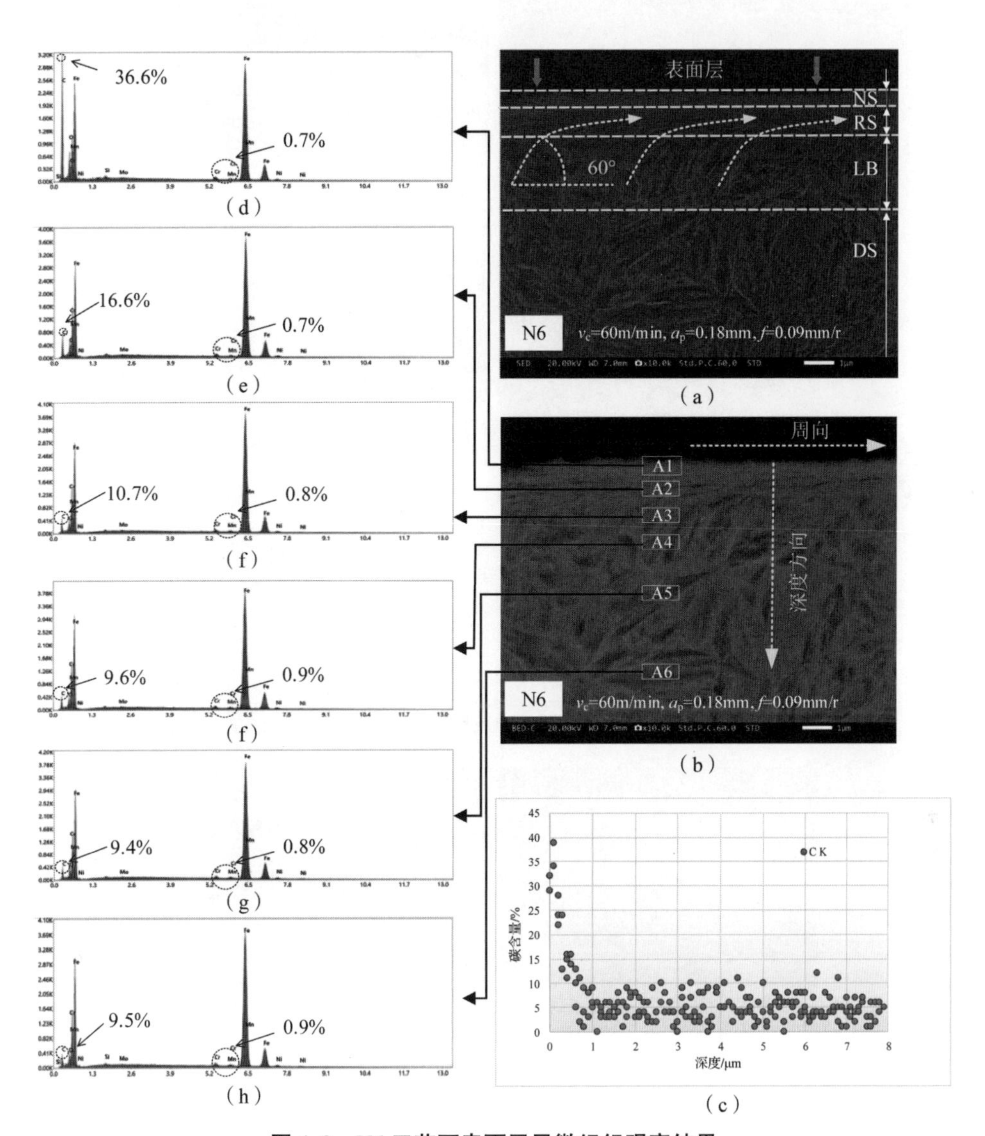

图 4.3　N6 工艺下表面层显微组织观察结果

(a) N6 工艺下表面层显微组织；(b) 图 (a) 相应的 EDS 图；(c) 碳含量随深度的变化；(d) A1 区域能谱；(e) A2 区域能谱；(f) A3 区域能谱；(g) A5 区域能谱；(h) A6 区域能谱

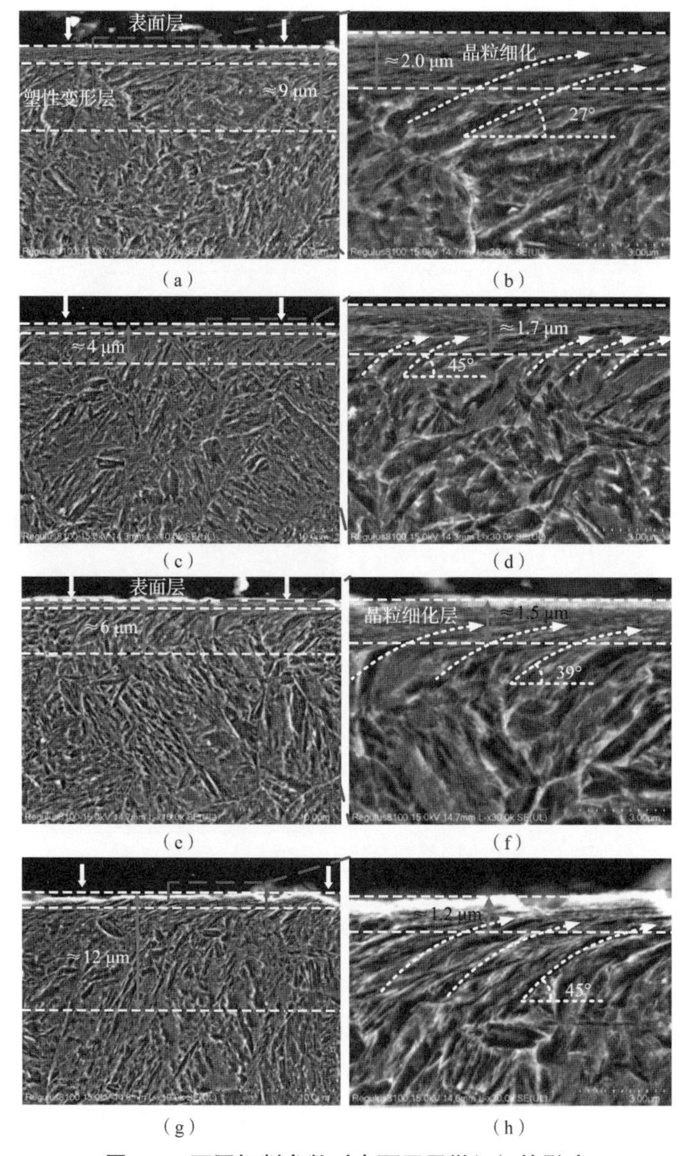

图 4.4　不同切削参数对表面层显微组织的影响

(a) N4 工艺：$v_c=50$ m/min，$a_p=0.36$ mm，$f=0.18$ mm/r；(b) 图 (a) 中局部放大图；
(c) N7 工艺：$v_c=60$ m/min，$a_p=0.24$ mm，$f=0.18$ mm/r；(d) 图 (c) 中局部放大图；
(e) N10 工艺：$v_c=70$ m/min，$a_p=0.18$ mm，$f=0.18$ mm/r；(f) 图 (e) 中局部放大图；
(g) N12 工艺：$v_c=70$ m/min，$a_p=0.36$ mm，$f=0.12$ mm/r；(h) 图 (g) 中局部放大图

不同切削参数引起的塑性变形区特征之间存在明显的差距，进给量对晶粒细化层影响较为显著，如图4.4 (b) 所示。N7 切削过程中，较大的进给量带来的塑性应变和动态再结晶使表面层产生了 1.7 μm 的晶粒细化层，表面显

微硬度为 639 HV，随着进给量的减小［图 4.4（d）中 N12 工艺过程］，表面层热软化效应影响减弱，表面显微硬度增高（645 HV），塑性变形层深度增大（12 μm）。文献［154］指出，随着进给量或切削深度的增加，大的切削力会加强塑性流动，加工硬化程度是塑性变形和热软化综合作用的结果。当切削速度从 60 m/min 降到 50 m/min 时［图 4.4（a）中 N4 工艺过程］，相对 N7 工艺，热软化效应减弱，塑性变形增大，表面显微硬度增高（660 HV），表面层获得了较深的晶粒细化层（2 μm），塑性变形层深度增大。当切削深度从 0.24 mm（N11 过程）降到 0.18 mm 时［图 4.4（c）中 N10 工艺过程］，热软化效应降低，同样使塑性变形增大，表面显微硬度由 619 HV 增高为 639 HV，晶粒细化层深度由 0.6μm 增大为 1.5μm。MANTLE 等人[155]指出，加工硬化会降低机械加工表面的延展性，从而不利于裂纹扩展。

4.3.2　表面层晶粒特征

4.3.2.1　晶粒细化层

N8 工艺的表面层晶粒尺寸分布如图 4.5（g）所示，晶粒细化层区域难以识别，产生了较小的 IQ 值。在 N6 切削工艺中，图 4.6（e）中 SEM 下的晶粒细化层深度 1.6 μm 处对应线性晶粒尺寸约为 10 像素［图 4.6（a）］，因此将表面层线性晶粒尺寸为 10 像素时的层深设为晶粒细化层边界。图 4.5（c）~（f）显示了典型加工工艺对应的表面层 EBSD 图，图 4.5（h）所示为不同工艺的晶粒细化层深度的定量表征，可以看出，N8 工艺具有最小的晶粒细化层深度。

图 4.6 所示为 N6 工艺下不同表面层深度的晶粒尺寸分布。在加工塑性变形的作用下，表面初始晶粒尺寸变得不均匀，如图 4.6（d）所示，晶粒细化层在 IQ 图中呈现较少的像素点。采用不同深度处的面统计方法会因裁剪而引起边界处的大晶粒尺寸明显变小，因此将不同深度处的水平线经过的平均晶粒尺寸设为不同深度下的晶粒尺寸。靠近表面处的水平线经过的晶粒尺寸［图 4.6（d）］较小，此处为纳米晶层，平均晶粒尺寸为 11.3 像素，随着深度的增加［图 4.6（e）］，晶粒细化程度降低，是典型的晶粒细化层，平均晶粒尺寸为 70 像素。随着深度的进一步增加，晶粒细化程度降低，但在切削力的拖拽效应下板条状的晶粒尺寸减小，平均晶粒尺寸为 870 像素［图 4.6（f）］，但随着深度的继续增加，整体晶粒尺寸逐渐趋于稳定。如图 4.6（g）与图 4.6（h）所示，基体晶粒尺寸稳定在 2 223 像素，塑性应变层使图 4.6（g）中的晶粒尺寸出现微量的减小，约为 1 963 像素。

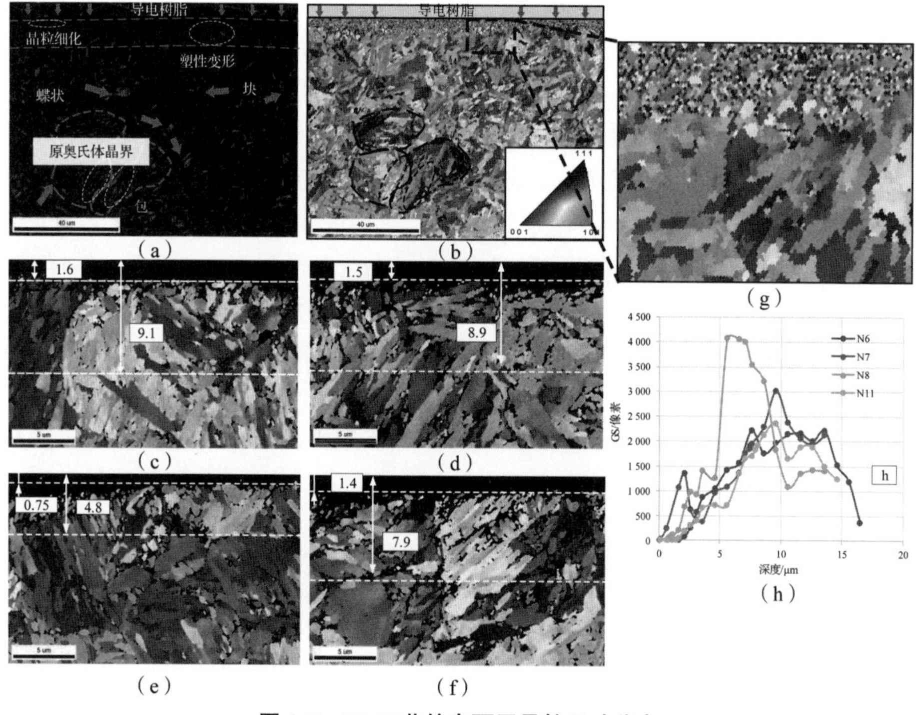

图 4.5　N8 工艺的表面层晶粒尺寸分布

（a）N8 工艺的表面层晶粒 IQ 图；（b）N8 工艺的表面层晶粒取向分布；

（c）N6 工艺：v_c =60 m/min，a_p =0.18 mm，f=0.09 mm/r；

（d）N7 工艺：v_c =60 m/min，a_p =0.24 mm，f=0.18 mm/r；

（e）N8 工艺：v_c =60 m/min，a_p =0.36 mm，f=0.15 mm/r；

（f）N11 工艺：v_c =70 m/min，a_p =0.24 mm，f=0.09 mm/r；

（g）图（b）局部放大图；（h）不同工艺的表面层晶粒尺寸随深度的变化；（I）IPF 图

4.3.2.2　塑性应变

图 4.7 和图 4.8 所示分别为正交切削过程中的四种典型加工工艺对表面层晶粒取向差和塑性应变的影响。从图中可以看出，在切削工艺参数为 v_c =70 m/min，a_p =0.24 mm，f =0.18 mm/r 时，切削过程中较大的塑性应变［图 4.8（d）中均匀的塑性应变］不仅产生了一定的晶粒细化层（1.4 μm），而且 4 μm 深的表面层具有相对较大的 KAM 值（0.668°），随着切削深度从 a_p = 0.24 mm 减小为 a_p =0.18 mm，周向和轴向切削力减小，塑性应变呈现减小趋势［图 4.8（a）］，如图 4.7a 所示，在 4 μm 深的表面层中，大晶粒取向差分布区域减少，KAM 值减小 5%。

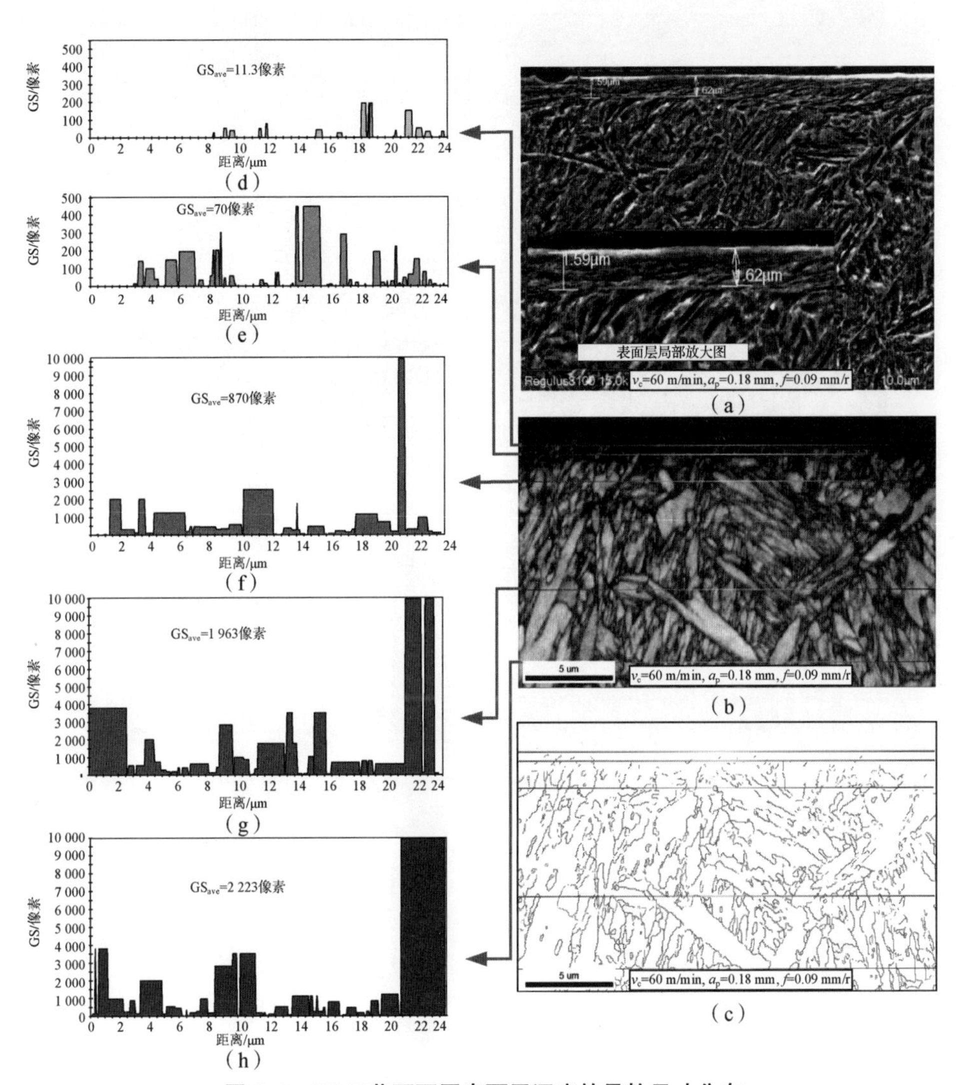

图 4.6　N6 工艺下不同表面层深度的晶粒尺寸分布

(a) N6 工艺下的 SEM 下的显微组织；(b) N6 工艺下的晶粒 IQ 图；
(c) N6 工艺下的晶粒晶界分布；(d) 深度为 1.6 μm；(e) 深度为 2.1 μm；
(f) 深度为 3.6 μm；(g) 深度为 9.6 μm；(h) 深度为 13.6 μm

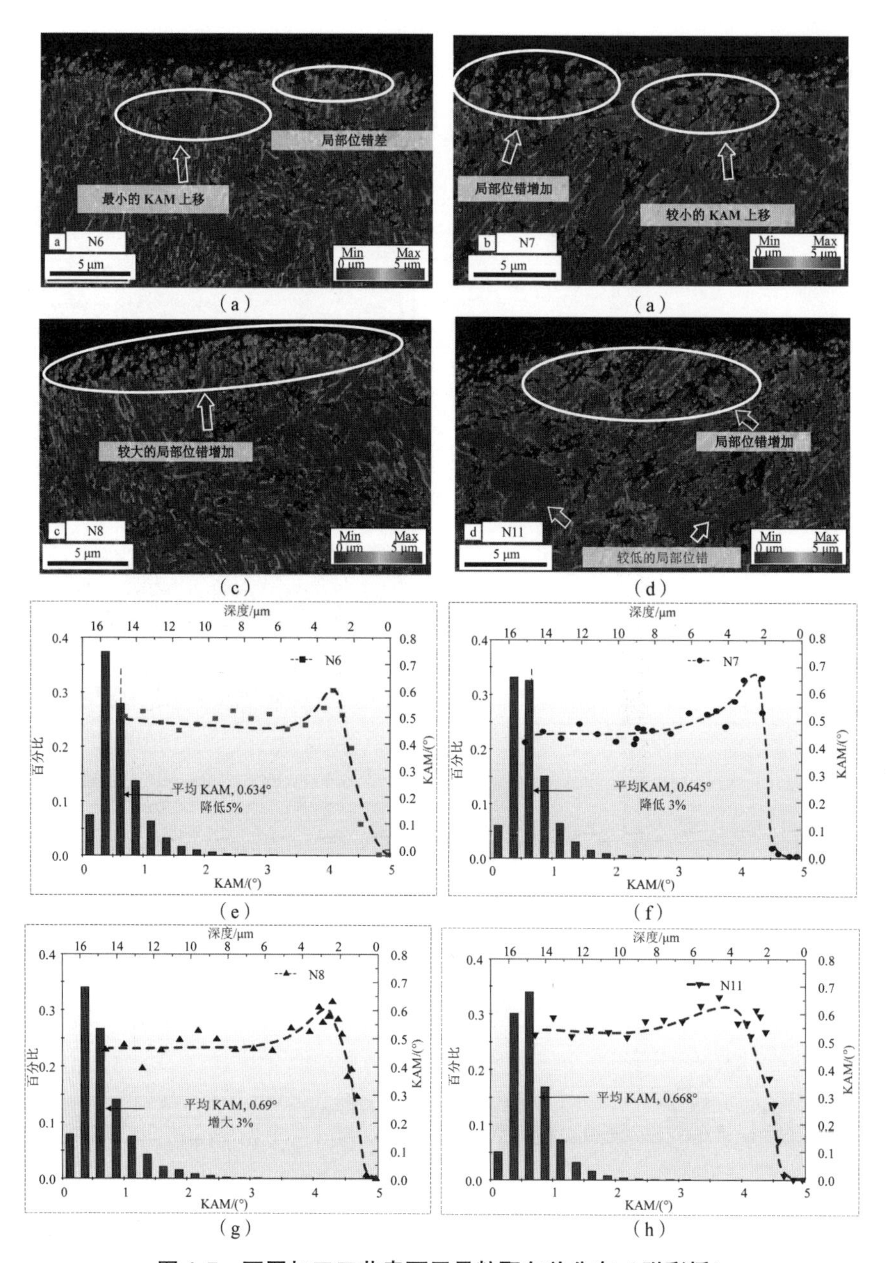

图 4.7　不同加工工艺表面层晶粒取向差分布（附彩插）

(a) N6 工艺：$v_c=60$ m/min，$a_p=0.18$ mm，$f=0.09$ mm/r；(b) N7 工艺：$v_c=60$ m/min，$a_p=0.24$ mm，$f=0.18$ mm/r；(c) N8 工艺：$v_c=60$ m/min，$a_p=0.36$ mm，$f=0.15$ mm/r；(d) N11 工艺：$v_c=70$ m/min，$a_p=0.24$ mm，$f=0.09$ mm/r；(e) N6 工艺：$v_c=60$ m/min，$a_p=0.18$ mm，$f=0.09$ mm/r；(f) N7 工艺：$v_c=60$ m/min，$a_p=0.24$ mm，$f=0.18$ mm/r；(g) N8 工艺：$v_c=60$ m/min，$a_p=0.36$ mm，$f=0.15$ mm/r；(h) N11 工艺：$v_c=70$ m/min，$a_p=0.24$ mm，$f=0.09$ mm/r

当切削速度由 70 m/min 变为 60 m/min 时，较小的切削力引起 4 μm 深的表面层局部晶粒位错取向差降低 3%，但小于切削深度减小引起的 5% 降幅，塑性应变减小 3% ［图 4.8（b）］，原因在于大的切削速度引起更多的晶粒产生扭转，如在图 4.7（b）中，表面层出现更大的扭转晶粒，且可以看出 4 μm 深的表面层深蓝色区域相对图 4.7（d）增多，KAM 值减小。当进给量从 f = 0.09 mm/r 增大为 f = 0.18 mm/r 时，4 μm 深表面层晶粒在较大剪切力的作用下，塑性应变增大［图 4.8（c）］，KAM 值呈现轻微的 1% 增幅，随着进给量的进一步增大，晶粒尺寸呈现扭转效应［图 4.7（b）］，晶粒内部塑性应变减小，KAM 值反而减小。

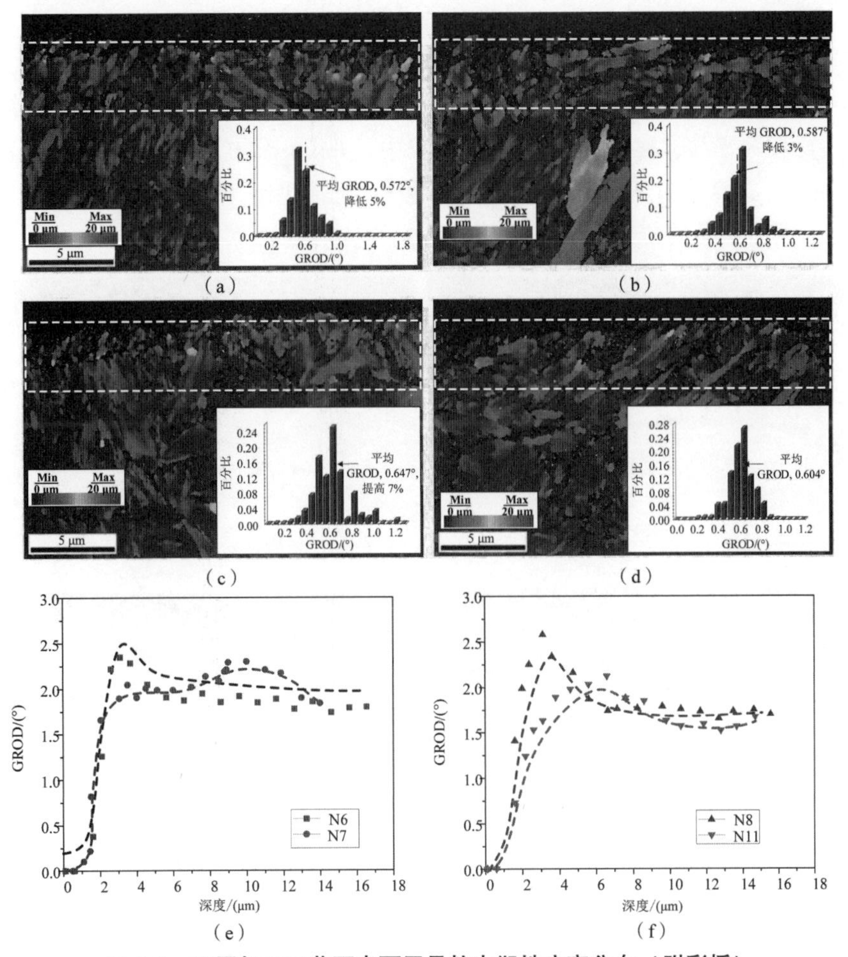

图 4.8　不同加工工艺下表面层晶粒内塑性应变分布（附彩插）

（a）N6 工艺：v_c = 60 m/min，a_p = 0.18 mm，f = 0.09 mm/r；（b）N7 工艺：v_c = 60 m/min，a_p = 0.24 mm，f = 0.18 mm/r；（c）N8 工艺：v_c = 60 m/min，a_p = 0.36 mm，f = 0.15 mm/r；（d）N11 工艺：v_c = 70 m/min，a_p = 0.24 mm，f = 0.09 mm/r；（e）N6、N7 工艺；（f）N8、N11 工艺

4.3.2.3 几何必须位错密度

局域定向误差是由GND产生的晶格曲率引起的，通过局域定向误差进行GND分析，反映了加工过程中的位错滑移特征。基于GAO等人[156]提出的应变梯度模型，KUBIN和MORTENSEN[157]考虑了简单扭转的情况，并用以下等式将取向错角θ与GND密度关联：

$$\rho_{\text{GND}} = \alpha\theta/bx \tag{4.1}$$

式中，x为单位长度；对于纯倾斜边界，α等于2，对于纯扭转边界，α等于4。

图4.9所示为不同工艺下的表面层几何必须位错（GND）密度分布。对于N6、N7、N8工艺过程，4 μm深的表面层GND密度分别为316 m^{-2}、315 m^{-2}、314 m^{-2}，取向梯度变化较小。从图4.9（a）~（c）可以看出，在N7、N8、N9工艺过程中，高低GND密度层交叉分布，晶粒取向变化（表面→层深4 μm）较为平缓，然而在N11工艺过程中，4 μm深的表面层GND密度高达332 m^{-2}，这意味着N11工艺下产生了更大的晶粒取向梯度差，较大的切削力产生了更加明显的塑性变化，更易产生大的位错运动[158]。

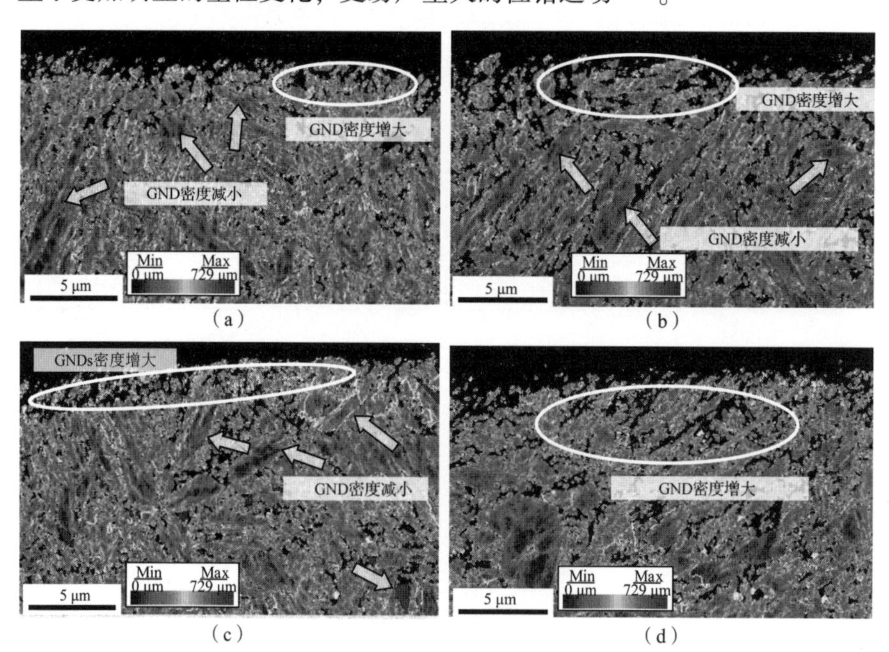

图4.9 表面层几何必须位错分布

（a）N6工艺：v_c = 60 m/min，a_p = 0.18 mm，f = 0.09 mm/r；

（b）N7工艺：v_c = 60 m/min，a_p = 0.24 mm，f = 0.18 mm/r；

（c）N8工艺：v_c = 60 m/min，a_p = 0.36 mm，f = 0.15 mm/r；

（d）N11工艺：v_c = 70 m/min，a_p = 0.24 mm，f = 0.09 mm/r；

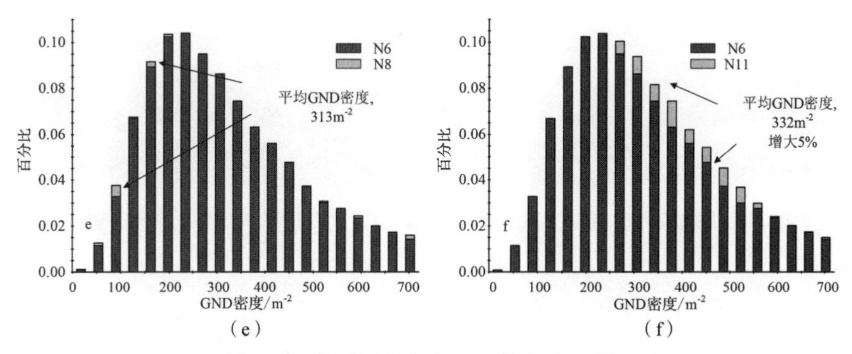

图 4.9　表面层几何必须位错分布（续）

（e）N6、N8 工艺 GND 密度对比；（f）N6、N11 工艺 GND 密度对比

4.3.2.4　泰勒因子

在切削过程中，不同的切削参数使表面层晶粒发生扭转，产生了一定的织构特征，靠近晶粒细化层的区域尤其明显。图 4.10 所示为 4 种典型加工工艺对 4 μm 深的表面层晶粒的泰勒因子的影响。在切削工艺参数为 $v_c = 60$ m/min，$a_p = 0.36$ mm，$f = 0.15$ mm/r 的条件下，表面层晶粒发生扭转，产生的织构特征在体心立方滑移系统｛110｝<111>、｛120｝<111>、｛123｝<111>中周向泰勒因子为 3.0［图 4.10（c）］。当切削速度由 60 m/min 变为 70 m/min 时，较大的切削力引起表面层塑性应变增大，泰勒因子增加 0.14，这是由于大的切削速度引起更多晶粒产生扭转，进而产生晶粒的择优取向，如在图 4.10（d）中，表面层出现更大的扭转晶粒。当切削深度从 $a_p = 0.36$ mm 减小为 $a_p = 0.18$ mm 时，较小的切削深度更易于晶粒产生惯性拖拽作用，表面层的泰勒因子增加 5%，当进给量从 $f = 0.15$ mm/r 增大到 $f = 0.18$ mm/r 时，大的塑性变形使拖拽效果增强［图 4.10（b）］，周向泰勒因子增加 0.15。

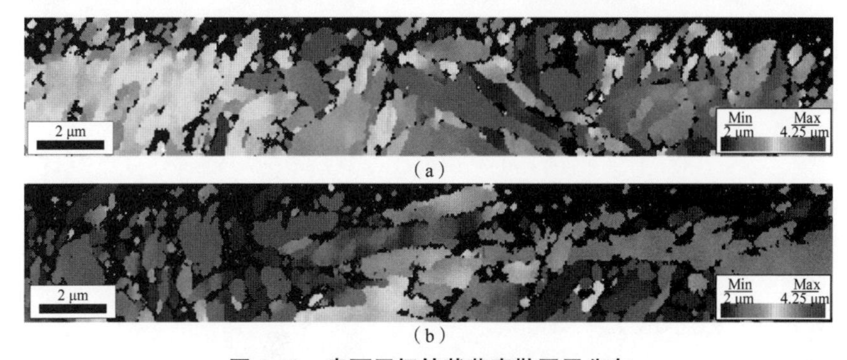

图 4.10　表面层扭转载荷泰勒因子分布

（a）N6 工艺：$v_c = 60$ m/min；$a_p = 0.18$ mm，$f = 0.09$ mm/r；

（b）N7 工艺：$v_c = 60$ m/min；$a_p = 0.24$ mm，$f = 0.18$ mm/r

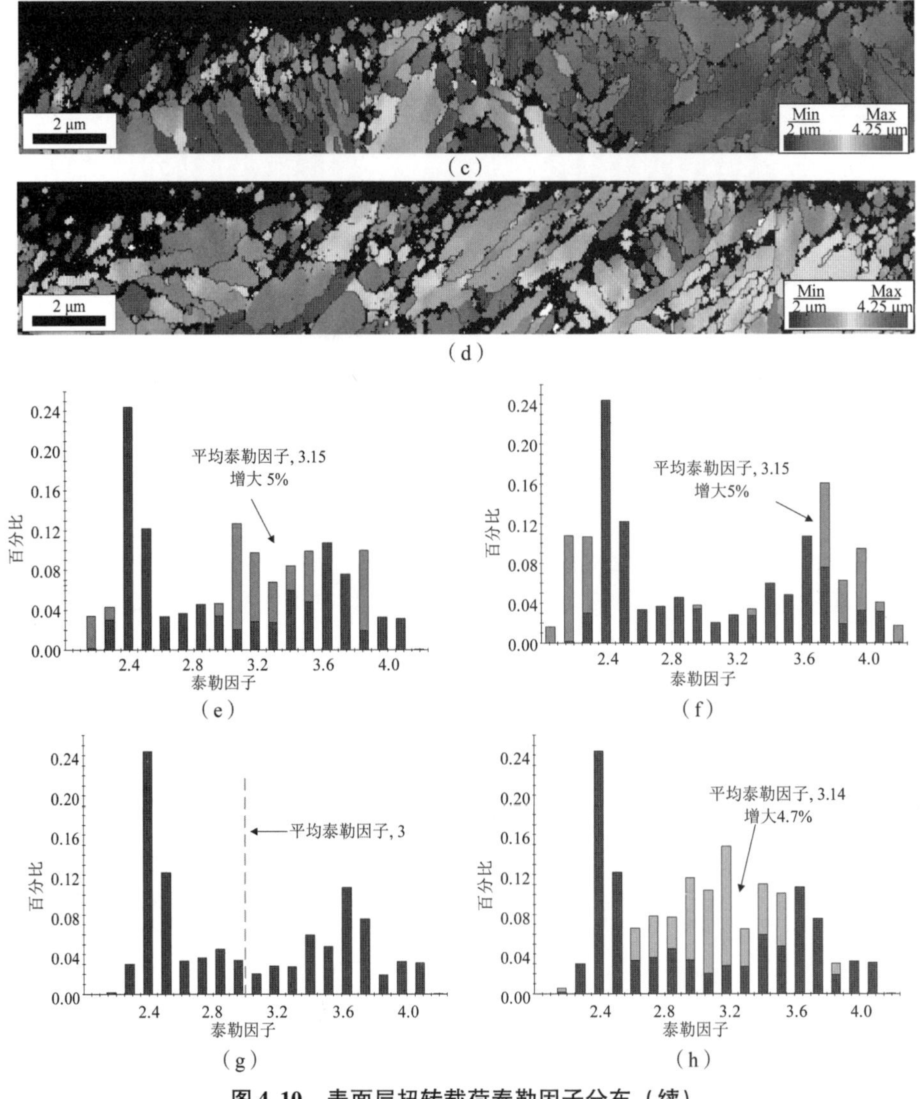

图 4.10　表面层扭转载荷泰勒因子分布（续）

（c）N8 工艺：$v_c=60$ m/min；$a_p=0.36$ mm，$f=0.15$ mm/r；

（d）N11 工艺：$v_c=70$ m/min；$a_p=0.24$ mm，$f=0.09$ mm/r；

（e）N6、N8 工艺泰勒因子分布对比；（f）N7、N8 工艺泰勒因子分布对比；

（g）N8 工艺泰勒因子分布；（h）N11、N8 工艺泰勒因子分布对比

4.3.3　残余应力

图 4.11 所示为不同加工工艺对轴向残余应力（Y 轴）和周向残余应力（X 轴）的影响。通过比较不同切削参数对残余应力的影响显著性水平 F 值，

可知切削参数对周向残余应力的影响显著性（$F6.4$）大于轴向残余应力（$F1.1$），影响大小分别为：切削速度（$F10.4$）＞进给量（$F8.0$）＞切削深度（$F0.7$）。当切削速度从 50 m/min 增大为 70 m/min 时，切削刃和工件表面产生更大的挤压，塑性变形增大，机械载荷的影响大于热载荷影响[159]，因此产生较大的周向残余应力（−698 MPa），然而在轴向方向变化相对较小，这主要归因于切削过程中剪切力引起的更大的塑性应变。当切削参数为 v_c = 70 m/min，a_p = 0.36 mm，f = 0.12 mm/r 时，周向残余应力和轴向残余应力可达 −880 MPa、−436 MPa，其周向残余压应力远大于前期研究切削基体材料时产生的周向残余压应力[14]，这更有利于延长周向剪切的扭转疲劳寿命。文献［160］研究了超高强度钢硬态切削对表面残余应力的影响，结果表明随着切削速度的增大，切削热影响作用不断增大，热载荷的影响大于机械载荷的影响，周向与轴向残余应力更倾向于向拉应力转变。

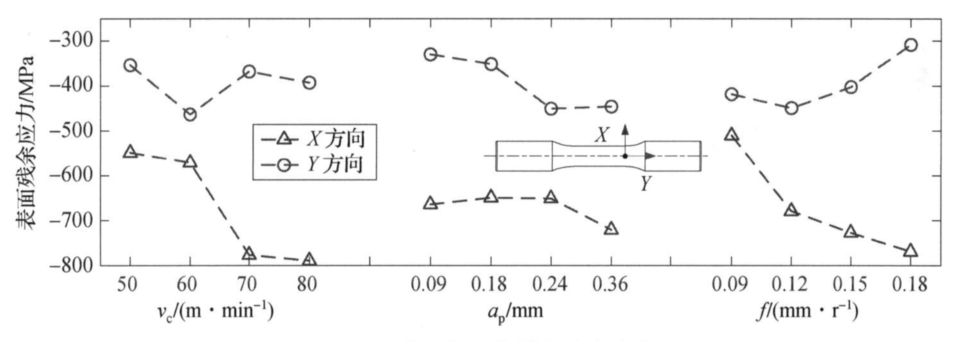

图 4.11　表面周向和轴向残余应力

当进给量由 0.12 mm/r 增大为 0.18 mm/r 时，轴向残余压应力趋向于向拉应力转变，周向残余压应力趋向于更大的压应力，这是由于刀具工件接触面的挤压作用显著，产生了更大周向塑性变形，最终导致更大的周向残余压应力。文献［161］研究了 17−4PH 不锈钢切削后的表面完整性和疲劳性能，研究指出，当进给速率增加时，加工表面残余应力转化为更大的残余压应力。如图 4.11 所示，当切削深度增加时，也会产生较大的残余压应力，但变化相对较小。

图 4.12 展示了不同切削参数对轴向与周向残余应力的综合影响，综合影响大小分别为：切削速度（$F3.3$）＞进给量（$F1.9$）＞切削深度（$F1.4$），显著性水平影响程度取决于由周向残余应力。从图 4.12 可知，在不考虑交互作用的情况下，为获得最佳的综合残余应力，切削参数为：v_c = 80 m/min，a_p = 0.36 mm，f = 0.12 mm/r。

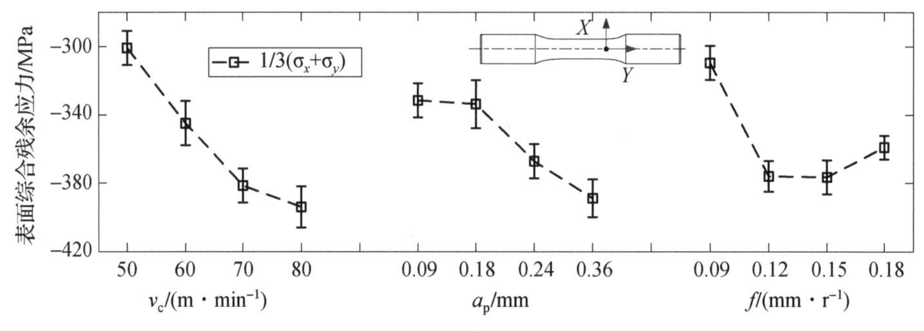

图 4.12　表面综合残余应力

4.3.4　显微硬度

在切削过程中，工件表面层在塑性应变和切削热的作用下，会产生晶粒细化、破碎、拉伸、扭曲的加工硬化现象。图 4.13 给出了不同加工工艺对疲劳实验前、后表面层显微硬度的影响。疲劳实验后表面层显微硬度与疲劳实验前变化趋势基本保持一致，且在不同工艺下的表面层显微硬度明显低于疲劳实验前，这一结论与淬火回火处理前的疲劳实验前、后加工表面层显微硬度规律截然相反，这一现象与应力松弛有关。淬火回火表面层较大的残余压应力经过疲劳实验后变得松弛，表面层显微硬度降低。

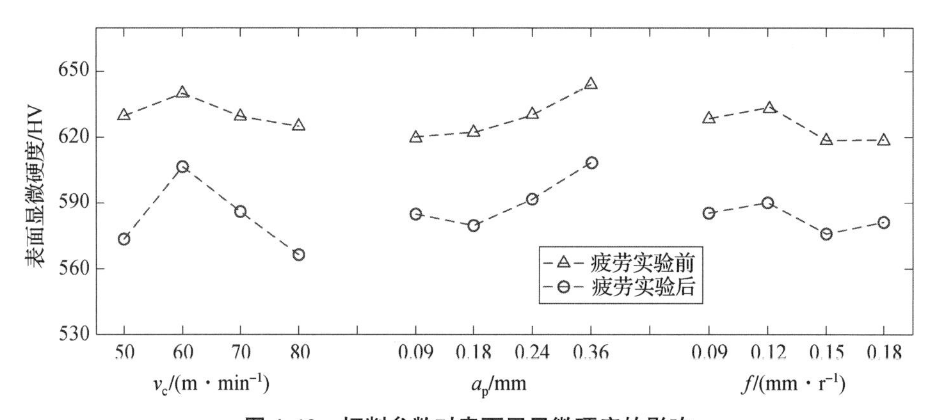

图 4.13　切削参数对表面层显微硬度的影响

随着切削速度的提高，表面层显微硬度呈现先升高后降低的变化趋势。当切削速度从 50 m/min 提高到 60 m/min 时，表面层显微硬度从 573 HV 提升至 607 HV。加工过程中切削刃与工件表面产生大的挤压作用，塑性变形显著增大，塑性变形对表面层显微硬度的提升效果超过切削热的软化影响，显微硬度升高。但随着转速继续提高（80 m/min），切削速度的提高使切削温度大幅提升，表面热软化效应的增强削弱了塑性变形对表面产生的强化效应，造成表面层显微硬度降低，塑性变形和切削热是工件表面层显微硬度变化的主要原因。随着背吃刀量的增加，大的切削力加强了塑性流动，减弱了热软化的影响，显微硬度呈现升高的趋势。同时从图4.11可以看出，疲劳实验前表面层显微硬度和轴向残余压应力呈现正相关关系，即较大的残余压应力对应较高的显微硬度。文献［162］研究了切削过程对切削温度的影响，研究表明切削过程并未引起严重的结构转变（淬火效应硬化加工表面），塑性硬化和热软化是机械加工表面产生加工硬化的主要原因。

4.3.5　几何特征

加工后的表面粗糙度以应力集中的方式对扭转疲劳产生影响。对所有试件表面取样长度内的轮廓算数平均偏差 R_a、最大峰谷粗糙度高度 R_y、微观不平度十点高度 R_z、轮廓微观不平度的平均间距 R_{sm} 进行测量，为了减少误差，对每个试样的轴向3个区域进行测量并取其平均值。图4.14给出了16组工艺下试样的波峰波谷平均高度水平 R_a 和宽度水平 R_{sm} 的变化规律。

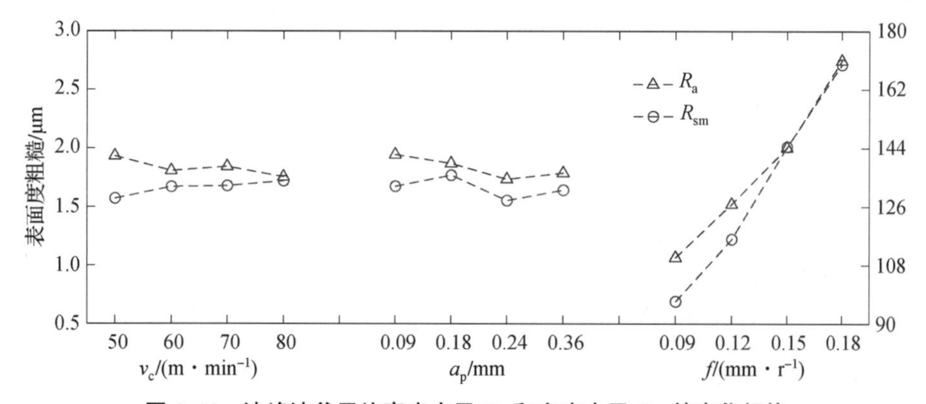

图4.14　波峰波谷平均高度水平 R_a 和宽度水平 R_{sm} 的变化规律

在3个切削参数中，进给量对高度水平 R_a 和宽度水平 R_{sm} 具有唯一的显著影响，由于进给量的 P 值小于95%置信水平 $P=0.005$ 因子，另一方面切削速度和切削深度对平均高度水平 R_a 和宽度水平 R_{sm} 的影响不显著，在这里，检验水平 P 值显著大于95%置信水平下的 $P=0.005$ 因子。当进给量由0.09 mm/r增大为0.18 mm/r时，高度水平 R_a 和宽度水平 R_{sm} 均显著增加，如图4.17（e）所示，较大的进给量（0.18 mm/r）产生了很明显宽且高的波峰与波谷。

图4.15所示为16组工艺下试样的波峰波谷最大高度水平 R_y 和十点高度 R_z 的变化规律。切削三要素对十点高度 R_z 的影响程度大于最大高度水平 R_y，切削深度具有最大的 F 值（3.6）。当切削深度从0.09 mm增大为0.18 mm时，表面形貌更容易产生明显的毛刺［图4.16（d）、图4.17（d）］，进而产

生更大的十点高度 R_z 和最大高度水平 R_y，其分别增大 48%、22%。随着切削深度的增加，毛刺消失，R_y 有所减小，但极少量的大斑点［图 4.16（f）］仍产生较大的高度水平 R_y。当切削速度从 50 m/min 变为 60 m/min 时，工件表面逐渐从细针状表面特征［图 4.16（b）］变得平滑［图 4.16（c）］，十点高度 R_z 和高度水平 R_y 显著减小，宽度水平 R_{sm} 增大 23%，表面粗糙度 R_a 降低 15%。随着切削深度的进一步增大，切削刃和工件的过度摩擦使工件表面产生塑性流动［图 4.16（f）］，波峰波谷的峰值差增大，十点高度 R_z 增大 98%，高度水平 R_y 增大 39%。

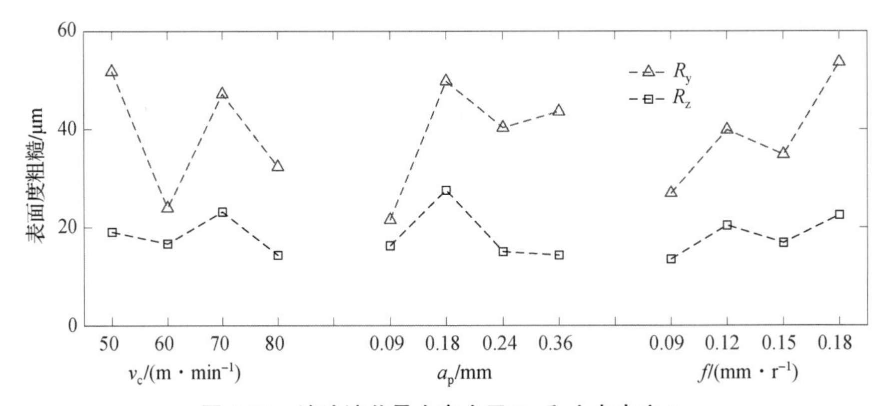

图 4.15　波峰波谷最大高水平 R_y 和十点高度 R_z

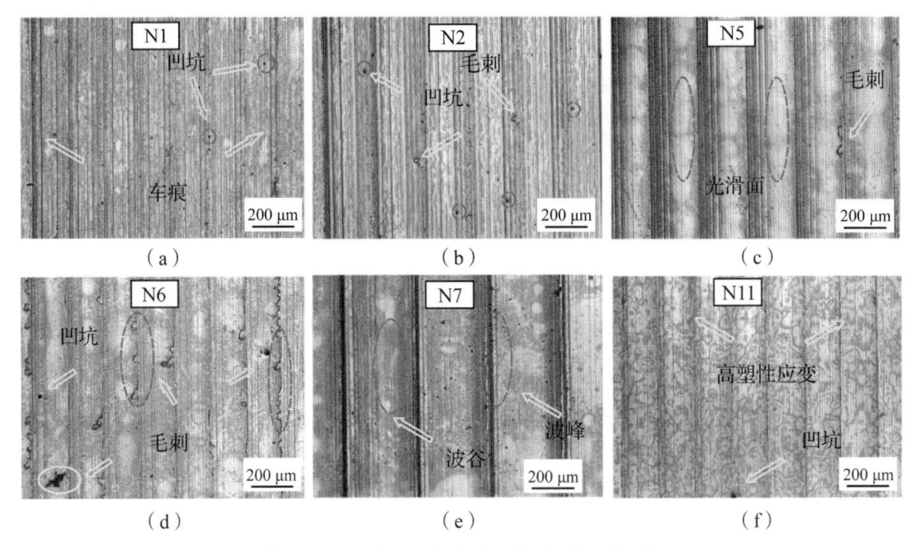

图 4.16　不同工艺在光镜下的表面形貌

（a）v_c = 50 m/min，a_p = 0.09 mm，f = 0.09 mm/r；（b）v_c = 50 m/min，a_p = 0.18 mm，f = 0.12 mm/r；（c）v_c = 60 m/min，a_p = 0.09 mm，f = 0.12 mm/r；（d）v_c = 60 m/min，a_p = 0.18 mm，f = 0.09 mm/r；（e）v_c = 60 m/min，a_p = 0.24 mm，f = 0.18 mm/r；（f）v_c = 70 m/min，a_p = 0.24 mm，f = 0.09 mm/r

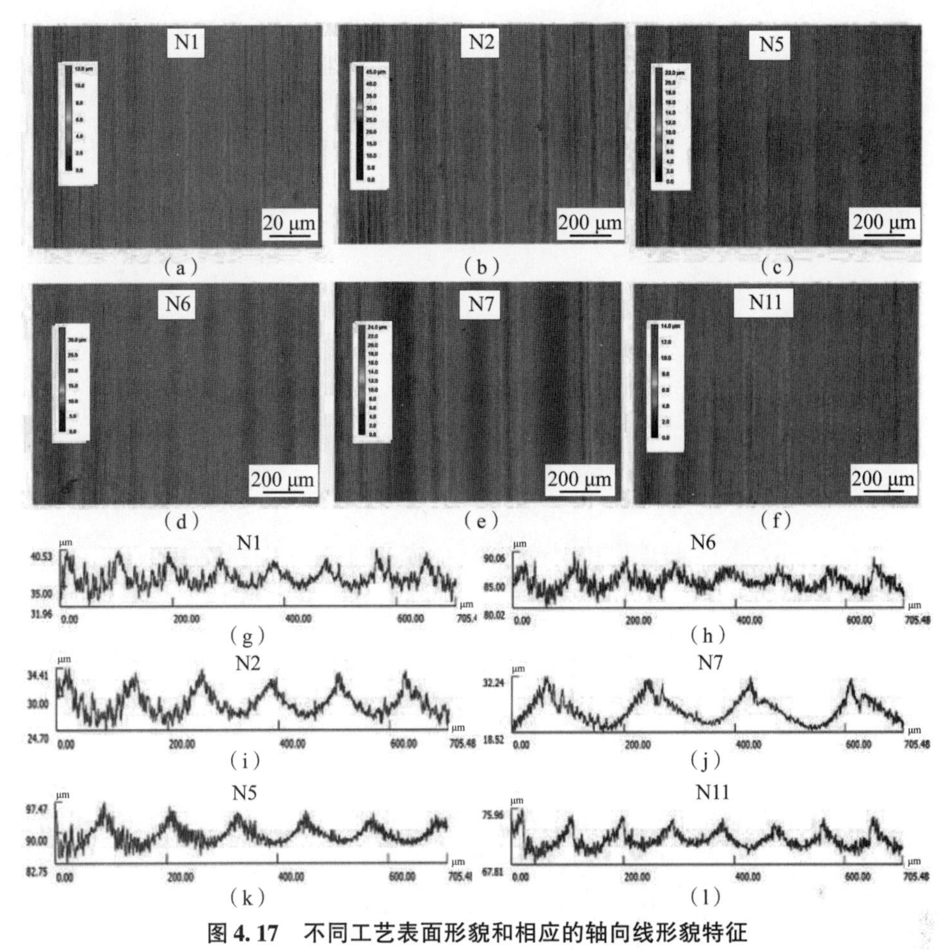

图 4.17 不同工艺表面形貌和相应的轴向线形貌特征

(a) $v_c=50$ m/min，$a_p=0.09$ mm，$f=0.09$ mm/r；(b) $v_c=50$ m/min，$a_p=0.18$ mm，$f=0.12$ mm/r；(c) $v_c=60$ m/min，$a_p=0.09$ mm，$f=0.12$ mm/r；(d) $v_c=60$ m/min，$a_p=0.18$ mm，$f=0.09$ mm/r；(e) $v_c=60$ m/min，$a_p=0.24$ mm，$f=0.18$ mm/r；(f) $v_c=70$ m/min，$a_p=0.24$ mm，$f=0.09$ mm/r；(g) $v_c=50$ m/min，$a_p=0.09$ mm，$f=0.09$ mm/r；(h) $v_c=60$ m/min，$a_p=0.18$ mm，$f=0.09$ mm/r；(i) $v_c=50$ m/min，$a_p=0.18$ mm，$f=0.12$ mm/r；(j) $v_c=60$ m/min，$a_p=0.24$ mm，$f=0.18$ mm/r；(k) $v_c=60$ m/min，$a_p=0.09$ mm，$f=0.12$ mm/r；(l) $v_c=70$ m/min，$a_p=0.24$ mm，$f=0.09$ mm/r

大量研究表明，表面综合参数 R_aR_y/R_z 反映了表面形貌的应力集中系数，可以直观地反映表面形貌对疲劳行为的影响。如图 4.18 所示，切削参数对 R_aR_y/R_z 的影响显著水平依次为：进给量 > 切削深度 > 切削速度。随着切削深度和进给量的增大，表面综合参数 R_aR_y/R_z 均呈现增大的趋势，且在考虑 R_{sm} 的情况下，由于 R_a 和 R_{sm} 变化趋势具有一致性，表面微裂纹 $\sqrt{area_i}$ 仍呈现相似的趋势。

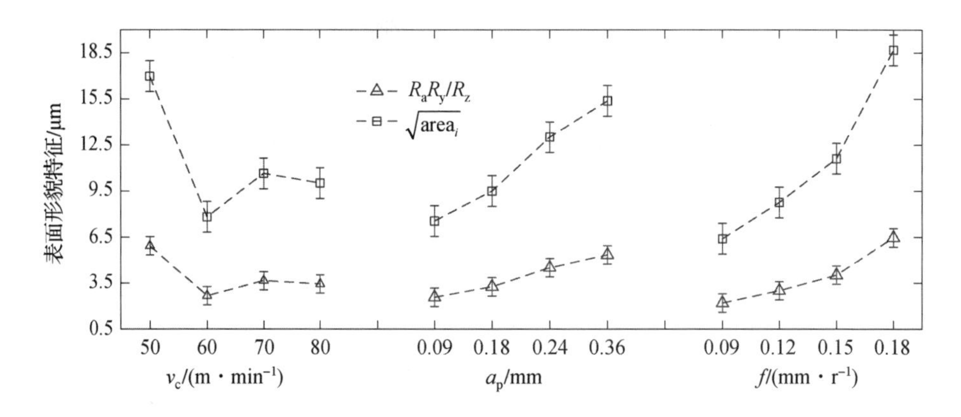

图 4.18 表面综合参数 R_aR_y/R_z 和表面微裂纹 $\sqrt{area_i}$

4.4 切削工艺对扭转疲劳行为的影响

切削参数引起的不同表面层特征对循环特征响应有很大的影响，图 4.19 所示为第 4 章 N8 工艺下的循环应力响应曲线。随着单调扭转，扭转应力逐渐增大，在塑性点 A 处发生屈服，最后在最大应变处（B'点）单调扭转载荷达到最大值（1 316.1 MPa），在循环第 0.5 周次时，循环应变减小至 0，循环扭转应力逐渐减小至负值（-384.4 MPa），循环第 1 周次时，循环应变增大至最大值（0.029 58），循环应力增大至最大值（1 306.7 MPa，B 点），随着循环周次的进行，最大应力值逐渐呈现循环转化趋势，图中 C，D，E 点分别为 30%、50%、90% 循环周次下的最大应力值（1019.9 MPa、949.8 MPa、896.8 MPa），可以看出均呈现减小趋势，减小至临界值时发生疲劳断裂。

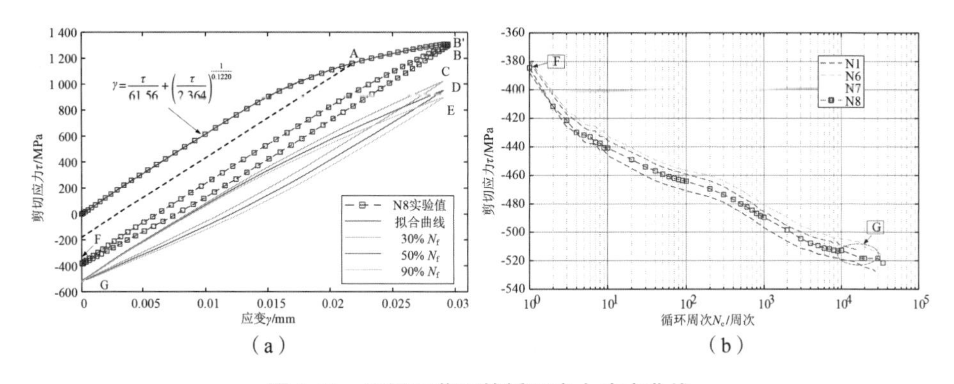

图 4.19 不同工艺下的循环应力响应曲线

（a）N8 工艺循环应力-应变曲线；（b）不同工艺循环应力随循环周次的变化

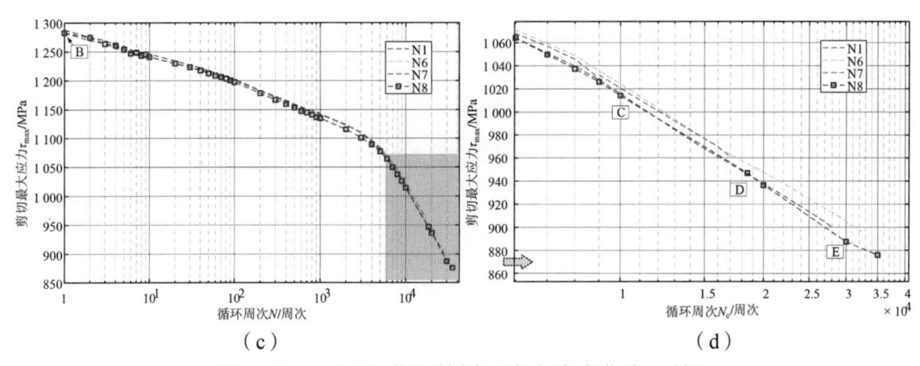

图 4.19　不同工艺下的循环应力响应曲线（续）

（c）不同工艺循环最大应力随循环周次的变化；（d）图（c）中阴影部分局部放大图

4.4.1　切削参数对疲劳寿命的影响

不同加工工艺下试样的扭转疲劳寿命如图 4.20 所示。考虑到加工工艺对疲劳实验结果的分散性和后续的可重复性，对 N1、N3、N7、N16 工艺各进行了 3 组扭转疲劳实验，误差结果均在 5% 以内，且可以看出加工工艺对扭转疲劳性能影响较为明显，扭转疲劳寿命依次为：N16 > N1 > N7 > N3。

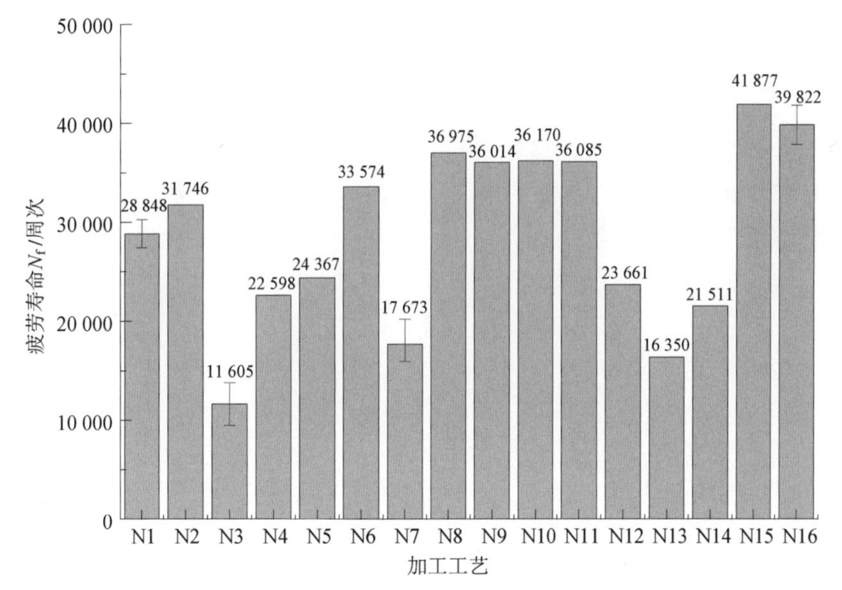

图 4.20　不同加工工艺对疲劳寿命的影响

对正交实验结果进行分析，淬火回火表面层的硬车加工工艺对扭转疲劳寿命的影响趋势如图 4.21 所示。随着切削速度的增加，进给量对疲劳寿命的影响较为明显。随着进给量的增加，疲劳寿命呈现逐渐缩短的趋势，这主要归因于进给量增大，表面粗糙度增高，当 $f=0.09$ mm/r 时，扭转疲劳寿命具有最大值。切削速度对疲劳寿命的影响次之，疲劳寿命随着切削速度的增加呈现先延长后缩短的趋势，当 $v_c=70$ m/min 时，扭转疲劳寿命具有最大值。然而随着切削深度的变化，疲劳寿命呈现一定分散性，在 $a_p=0.18$ mm 或 $a_p=0.36$ mm 时具有最大值。为了分析加工工艺对扭转疲劳寿命的影响机制，初步选出加工工艺最优解：$v_c=70$ m/min，$a_p=0.36$ mm，$f=0.09$ mm/r；最差解：$f=0.18$ mm/r，$v_c=50$ m/min，$a_p=0.09$ mm。这为加工表面完整性对扭转疲劳寿命的影响机制提供了工艺参数。

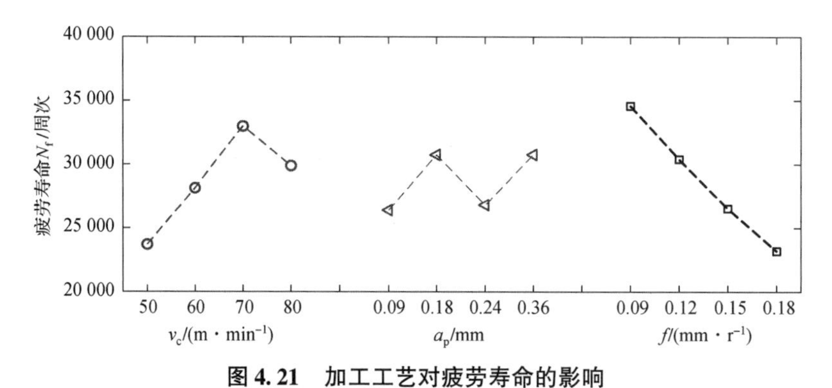

图 4.21　加工工艺对疲劳寿命的影响

4.4.2　单调扭转特性对疲劳寿命的影响

为了获得单调扭转特征参数对扭转疲劳寿命的影响，进行正交实验的单因素方差分析。其中，各参数的组间平方和 S_T、组内平方和 S_E，离差平方和 S_A 如式（4.2）~式(4.4）所示。

$$S_T=\sum_{j=1}^{p}\sum_{i=1}^{nj}(X_{nj}-\bar{X})^2=\sum_{j=1}^{p}\sum_{i=1}^{nj}X_{ij}^2-\frac{T_{..}^2}{n} \tag{4.2}$$

$$S_E=\sum_{j=1}^{p}\sum_{i=1}^{nj}(X_{nj}-\overline{X_{j}})^2=\sum_{j=1}^{p}\sum_{i=1}^{nj}X_{ij}^2-\frac{T_{.j}^2}{n_j} \tag{4.3}$$

$$S_A=S_T-S_E \tag{4.4}$$

进而可得显著性 F 为

$$F=\frac{S_A/(n-1)}{S_E/(p-1)}\sim F(p-1,n-p) \tag{4.5}$$

式中，正交总实验数 p 为 16，实验水平数 n 为 4。同时通过查表可获得单调特征参数的检验水平 P 值。

采用参数 R^2 表征指数拟合精度，数值范围为［0，1］，数值越大，表示拟合精度越高，计算公式如下：

$$R^2 = 1 - \frac{\sum (N_{f,nihe} - N_f)^2}{\sum (N_f - \overline{N_f})^2} \tag{4.6}$$

式中，$N_{f,nihe}$为拟合疲劳寿命；N_f 为疲劳寿命实际实验值；$\overline{N_f}$为疲劳寿命实际实验平均值。

不同加工工艺的单调特征（$O \to B'$）见表 4.3。计算可得各特征参数的影响均在平均值 5% 以内，且通过 F 值与 P 值可知，单调扭转特征参数对疲劳寿命的影响规律主要为：最大应力 > k > 弹塑面积，且 $2 < F < 3$，然而 P 值均大于 0.12，加工工艺获得的单调扭转特性对疲劳行为的影响不显著。

表 4.3　单调扭转特征参数

工艺	塑性应变能密度 $S/(\text{MPa}\cdot\text{mm}\cdot\text{mm}^{-1})$	塑性幅 γ	剪切屈服强度 τ_u/MPa	G/GPa	k	n	最大剪切应力 τ_{max}/MPa
N1	8.42	0.008 17	1 165.9	61.57	2 375.55	0.122 514	1 309.75
N2	8.47	0.008 22	1 167.0	61.93	2 404.41	0.124 436	1 314.09
N3	8.32	0.008 14	1 158.1	61.15	2 381.45	0.124 105	1 300.73
N4	8.26	0.008 05	1 165.9	61.29	2 413.36	0.125 244	1 310.76
N5	8.21	0.008 00	1 166.8	61.10	2 405.43	0.124 537	1 309.10
N6	8.21	0.008 03	1 161.6	60.92	2 391.89	0.124 335	1 304.59
N7	8.17	0.008 01	1 160.9	60.88	2 407.43	0.125 549	1 304.91
N8	8.45	0.008 20	1 164.1	61.56	2 364.42	0.121 98	1 307.47
N9	8.38	0.008 21	1 155.8	61.27	2 372.86	0.123 826	1 300.46
N10	8.31	0.008 13	1 159.7	61.18	2 386.15	0.124 198	1 305.00
N11	8.48	0.008 34	1 150.0	61.50	2 371.48	0.124 593	1 296.78
N12	8.39	0.008 25	1 150.6	61.13	2 361.29	0.123 761	1 293.69
N13	8.48	0.008 31	1 152.2	61.35	2 341.00	0.122 027	1 296.85
N14	8.47	0.008 24	1 159.2	61.30	2 326.91	0.119 947	1 300.02
N15	8.49	0.008 28	1 156.7	61.47	2 347.19	0.121 822	1 301.27
N16	8.62	0.008 34	1 159.4	61.52	2 285.94	0.116 862	1 297.82
F	2.442	0.12	1.783	0.321	2.836	0.12	2.894
P	0.149	0.736	0.211	0.583	0.123	0.736	0.12

图 4.22 所示为塑性应变能密度、单调应变硬化系数 n 和疲劳寿命之间的对应关系。其中，单调塑性功与疲劳寿命满足下式：

$$N_f=(5.43\Delta W_p^{7.28})\times 10^{-3} \tag{4.7}$$

单调循环应变硬化指数 n 与疲劳寿命的关系为

$$N_f=2.35n^{-4.49} \tag{4.8}$$

可以看出，由于 P 值较小，两者对应关系分散性较大，使可靠性 R^2 值均小于0.15，因此加工工艺引起的扭转单调特征对疲劳寿命影响较小。从图 4.22 可知，在相差不大的抗拉强度下，即使单调特征参数差距很小，仍会产生差距很大的疲劳行为。文献［163］指出，表面强化后的表面层特征同样具有类似的结论。ZHANG[164] 等人建立了一种通过拉伸性能确定金属材料疲劳强度的方法，庞建超[165] 认为在低强度范围内，金属材料的疲劳强度会随着抗拉强度的增大而不断升高，然而需要忽略相同的抗拉强度下不同的加工表面完整性对疲劳强度的影响。

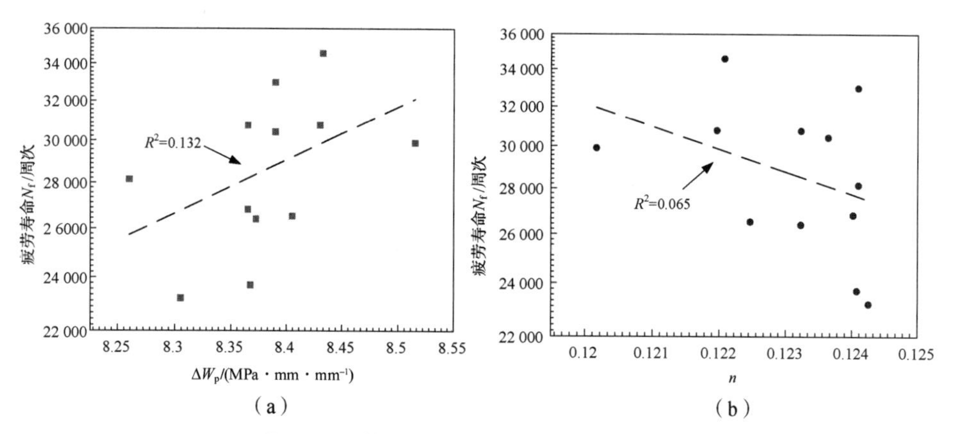

图 4.22　单调特征参数对疲劳寿命的影响

（a）塑性应变能密度对疲劳寿命的影响；（b）单调应变硬化系数对疲劳寿命的影响

4.4.3　循环扭转特性对疲劳寿命的影响

图 4.23 所示为不同加工工艺下的循环应力响应曲线。随着循环周次的增加，循环应力幅呈现先增大后减小的趋势，主要由 4 个阶段组成：①初始循环硬化阶段，约为 20 周次；②快速循环软化第一阶段，为 20～2 000 周次；③快速循环软化第二阶段，为 2 000～50 000 周次；④扭转疲劳断裂阶段。从初始循环硬化阶段（A1 区域）可以看出，N4 工艺使初始单调力学强度较低的试样具有较大的循环硬化速率，循环应力幅在 2 个循环周次以后就超过了 N3 工艺引起的循环应力幅，且疲劳寿命长于 N3 工艺下的疲劳寿命（A2 区域

疲劳瞬断点)，这再次说明了初始单调力学特征参数与疲劳寿命之间无明显相关关系。

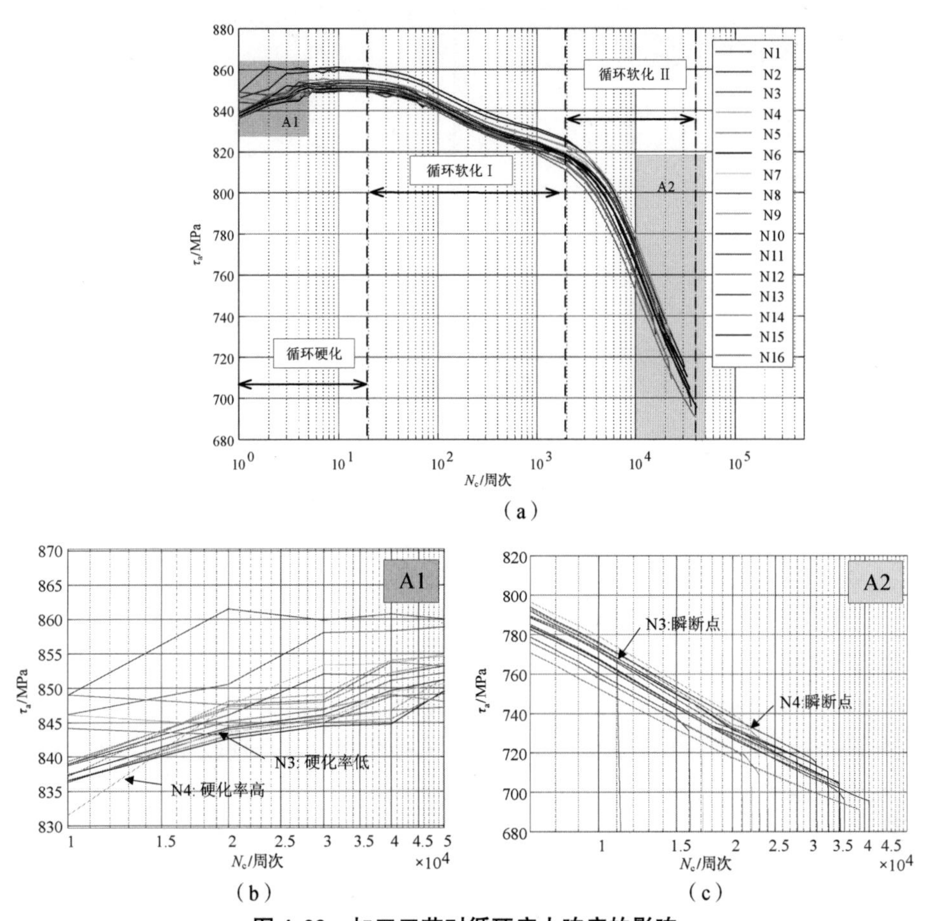

图 4.23　加工工艺对循环应力响应的影响

(a) 循环应力随循环周次的变化；(b) A1 区域局部放大图；(c) A2 区域局部放大图

在研究金属材料的低周疲劳行为时，背应力 X 和摩擦应力 τ_F 是循环迟滞回线中的两个重要力学参数。背应力与局部应变过程相关，主要与材料中的微观结构屏障或应变不相容性有关，摩擦应力通常对应位错移动所需的局部应力，主要与材料中的短程障碍物有关，如晶格摩擦、沉淀粒子、外来原子等。

如图 4.24 所示，传统意义上的塑性变形能中包含了很大一部分稳定塑性应变能，τ_F 为摩擦应力，以摩擦热的形式扩散出去，因此背应力 X 所做的功能够很好地反映疲劳性能。

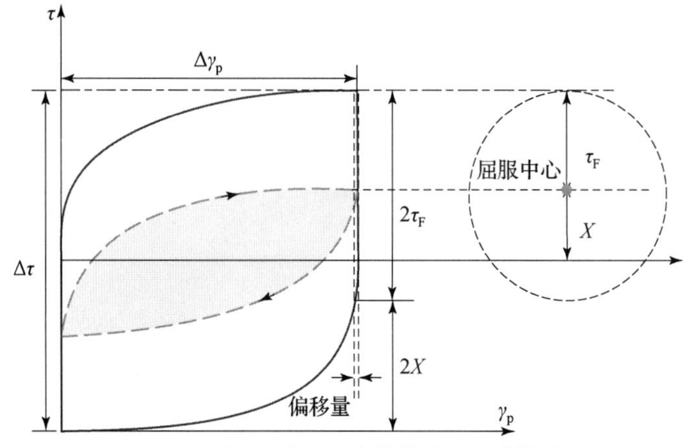

图 4.24　循环迟滞回线中的背应力和摩擦应力

图 4.24 中，$\Delta\gamma_p$ 为总应变幅，$\Delta\tau$ 为总应力幅。当摩擦应力 τ_F 由参考文献［166，167］中建议的 1.0×10^{-5} 的反向塑性应变偏移量确定以后，背应力 X 满足：

$$X = \Delta\tau/2 - \tau_F \tag{4.9}$$

图 4.25 所示为 4 种加工工艺下的摩擦应力随循环周次的变化曲线。可以看出 N3、N12、N16 工艺下试样的摩擦应力在第 10 周次之前出现最大值，剪切滑移过程中初始阶段具有较大的摩擦阻力，但随着循环周次的增加，摩擦应力显著减小，同时可以看出 N2 工艺下试样摩擦应力呈现较早的减小，但随后发生循环硬化，其变化趋势与 N3 工艺保持一致。

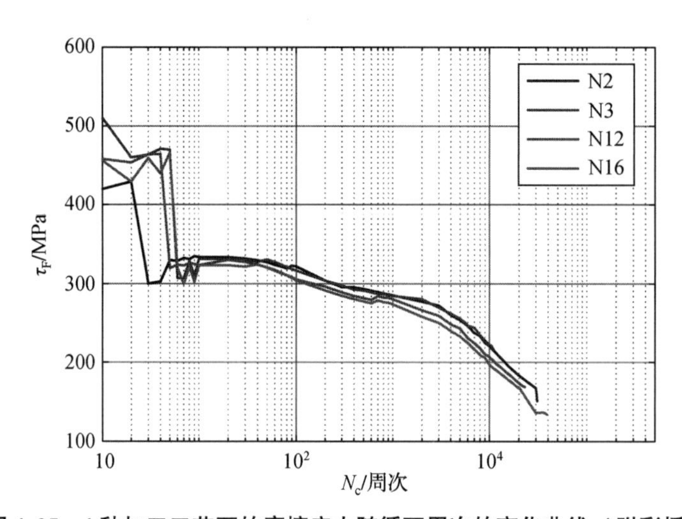

图 4.25　4 种加工工艺下的摩擦应力随循环周次的变化曲线（附彩插）

图 4.26 所示为 4 种加工工艺下的背应力幅随循环周次的变化曲线。可以看出不同工艺下表面层的摩擦应力 τ_F 和背应力幅 ΔX_a 随循环周次的变化规律相反，呈现循环硬化的趋势，同时可以看出，背应力幅循环硬化速率远远低于摩擦应力过程中的循环软化速率。

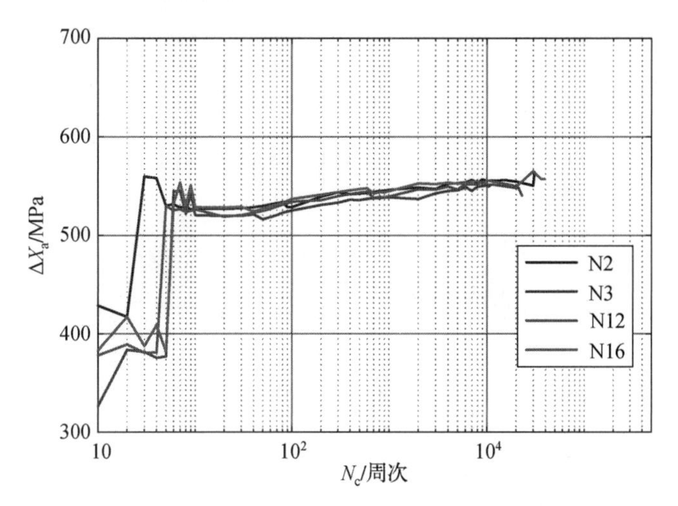

图 4.26　4 种加工工艺下的背应力幅随循环周次的变化曲线（附彩插）

循环过程中塑性应变能 ΔW_p 满足：

$$\Delta W_p = \oint (X + \tau_F)\, d\gamma_p \tag{4.10}$$

其中，摩擦应力 τ_F 做功，这一部分在很大程度上转换为热能消耗掉：

$$\Delta W_F = 2\tau_F \Delta\gamma_p \tag{4.11}$$

单周内的循环背应力 X 做功（循环背应力功能量密度）主要表现为位错滑移过程对试样内部能量的影响，与材料组织结构有关：

$$\Delta W_b = \oint \tau\, d\gamma_p - 2\tau_F \Delta\gamma_p \tag{4.12}$$

通过对图 4.24 中单周循环迟滞回线中的背应力进行积分（阴影区域），可得背应力能密度 ΔW_b，即

$$\Delta W_b = \frac{1 - n_b}{1 + n_b} \Delta X \Delta\gamma_p \tag{4.13}$$

式中，n_b 为背应力循环硬化指数。

结合塑性应变能计算结果，可得

$$\Delta W_b = \frac{1 - n'}{1 + n'} \Delta\tau \Delta\gamma_p - 2\tau_F \Delta\gamma_p \tag{4.14}$$

式中，n'为循环硬化系数。

图 4. 27 所示为不同加工工艺下试样的摩擦应力做功随循环周次的变化曲线。可以看出，摩擦应力做功在前 20 周次内产生较大的热耗散，随着寿命的延长，背应力能密度呈现逐渐增加的趋势，最后发生断裂。

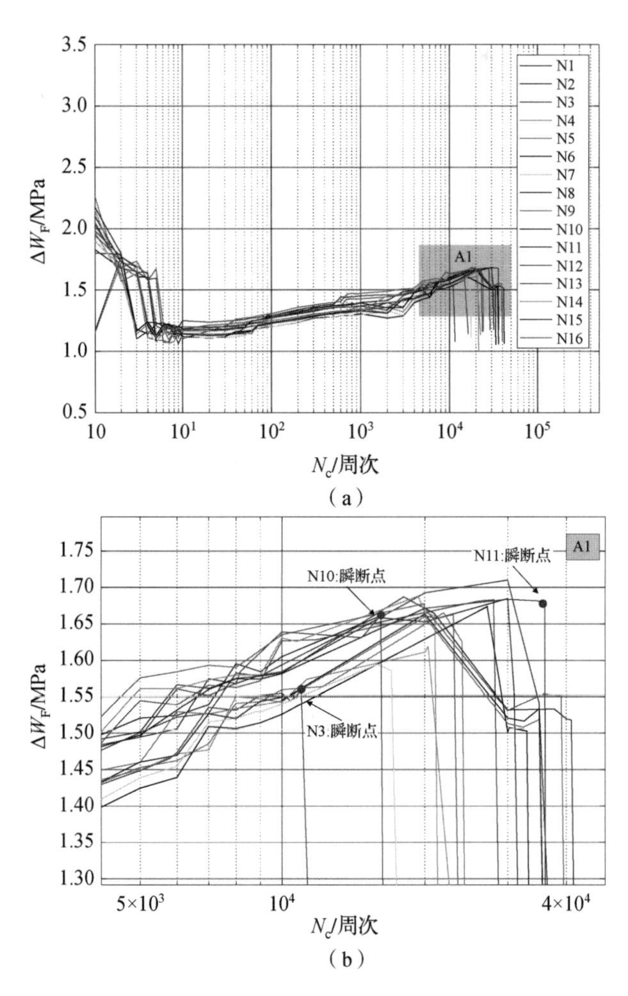

图 4. 27　摩擦应力做功随循环周次的变化曲线（附彩插）

（a）摩擦应力做功；（b）A1 区域局部放大图

图 4. 28 所示为不同加工工艺下试样的背应力能密度随循环周次的演变趋势。背应力做功在前 20 周次内呈现减小的趋势，最后呈现逐渐增加的趋势，且增长趋势明显大于摩擦应力做功（图 4. 27）。加工工艺使试样内能产生变化，达到材料内部所能承受的临界值时，发生疲劳断裂，不同加工工艺的疲劳瞬断临界点如图 4. 28 所示。

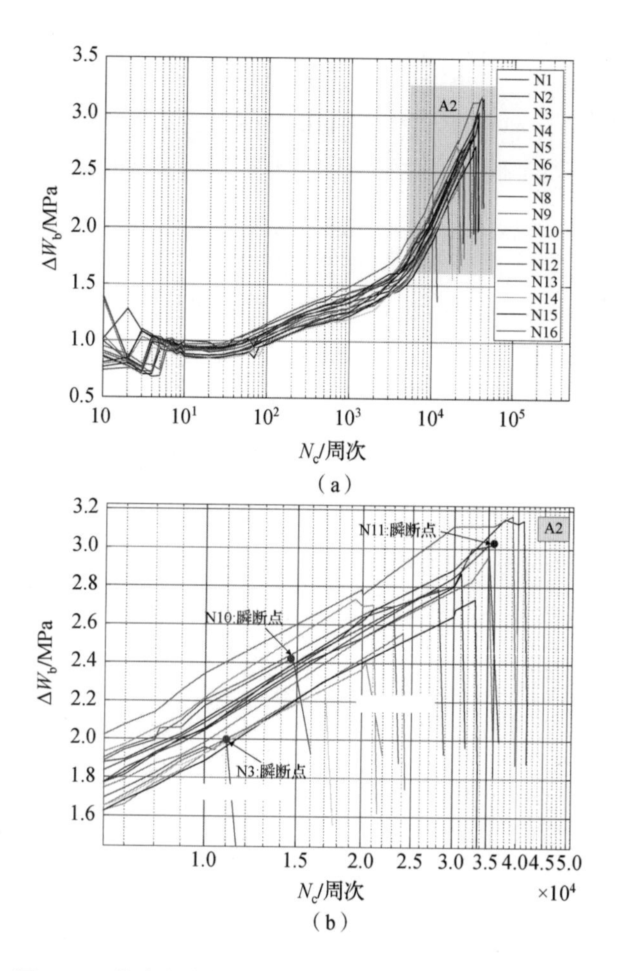

图 4.28 背应力能密度随循环周次的演变趋势（附彩插）

（a）背应力做功；（b）A2 区域局部放大图

在疲劳实验过程中，塑性应变能中的很大一部分以热能的方式耗散掉，因此采用背应力做功能很好地反映加工工艺引起的材料内部的晶间塑性变形对疲劳寿命的影响，总背应力能为背应力能密度与疲劳寿命指数的乘积，即

$$W'_{\mathrm{f}} = \Delta W_{\mathrm{b}} N_{\mathrm{f}}^{-\beta} \tag{4.15}$$

因此，疲劳寿命与循环背应力满足以下关系：

$$N_{\mathrm{f}} = \left(\frac{\Delta W_{\mathrm{b}}}{W'_{\mathrm{f}}}\right)^{\frac{1}{\beta}} \tag{4.16}$$

从图 4.29 可知，循环应力和背应力做功并不是稳定的数值，因此获得准确寿命百分比下的背应力能密度对后续的疲劳寿命预测具有重要意义。图 4.29（d）所示为不同寿命百分比下的塑性应变能密度与疲劳寿命之间的显著性分析。可以看出随着疲劳寿命百分比的增加，塑性应变能密度与疲劳寿命之间的显著性关系呈现先增大后减小的变化规律，且在加工工艺的 50% 疲劳寿命下的循环塑性应变能具有最大的显著性，F 值为 75.6，P 值为 $6\times10^{-6}\ll$ 0.05。如图 4.29（b）所示，不同加工工艺下疲劳寿命与循环背应力满足：

$$N_{\mathrm{f}}=\left(\frac{\Delta W_{\mathrm{p},50\%}}{0.10237}\right)^{\frac{1}{0.35514}} \tag{4.17}$$

从图 4.29（a）~（c）可知，以疲劳寿命百分比为 50% 时的循环塑性应变能密度预测疲劳寿命时，R^2 出现最大值，表明此时具有较高的预测精度。这也解释了为何很多学者[168,169]在通常采用 50% 疲劳寿命下的循环塑性应变能密度来预测不同状态下的疲劳寿命。

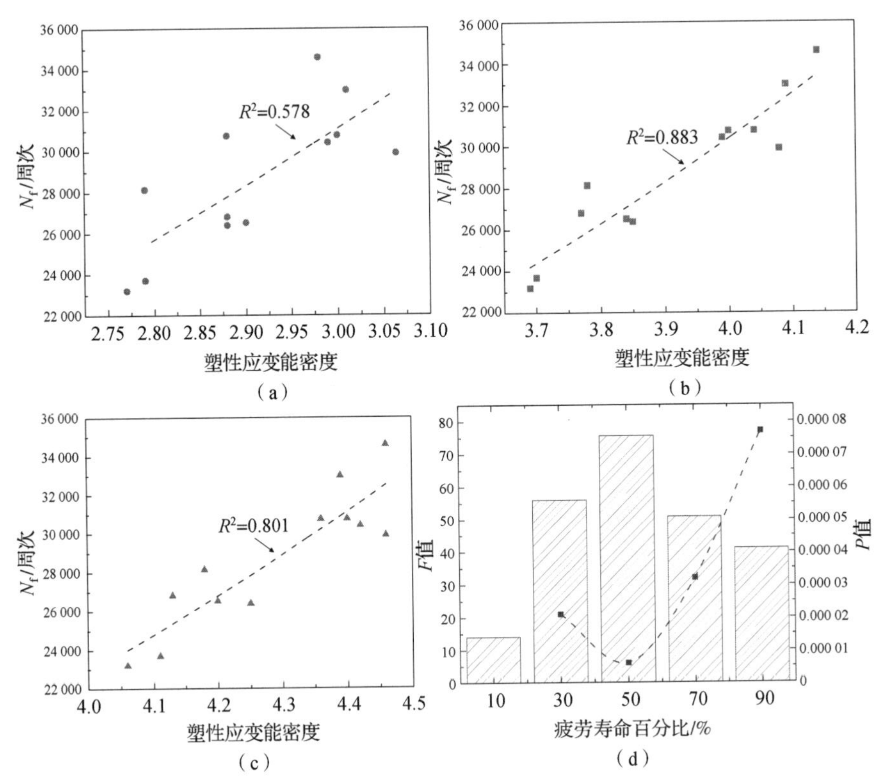

图 4.29　循环塑性应变能密度对疲劳寿命的影响

（a）10% 疲劳寿命；（b）50% 疲劳寿命；（c）90% 疲劳寿命；（d）不同疲劳寿命百分比

图 4.30 所示为不同疲劳寿命百分比下的循环背应力能密度与疲劳寿命之间的显著性分析。从图 4.30（d）可以看出，疲劳寿命百分比为 90% 时，相关显著性最大，F 值为 85.3，其次是疲劳寿命百分比为 30% 时的相关显著性，最低的是 50% 疲劳寿命下的显著性，F 值为 10.2。不同加工工艺下疲劳寿命

与循环背应力满足：

$$N_f = \left(\frac{\Delta W_{b,90\%}}{0.02139}\right)^{\frac{1}{0.4713}} \tag{4.18}$$

从图 4.30（a）~（c）中可知，与循环塑性应变能密度预测疲劳寿命时用到的疲劳寿命百分比不同，90% 疲劳寿命下的背应力能密度能很好地预测疲劳寿命，R^2 值为 0.894，且精度高于 50% 疲劳寿命时的循环塑性应变能密度预测疲劳寿命［图 4.30（c）］，循环背应力法更能反映加工表面完整性特征对疲劳寿命的影响。

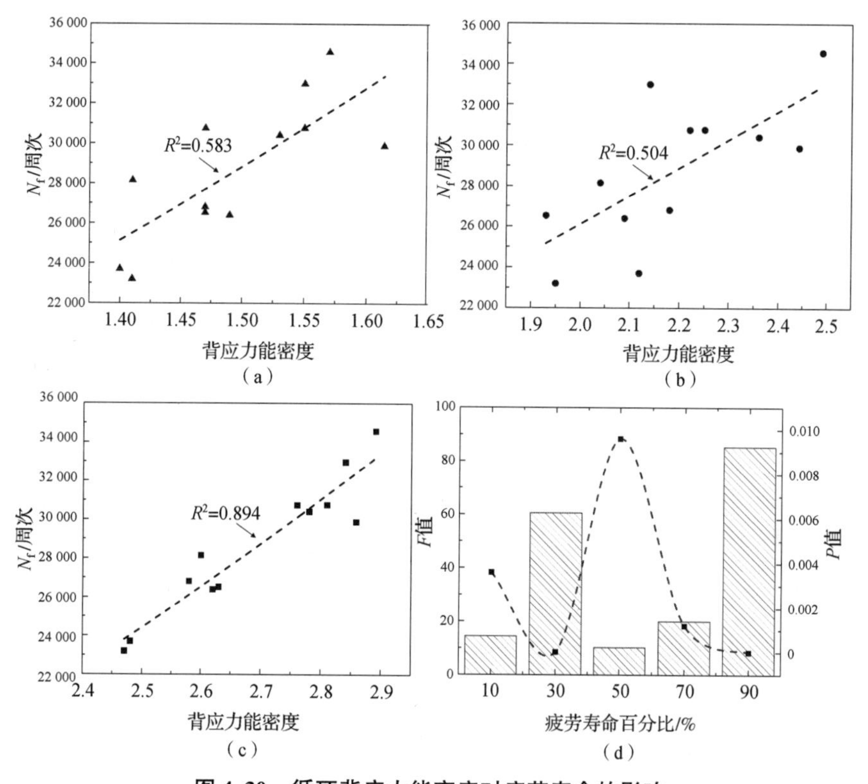

图 4.30　循环背应力能密度对疲劳寿命的影响

（a）10% 疲劳寿命；（b）50% 疲劳寿命；（c）90% 疲劳寿命；（d）不同疲劳寿命百分比

4.5　加工表面完整性特征对扭转疲劳行为的影响

4.5.1　几何特征对疲劳寿命的影响

表面粗糙度高的表面使试样在疲劳实验时更早地发生扭转疲劳断裂，从能量的角度看，不同加工工艺的表面几何特征改变了总应变能量的分布情况，满足：

$$\Delta W_{\mathrm{b}} N_{\mathrm{f}}^{-\beta} = AR_{x} \tag{4.19}$$

式中，R_x 为表面几何特征参数。

考虑到表面几何特征参数并未改变循环迟滞回线，当90%疲劳寿命时的循环背应力能密度为固定值时，几何特征与疲劳寿命的关系满足：

$$N_{\mathrm{f}} = \left(\frac{\Delta W_b}{AR_x}\right)^{\frac{1}{\beta}} \tag{4.20}$$

图4.31给出了不同几何特征参数与疲劳寿命参数之间的关系，可以看出在表面形貌单因素特征参数中，表面粗糙度 R_a 具有最大的显著性，P 值为0.004 5，其次是 R_{sm}，R_y 和 R_z 具有较低的显著性，和疲劳寿命的相关性最差。这种倾向在很大程度上归因于引入的表面粗糙度深度 R_y 是随机分布的，大多数表面几何深度小于 R_y，这意味着通过实验获得的 R_y 对疲劳寿命影响较小。加工表面几何特征与疲劳寿命的显著性关系依次为：$R_a > R_{sm} > R_{ku} > R_{sk} > R_y > R_p > R_v > R_z$。文献［170］在研究车削切削条件产生的表面完整性特征与表面进给痕迹与疲劳寿命之间的关系时通过斯皮尔曼相关分析得出，表面粗糙度参数 R_a、R_{sm}和疲劳寿命之间存在统计显著相关性，置信度为95%。

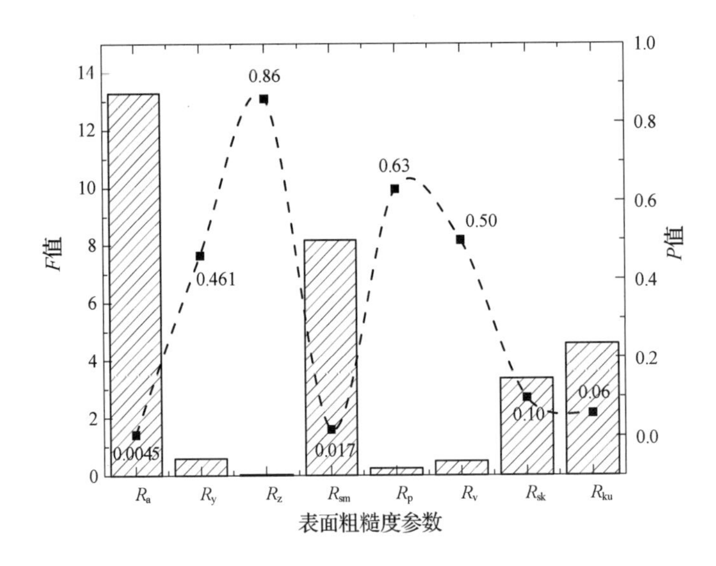

图4.31 表面几何特征对疲劳寿命的显著性分析

图4.32（a）给出了表面粗糙度参数 R_a 与疲劳寿命之间的关系，随着表面粗糙度参数 R_a 的增加，扭转疲劳寿命缩短，满足：

$$N_{\mathrm{f}} = \left(\frac{1.72 \times 1\,011}{R_{\mathrm{a}}}\right)^{\frac{1}{-2.46}} \tag{4.21}$$

图4.32（b）给出了表面粗糙度参数 R_{sm} 与疲劳寿命之间的关系，预测精度低于表面粗糙度参数 R_a，随着表面粗糙度参数 R_{sm} 的增加，扭转疲劳寿命缩短，满足：

$$N_{\mathrm{f}} = \left(\frac{1.68 \times 10^9}{R_{\mathrm{sm}}}\right)^{\frac{1}{-1.60}} \tag{4.22}$$

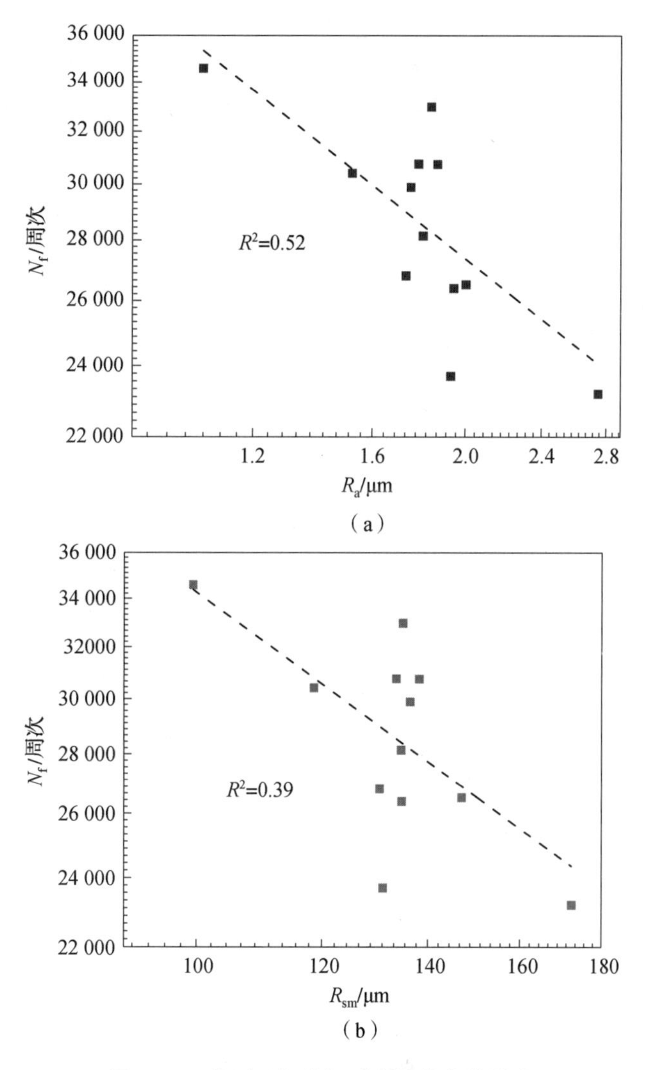

图4.32　典型几何特征对疲劳寿命的影响

（a）表面粗糙度参数 R_a；（b）表面粗糙度参数 R_{sm}

在文献［67］中，a 和 b 分别表示轮廓最大波峰与波谷之间的高度差 R_y 与轮廓微观不平度间距 R_{sm}，粗糙度轮廓具有随机分布特征，深度大多小于 R_y，因此 R_a 可以比 R_y 更好地评估 $\sqrt{area_s}$。

$$\frac{\sqrt{area_s}}{2b}=2.97\left(\frac{a}{2b}\right)-3.51\left(\frac{a}{2b}\right)^2-9.74\left(\frac{a}{2b}\right)^3,\ \frac{a}{2b}\leqslant 0.19$$
$$\frac{\sqrt{area_s}}{2b}=0.38,\ \frac{a}{2b}>0.19 \tag{4.23}$$

图4.33（a）给出了加工工艺表面层初始微裂纹对疲劳寿命的影响。预测过程综合考虑了 R_a 和 R_{sm}，在初始微裂纹较小的情况下，剪切滑移需要更多的时间达到临界微裂纹扩展尺寸，扭转疲劳寿命从而得到了延长。

$$N_f=\left(\frac{4.69\times 1\,011}{\sqrt{area_s}}\right)^{\frac{1}{-2.46}} \tag{4.24}$$

图4.33（b）给出了表面粗糙度参数 R_a/R_{sm} 对疲劳寿命的影响。可以看出其预测精度 R^2 为0.67，大于表面粗糙度参数 R_a 和对初始微裂纹 $\sqrt{area_s}$ 对疲劳寿命的预测精度（R^2 为0.52），且 P 值最小，为 5×10^{-3}，小于0.05，因此可以很好地反映表面形貌对扭转疲劳寿命的影响。

$$N_f=\left(\frac{216}{R_a/R_{sm}}\right)^{\frac{1}{-0.945}} \tag{4.25}$$

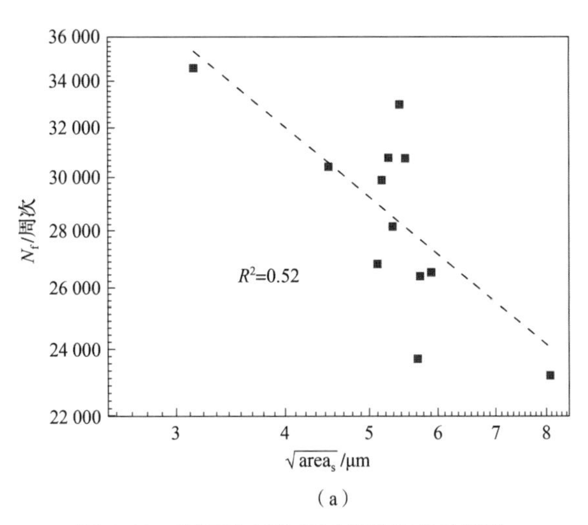

（a）

图4.33 表面几何特征对疲劳寿命的影响

（a）初始微裂纹尺寸 $\sqrt{area_s}$ 对疲劳寿命的影响

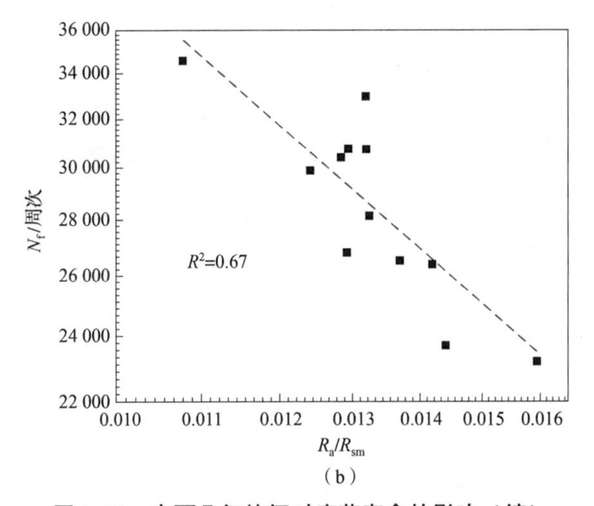

（b）

图 4.33　表面几何特征对疲劳寿命的影响（续）

（b）表面粗糙度参数 R_a/R_{sm} 对疲劳寿命的影响

4.5.2　表面残余应力和显微硬度对疲劳寿命的影响

加工前、后表面力学特征参数对疲劳寿命的影响显著性如图 4.34 所示。可以看出疲劳实验后 X 方向残余应力对疲劳寿命的影响最大，F 值和 P 值分别为 11.62，0.007。在扭转疲劳过程中，剪切滑移更易发生在垂直于轴向的截面上，由于疲劳实验前残余应力过早地释放，其对疲劳寿命的影响反而最小，F 值为 0.04。

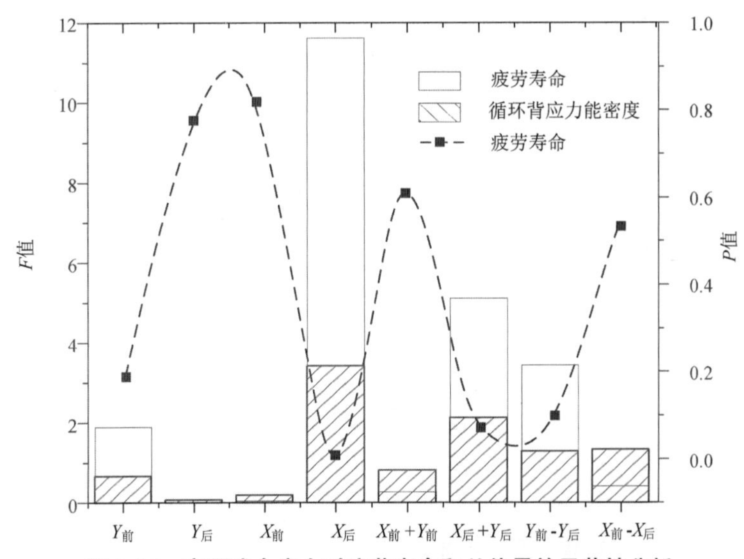

图 4.34　表面残余应力对疲劳寿命和总能量的显著性分析

疲劳实验后的残余应力对扭转疲劳断裂机制的分析具有很大帮助。从图4.34可以看出，疲劳实验前，表面轴向残余应力对疲劳寿命的影响大于周向残余应力，具有较大的 F 值，这很大一部分归因于轴向残余应力对正断型疲劳断口具有一定的阻碍作用，应力松弛效应小于周向残余应力。同时从图4.34可以看出，表面残余应力对疲劳寿命的影响显著性大于对单调扭转塑性应变能密度对疲劳寿命的影响，这意味着表面残余应力主要通过影响总塑性应变能的方式改变疲劳寿命，由式（4.17）可知，表面残余应力也会对循环背应力能密度产生间接影响。

从图4.35（b）可以看出，轴向残余应力 $\sigma_{y\ \text{res}}^{2.5}$ 对疲劳寿命影响最大，因此仅通过研究表面残余应力对疲劳寿命的影响存在不足，因为这忽略了残余应力的层深效应，不同深度的相同残余应力对疲劳寿命具有不同的影响，进而使残余应力 $\sigma_{y\ \text{res}}^{2.5}$ 对疲劳寿命的影响显著性大于 $\sigma_{y\ \text{res}}$，尤其是经过表面强化后的表面层，其残余应力层深效应、距离表面效应对疲劳寿命的影响。

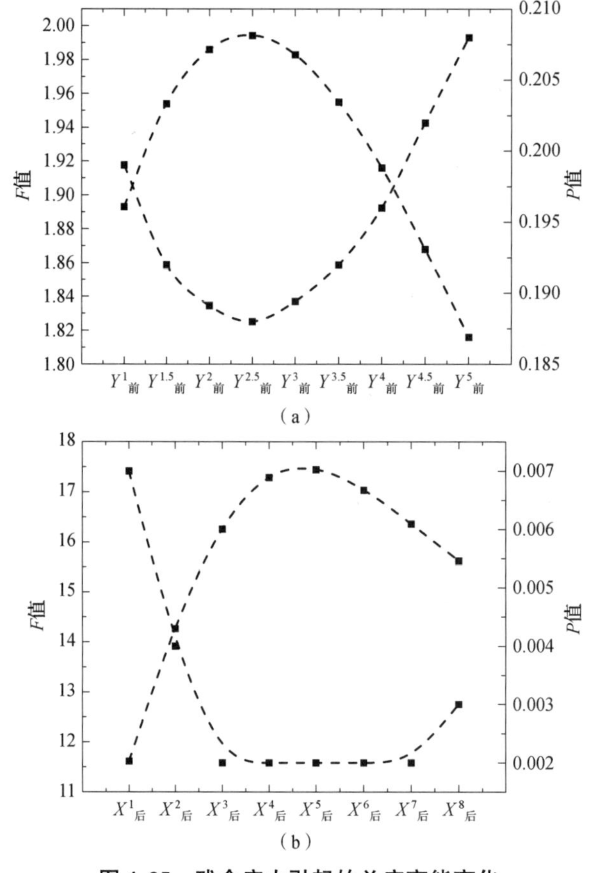

图4.35　残余应力引起的总应变能变化

（a）初始微裂纹尺寸对疲劳寿命的影响；（b）显著性分析

表面层材料微观结构中位错的重排和密度的变化，使材料的总塑性能发生了变化。图 4.36 给出了表面层的残余应力对总背应力能的能量修正系数公式：

$$W'_{res} = \int_0^{h_0} g(h) f(h) \mathrm{d}h \tag{4.26}$$

式中，h_0 为残余应力开始转化时的层深；h 为距离右侧原点的距离，$g(h)$ 为考虑不同深度处的残余应力对疲劳寿命的权重函数；$f(h)$ 为残余应力随深度 h 变化的拟合函数。

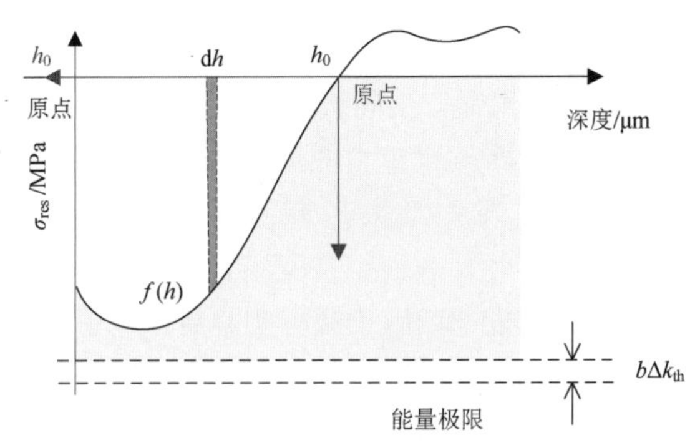

图 4.36　表面残余应力对疲劳寿命和总能量的显著性分析

对于残余应力能修正系数而言，由于 X 射线应力在对不同深度的残余应力进行测量时会产生损伤，试件难以进行后期的疲劳实验，因此常取一根试样表面残余应力随深度分布曲线作为参考。考虑到车削加工工艺后试样的疲劳断裂形式为正断（具体断裂形式将在后续章节中具体介绍），残余应力的测试为 Y 方向。由式（4.26）可得由残余应力引起的不同加工工艺的能量修正值，通过对表面的测量值与测量试样的表面采用以等比例关系的形式取点的方式获得每个试样的残余应力能修正值。

$$W'_{res} = \frac{\sigma_{surf}^{2.5}}{\sigma_{surf,\ conf}^{2.5}} W'_{res,\ conf} \tag{4.27}$$

式中，$\sigma_{surf}^{2.5}$为疲劳实验后试样的表面残余应力；$\sigma_{surf,\ conf}^{2.5}$为表面不同深度处的表面残余应力；$W'_{res,\ conf}$为表面不同深度下残余应力值的能量修正项。考虑到表面层残余应力、层深、权重系数三者的变化，比例能量修正项取 $\sigma_{surf}^{2.5}/\sigma_{surf,\ conf}^{2.5}$。

4.5.3　表面层显微硬度和塑性应变对疲劳寿命的影响

图 4.37 给出了组织特征对疲劳寿命的影响显著性分析。从图 4.37（a），（b）可以看出，不同加工工艺下表面层显微硬度对扭转疲劳寿命的影响显著性水平较低，明显低于表面半高宽对扭转疲劳寿命的影响显著性，其中，半高宽描述了加工表面层彼此晶粒间或晶粒内的不同区域之间变形不均匀的微

观应变程度[171]。疲劳实验前、后引起的0～30 HV范围的表面层显微硬度变化对扭转疲劳寿命影响较小，这与淬火回火处理前的加工表面层显微硬度对疲劳寿命的影响水平保持一致。然而，表面半高宽对疲劳寿命具有更加显著的影响。在扭转疲劳过程中，周向滑移产生了更加明显的塑性应变，因此疲劳实验后的 X 方向半高宽能更很好地反映扭转疲劳行为，P 值为 2.5×10^{-4}，远小于0.05［图4.37（b）］。

从图4.37（a），（b）可以看出，表面冶金特征对循环背应力能密度的影响大于对扭转疲劳寿命的影响，这也说明了表面冶金特征主要影响循环背应力能密度，从而对扭转疲劳寿命产生间接影响。图4.37（c），（d）对比分析了半高宽指数对疲劳寿命和循环背应力能的影响规律，可以看出半高宽指数对循环背应力能的影响呈现先增大后减小的趋势，且当半高宽指数为 $\mathrm{FWHM}_{X,后}^{35}$ 时具有最大的显著性。表面半高宽指数（35）明显大于表面残余应力指数（2.5），这在很大程度上归因于疲劳实验后产生了更深的塑性变形层，内部塑性应变对循环背应力能密度产生更大的影响，半高宽指数显著增大。

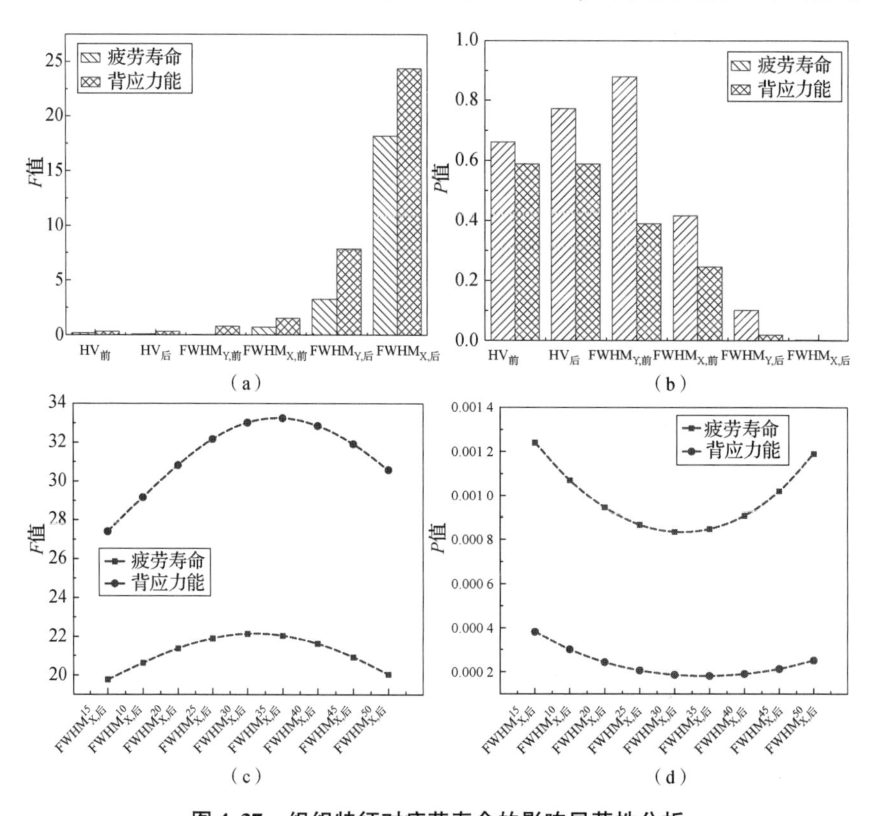

图4.37　组织特征对疲劳寿命的影响显著性分析

（a）表面 F 值分析；（b）表面 P 值分析；（c）层深影响系数 F 值分析；（d）层深影响系数 P 值分析

4.6　加工表面特征对疲劳断裂类型的影响

加工工艺引起的不同表面完整性对疲劳寿命产生很大的影响。对于轴类零件，在纯扭转条件下，疲劳断裂特征主要分为 3 种：正断型（断口面与轴向成 45°，NTFM）、横向剪切型（断口面与轴线垂直，TSFM）和纵向剪切型（断口面与轴线平行，LSFM）。图 4.38 所示为不同加工工艺扭转疲劳实验后的疲劳断口，主要为横向剪切型和正断型两种。其中，N11 呈现了横向、纵向和正断的三综合断裂型，N1、N6、N8、N9、N10、N15、N16 呈现了横断和正断双综合断裂型，N2、N3、N4、N5、N7、N12、N13、N14 呈现了典型的单一的横向剪切型。

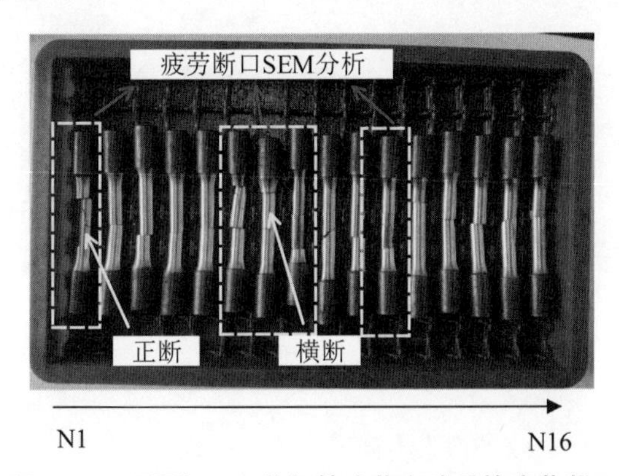

图 4.38　不同加工工艺扭转疲劳实验后的疲劳断口

图 4.39 和图 4.40 所示分别为 N7 工艺下的扭转疲劳裂纹侧表面和断口形貌，可以看出典型的横向剪切断口。疲劳裂纹萌生于图 4.39 中的 A2 区域处，由于扭转过程中的剪切滑移，断口形貌（图 4.40 中的 A3 区域）呈现肉眼可见的暗黑区域，靠近裂纹萌生的断口处可以看到明显的磁性粉末，疲劳裂纹在表面加工车痕的波谷处萌生（图 4.39 中的 A2 区域），且较大的波谷宽度使裂纹更易沿着周向扩展，呈现规则的剪切滑移开裂。

从图 4.40 中的 A4、A5 区域可以看出，初始裂纹沿着周向产生了更加明显的剪切滑移痕，磁性粉末消失。沿着径向扩展方向，在裂纹扩展区与瞬断区的过渡区域（A5），可以看到断口形貌逐渐由明显的剪切滑移痕转变为一定撕裂方向的韧窝型扩展划痕，形成一个围绕图 4.40 中 A6 区域的多层规则的环形扩展剪切痕，最后瞬断发生在 A6 区域。需要注意的是，瞬断并不发生在试样的正中心处，而是在试件边缘处。加工过程中的轴向进给使波谷与轴向呈现一定的角度，对周向扩展断裂具有一定的阻碍作用，表面裂纹扩展如图 4.39（d）

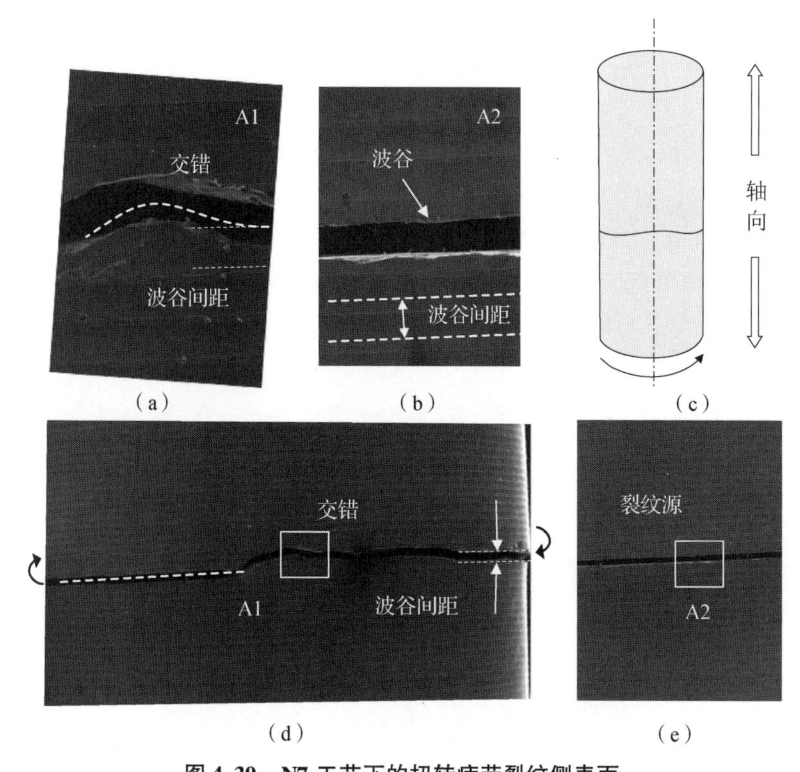

(a) (b) (c)

(d) (e)

图 4.39 N7 工艺下的扭转疲劳裂纹侧表面

(a) 瞬断区裂纹;(b) 裂纹源表面;(c) 裂纹扩展过程简图;

(d) 瞬断区裂纹扩展过程;(e) 裂纹源表面

所示，表面裂纹扩展 360°，轴向表面裂纹间距为一个波谷，最后的扭转剪切断裂通过交错连接的方式完成，从图 4.39 中的 A1 区域可以看出明显的交错线。在图 4.40 中 A6 区域的断口形貌上，可以看出明显的交错扩展纹，由于位于瞬断区，扩展纹间距较大，最后的瞬断区呈现典型的韧窝型特征。

图 4.41 和图 4.42 所示分别为 N1 工艺下的扭转疲劳裂纹侧表面和疲劳断口形貌，其属于典型的横断与正断相结合的综合型断口。图 4.41 中 A1 和 A2 为表面裂纹 SEM 局部放大图。扭转疲劳裂纹萌生于侧表面的 A1 处，在疲劳断口处（图 4.42 中的 A3 区域）产生肉眼可见的黑色区域，初始裂纹在扭转载荷的作用下，沿着剪切滑移方向（周向）扩展（图 4.42 中的 A3 区域），扩展断口截面较为平整，在循环载荷的作用下，周向裂纹沿着波谷扩展，小的进给量使波谷间距变小，剪切滑移裂纹受阻变小，因此裂纹跨越了多个波谷。较大的轴向区域扩展使正应力产生的应力集中占主导地位，周向裂纹扩展受阻。

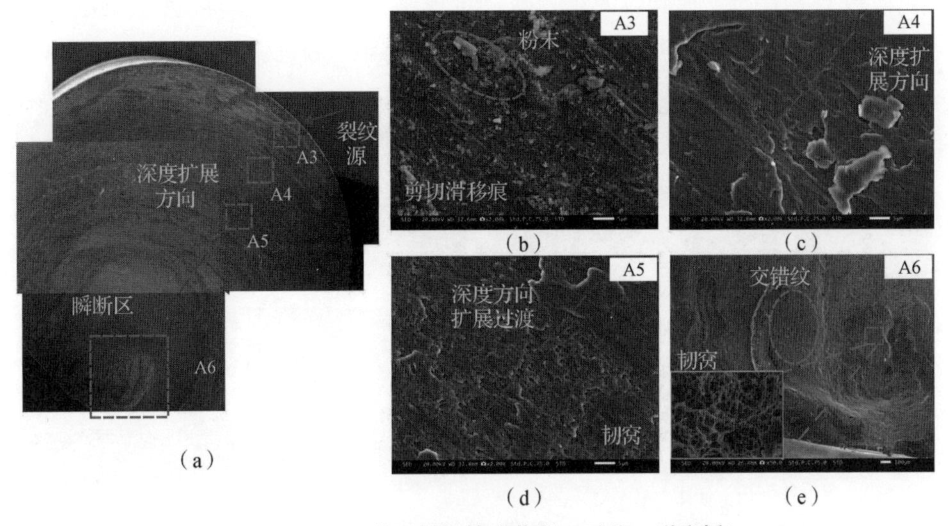

图 4.40　N7 工艺下的扭转疲劳断口形貌（附彩插）

（a）扭转疲劳断口形貌；（b）靠近裂纹扩展区；（c）远离裂纹源 A4 区域；

（d）扩展区与瞬断区的过渡区域；（e）瞬断区

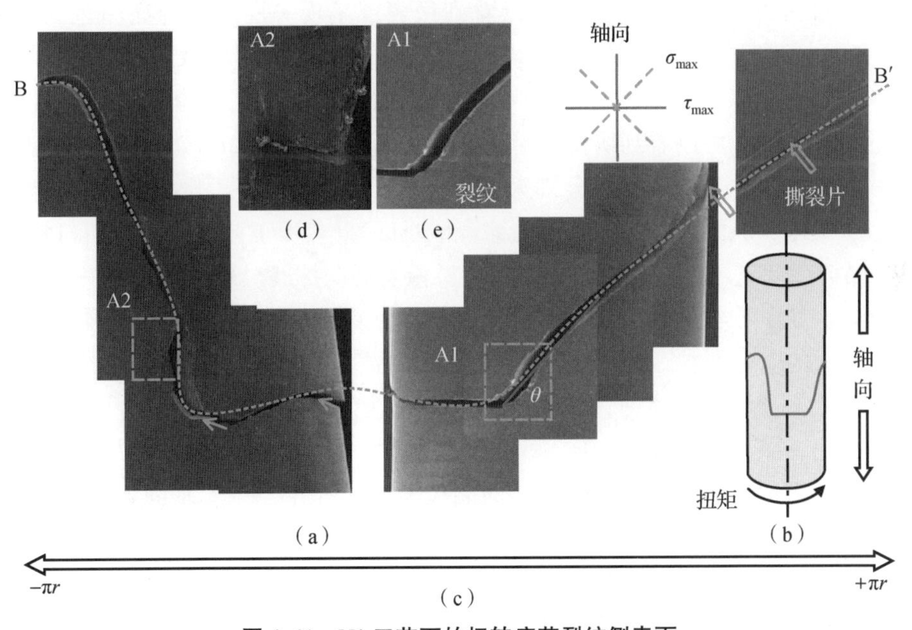

图 4.41　N1 工艺下的扭转疲劳裂纹侧表面

（a）疲劳裂纹表面扩展过程；（b）裂纹扩展过程简图；

（c）周向范围条；（d）A2 区域放大图；（e）A1 区域放大图

从图 4.42 中的 A4 区域可以看出，周向滑移痕消失，出现了径向滑移痕，裂纹向深度方向扩展。随着应力集中的逐渐增加，外表面裂纹倾斜扩展，最后在 A2 区域产生二次裂纹萌生，断口呈现典型的正断型，在 A5 区域处可以看到明显的亮白色，这归因于长时间的剪切滑移难以通过引起的位错滑移堆积。

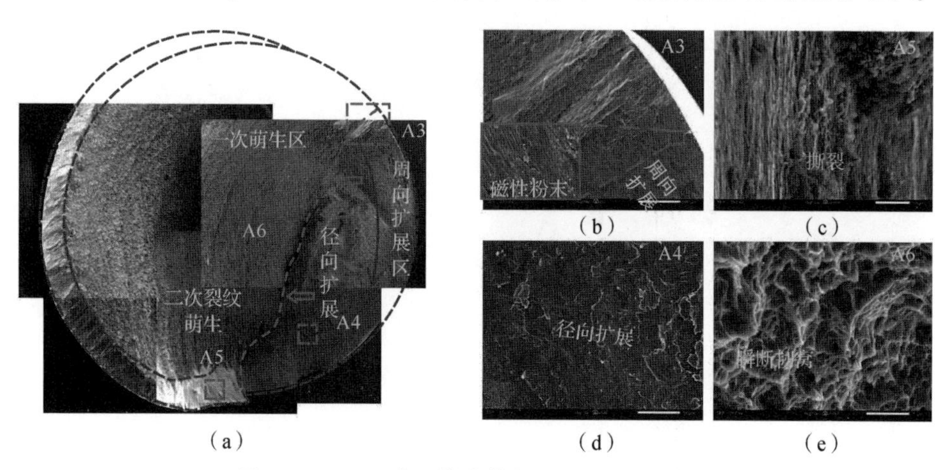

图 4.42　N1 工艺下的疲劳断口形貌（附彩插）

(a) 疲劳断口形貌；(b) 裂纹源 A3 区域；(c) 裂纹源 A4 区域；(d) 径向扩展区；(e) 瞬断区

在最后的正断型断口处，可以看到最表层呈现一层细长的亮白色区域，比 A5 区域稍暗，且厚度从 A2→B'逐渐减小直至厚度稳定在 A1→B'，同时在 A1→B'区域处产生了锋利的瞬间撕裂片（图 4.41 右侧）。瞬断区内部呈现典型的瞬断特征，可以看到明显的瞬断韧窝（图 4.42 中的 A6 区域）。

图 4.43 和图 4.44 所示分别为 N11 工艺下的扭转疲劳裂纹侧表面和断口形貌，其属于纵断与正断相结合的综合型断口。与 N1 工艺下的疲劳断口特征不同，N11 工艺下的初始裂纹始于纵向并沿着周向扩展，最后转化为正断型疲劳断口。如图 4.43 中的 A1 区域所示，纵向裂纹扩展到一定长度时，裂纹尖端存在较大的应力集中，使裂纹沿着蓝色箭头扩展，继而分叉成两条次裂纹。

其中一条轴向裂纹［图 4.43（d）中的红色箭头］沿 A1D1 方向继续扩展，而另一条周向裂纹 A1C1［图 4.43（d）中的黄色箭头］在与横截面方向呈一定角度的平面内扩展。由于径向晶粒梯度的存在[43,44]，轴向裂纹向内扩展的速率降低，直至为零，而横向裂纹继续扩展。当横向裂纹扩展到一定深度时，从图 4.44 中的 A2 区域可以看出沿着深度的裂纹扩展痕，但未发现周向滑移扩展痕，属于典型的正断型。裂纹扩展到图 4.44 中 C1 区域处，再次发生正断型断口，裂纹扩展曲线 A1→C1→B1→G1→D1 和 D1→G1′→B1 发生交错重合，在 D1→G1′处，可以看出两侧正断交汇处由于断面的不同而产生的撕裂片，这与文献［42，45］中报告的扭转疲劳断裂行为一致。如图 4.44 所示，在 A1→C1 处的红色虚线表面层，可以看出明显的光亮区域，这说明正

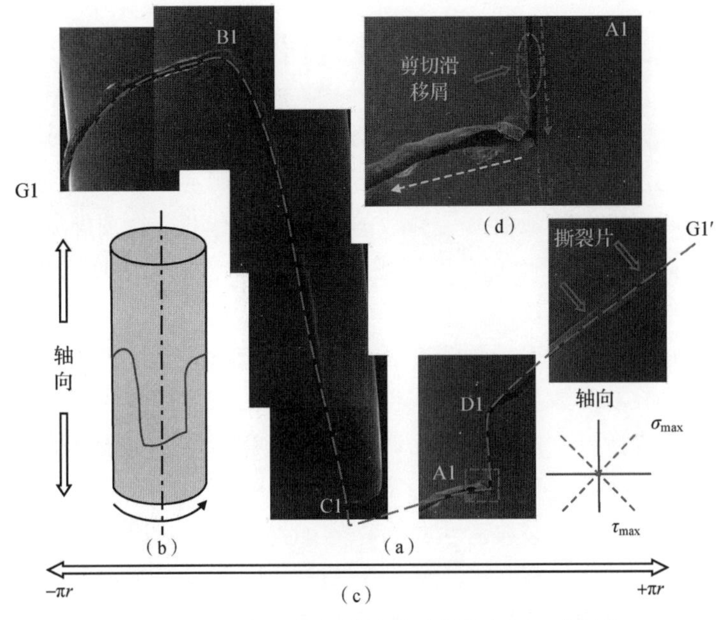

图 4.43　N11 工艺下的扭转疲劳裂纹侧表面（附彩插）

（a）疲劳裂纹表面扩展过程；（b）裂纹扩展过程简图；（c）周向范围条；（d）裂纹源

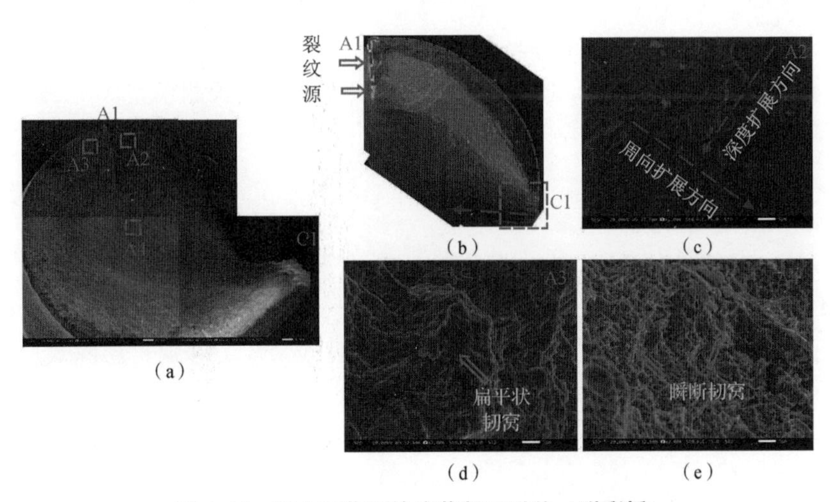

图 4.44　N11 工艺下的疲劳断口形貌（附彩插）

（a）疲劳断口形貌；（b）横向裂纹源 A3 区；（c）横向扩展 A4 区域；

（d）靠近裂纹源 A3 区；（e）瞬断区

断过程经过了长时间的裂纹扩展，正断型断口寿命显著长于横向与纵向断口寿命，在靠近正断型断口表面的 A3 区域可以看出典型的扁平状韧窝，中心处的瞬断区呈现松散韧窝。

4.7 硬车加工表面完整性与扭转疲劳行为映射模型

建立淬火回火表面层的超高强度钢加工表面完整性与扭转疲劳行为之间的映射模型不但有助于合理地进行疲劳寿命的预测与评估，以便及时进行设备检修、及时更换零件从而避免事故的发生，也有助于发现抑制疲劳裂纹萌生、扩展的办法，延长超高强度钢零部件的寿命，最大限度地发挥其性能，产生更大的经济和社会效益。

基于能量法的疲劳寿命预测在公式上满足以下关系：循环稳定的能量参数与疲劳寿命在双对数坐标下呈线性关系。加工工艺产生的表面完整性对循环稳定的能量参数产生影响，进而影响了扭转疲劳寿命。通过前面章节的分析可知，加工表面几何参数（R_a/R_{sm}）对疲劳寿命的影响最为显著，由于$\sigma_{Y,前}$对疲劳裂纹第二次裂纹萌生具有一定的抑制作用，因此对疲劳寿命存在一定的积极影响。半高宽（$\mathrm{FWHM}_{X,前}$）对整个过程循环迟滞回线的影响大于其对疲劳寿命的影响，这主要由于半高宽更多地影响了单周循环背应力能密度。在疲劳实验过程中，由于循环载荷的作用，应力逐渐释放，疲劳实验后的力学特征参数（$\tau_{X,后}$）反映了第一阶段裂纹萌生阈值，疲劳实验后半高宽（$\mathrm{FWHM}_{X,后}$）反映了最终的循环迟滞回线特征，对疲劳寿命的影响最为显著。

将几何－力学－冶金的多特征修正项代入能量法预测模型，得到疲劳实验后修正模型如下：

$$\mathrm{FWHM}_{X,后}N_f^{-\beta} = W_f'\left(1 + A\frac{R_a}{R_{sm}} + B\sigma_{X,后}\right) \tag{4.28}$$

式中，W_f' 为总背应力能；A 为几何特征修正常数；B 为力学特征修正常数；$\mathrm{FWHM}_{X,后}$为疲劳实验后的扭转表面半高宽；R_{sm}为轮廓微观不平度间距；$\sigma_{X,后}$为疲劳实验后周向表面残余应力，疲劳实验后残余应力释放，层深效应和表层效应减小，$\sigma_{X,后}$未添加指数项。

在实际工程中，在疲劳实验后进行加工表面完整性与疲劳寿命预测可以正确地理解扭转疲劳断裂机制。然而，在工程中更需要在疲劳实验前进行寿命预测，因为这更符合真实的服役条件，从而避免事故的发生。将几何－力学－冶金的多特征修正项代入能量法预测模型，得到的疲劳实验前修正模型如下：

$$\mathrm{FWHM}_{X,前}N_f^{-\beta} = W_f'\left(1 + A\frac{R_a}{R_{sm}} + B\sigma_{Y,前}^{2.5}\right) \tag{4.29}$$

表4.4列出了各个疲劳寿命预测模型计算需要的参数。为了验证提出的疲劳实验后考虑表面完整性的能量法预测模型（模型Ⅱ）和疲劳实验后考虑

表面完整性的半高宽法预测模型（模型Ⅲ）的精度，将疲劳实验前考虑表面完整性的能量法预测模型（模型Ⅳ）与经典的基于半寿命法的循环背应力能密度法预测模型（模型Ⅰ）进行对比。

表 4.4　超高强度钢扭转疲劳寿命预测模型参数

	寿命预测模型	W_f'	β	A	B
疲劳实验后	考虑表面完整性的半高宽法	1.226E+01	−1.114E−01	1.867	2.396E−04
	考虑表面完整性的背应力法	9.843E−03	5.279E−01	−0.804	−8.434E−04
疲劳实验前	考虑表面完整性的半高宽法	2.683E+00	1.374E−10	3.888E−09	−3.265E−18

图 4.45 显示了疲劳实验后的预测模型Ⅱ、Ⅲ与Ⅰ的结果对比。可以看出预测模型Ⅱ、Ⅲ的最大分散带（误差带）均呈现缩小的趋势。其中，预测模型Ⅱ的最大分散带为 1.17 倍，较预测模型Ⅰ缩小了 4%，扭转疲劳寿命最大误差从 79.0% 提高至 85.1%。预测模型Ⅲ的最大分散带为 1.04 倍，较预测模型Ⅰ缩小了 17%，扭转疲劳寿命最大误差从 79.0% 提高至 95.7%。可以看出，半高宽预测模型使寿命预测数据简单化，精度得到显著提高，简化了烦琐的能量法计算过程。前续章节提出的考虑表面完整性的能量法模型具有最高的疲劳寿命预测精度，对研究加工工艺表面完整性与扭转疲劳断裂机制及两者的映射关系具有重要意义。

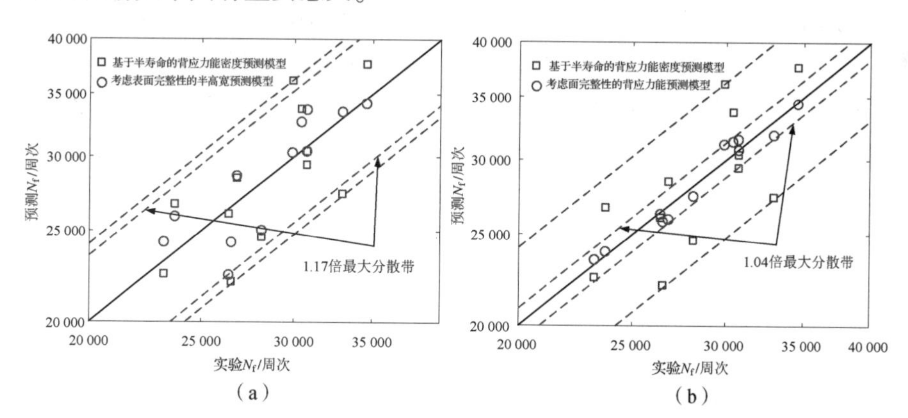

图 4.45　疲劳实验后超高强度钢扭转疲劳寿命预测模型对比

（a）考虑表面完整性的半高宽法预测模型对比；（b）考虑表面完整性的能量法预测模型对比

图 4.46 显示了疲劳实验前的预测模型Ⅳ与疲劳实验后的预测模型Ⅰ的结果对比。考虑到在疲劳实验前进行预测时，疲劳实验后的循环迟滞回线难以获得的问题，将循环背应力能密度定为固定值。可以看出，疲劳实验前不考

虑背应力能密度的方法其预测精度随着疲劳寿命的延长呈先提高后降低的态势（蓝色分散带），忽略加工表面完整性的疲劳实验后预测模型Ⅰ的最大分散带缩小了4%。相对考虑背应力能密度的预测模型Ⅰ，疲劳实验前预测模型Ⅳ的平均分散带为1.06倍，扭转疲劳寿命最大误差从90.4%提高至93.9%，疲劳寿命预测精度得到提高。疲劳实验前预测模型Ⅳ克服了疲劳断裂后无法实时统计从而导致单周次循环能量密度预测模型失效的缺点，并且误差分散带从3.30倍降到了1.41倍。

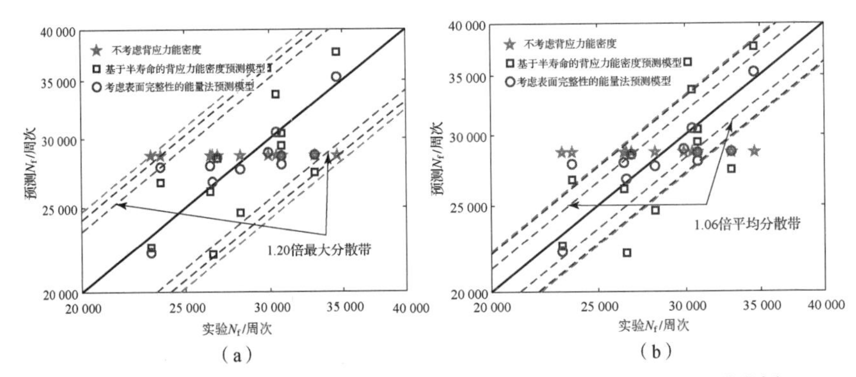

图4.46 疲劳实验前超高强度钢扭转疲劳寿命预测模型对比（附彩插）

（a）考虑表面完整性的能量法最大误差带分析；（b）考虑表面完整性的能量法平均误差带对比

表4.5所示为疲劳实验前与疲劳实验后预测模型Ⅰ、Ⅱ、Ⅲ和Ⅳ的参数。疲劳寿命平均预测精度分别为90.4%、93.6%、97.9%、93.9%。考虑加工表面完整性的半高宽法预测模型Ⅱ使疲劳寿命预测数据简单化，精度得到显著提高，简化了能量法烦琐的计算过程。考虑加工表面完整性的能量法预测模型Ⅲ具有最高的疲劳寿命预测精度，对研究加工工艺表面完整性与扭转疲劳断裂机制及它们的映射关系具有重要意义。

表4.5 扭转疲劳寿命预测模型参数

加工工艺		实验寿命 N_f /周次	模型Ⅰ		模型Ⅱ		模型Ⅲ		模型Ⅳ	
			预测寿命	预测精度	预测寿命	预测精度	预测寿命	预测精度	预测寿命	预测精度
转速 v_c /(m·min^{-1})	50	23 699	26 722	0.872	25 913	0.907	23 977	0.988	28 396	0.802
	60	28 147	24 664	0.876	25 047	0.890	27 473	0.976	28 268	0.996
	70	32 983	27 414	0.831	33 487	0.985	31 893	0.967	29 309	0.889
	80	29 890	36 172	0.790	30 299	0.986	31 172	0.957	29 518	0.988

续表

加工工艺		实验寿命 N_f /周次	模型Ⅰ		模型Ⅱ		模型Ⅲ		模型Ⅳ	
			预测寿命	预测精度	预测寿命	预测精度	预测寿命	预测精度	预测寿命	预测精度
切深 a_p /mm	0. 09	26 395	26 082	0. 988	22 449	0. 851	26 292	0. 996	28 487	0. 921
	0. 18	30 750	29 438	0. 957	30 406	0. 989	31 550	0. 974	29 229	0. 951
	0. 24	26 810	28 471	0. 938	28 624	0. 932	25 965	0. 968	29 140	0. 913
	0. 36	30 764	30 411	0. 989	33 654	0. 906	30 751	1. 000	28 621	0. 930
进给量 f/(mm · r^{-1})	0. 09	34 582	37 675	0. 911	34 184	0. 988	34 443	0. 996	36 023	0. 958
	0. 12	30 413	33 730	0. 891	32 658	0. 926	31 386	0. 968	31 146	0. 976
	0. 15	26 526	22 094	0. 833	24 325	0. 917	25 814	0. 973	27 329	0. 970
	0. 18	23 198	22 510	0. 970	24 337	0. 951	23 501	0. 987	22 648	0. 976
平均精度				0. 904		0. 936		0. 979		0. 939

疲劳实验前考虑表面完整性的能量法预测模型Ⅳ克服了疲劳断裂后无法实时统计从而导致单周次循环能量密度预测模型失效的缺点，提高了能量法在不同加工表面层特征的适用性。在半高宽相等的情况下，当疲劳实验前的车削加工表面形貌特征与力学特征参数满足式（4. 30）时，具有相同的疲劳寿命，提供了一种面向服役性能的加工表面完整性评价方法。

$$\frac{R_a}{R_{sm}} = -\frac{B}{A}\sigma_{Y,前}^{2.5} \tag{4.30}$$

由表 4. 4 可知：

$$R_a = 8.42 \times 10 - 10\sigma_{Y,前}^{2.5} R_{sm} \tag{4.31}$$

4. 8　本章小结

本章针对淬火回火表面层的后续硬车代磨加工，通过 16 组硬车正交实验，阐明了硬车加工表面层特征对循环单周次背应力能密度和总背应力能的关系，确定了影响扭转疲劳性能的硬车加工表面特征主因子，建立了硬车加工表面完整性特征与扭转疲劳行为的半高宽法映射模型，进而为抗疲劳制造的加工工艺的合理选择提供依据。本章研究的主要结论如下。

（1）加工表面完整性通过循环扭转特征对疲劳寿命产生影响，单调扭转特征对疲劳寿命的影响很小，表面残余压应力和表面粗糙度主要通过改变总循环背应力能的方式影响疲劳寿命，而表面层显微硬度和半高宽主要通过改变循环单周次背应力能密度的方式间接影响疲劳寿命，显微硬度的影响程度最低。

（2）车削加工表面特征通过表面粗糙度参数 R_a/R_{sm} 对疲劳寿命产生影响，随着加工表面粗糙度参数 R_a/R_{sm} 的增大，疲劳断口特征从正断型向横断型演变，疲劳寿命显著缩短；周向残余应力增大了初始疲劳裂纹周向扩展阻力，使扭转疲劳裂纹断口呈现从横断型向正断型的演变，且在演变过程中，轴向残余应力 $\boldsymbol{\sigma}_{\mathrm{Y,前}}$ 阻止了第二阶段的裂纹扩展，疲劳寿命显著延长。由于循环载荷的作用，应力逐渐释放，疲劳实验后力学特征参数（$\boldsymbol{\sigma}_{\mathrm{X,后}}$）反映了疲劳裂纹第一阶段萌生的阈值，疲劳实验后半高宽 $\mathrm{FWHM}_{\mathrm{X,后}}$ 反映了最终的疲劳断裂特征，对疲劳寿命的影响最为显著。

（3）针对疲劳实验后车削加工表面完整性特征参数，提出了考虑加工表面完整性的半高宽法预测模型，相对于传统半寿命背应力法预测模型，该预测模型精度高，数据简单，避免了单周次循环背应力能密度的烦琐计算过程，更加有助于正确理解扭转疲劳断裂机制。针对疲劳实验前车削加工表面完整性特征参数所提出的考虑加工表面完整性的半高宽法预测模型，克服了疲劳实验前背应力法预测疲劳寿命的失效性。相对于疲劳实验后背应力法预测模型，疲劳实验前半高宽法预测模型的精度从 90.4% 提高至 93.9%，预测精度高，且可以在疲劳实验前进行预测，实现了面向扭转疲劳性能的加工表面完整性评价。

第5章

面向抗扭转疲劳性能的关键工序评价与优化

5.1 引言

在超高强度钢扭力轴制造工艺过程中，为了获得较低的表面形貌而采用磨削工序对淬火回火后表面层进行加工。从扭力轴抗疲劳制造出发，淬火回火表面层的后续精密加工究竟选择高效率的硬车工序还是表面粗糙度较低的磨削工序值得思考，同时考虑到扭力轴在实际服役环境中承受到不同扭转应变载荷的作用，优化的关键工序随着扭转应变的增大，以及经过后续的超声滚压强化后，是否仍能保持最优的疲劳寿命，对超高强度钢扭力轴的高效高性能加工制造具有重要意义。

本章针对粗车+湿式半精车+淬火回火表面层的后续关键工序，设计了两组表面完整性特征最优/最差的精车和粗车工序、两组表面完整性最优/最差的精磨和粗磨工序、一组先精车后精磨工序，通过循环位错能法和不同扭转应变疲劳实验相结合，分析了不同扭转应变的车削和磨削工序的 Coffin - Manson 关系、Masing 特性、残余应力能和位错能变化，获得了同时考虑车削和磨削加工表面完整性的位错能法不同扭转应变的疲劳寿命预测模型，该预测模型具有更大的适用性，进而实现面向疲劳服役性能的精密车削和磨削加工表面完整性评价，最后通过与淬火回火表面层+精磨+超声滚压强化多工序进行对比，验证了优化的淬火回火表面层+精车+超声滚压强化多工序的抗疲劳制造可行性。

5.2 淬火回火表面层+关键工序

首先确定每组工艺最终加工尺寸和加工前的双边余量分别为 12.5 mm 和 0.72 mm。根据16组车削正交实验设计了两组最优最差扭转疲劳寿命的车削加工参数，其中一组为最优工艺（精车，简称 FT）参数组合，另一组为最差工艺（粗车，简称 RT）参数组合，具体车削工序切削参数见表 5.1。

表 5.1　车削工序切削参数

车削工序	转速 v_c/(m · min^{-1})	切深 a_p/mm	进给量 f/(mm · r^{-1})
精车	70	0.36	0.09
粗车	50	0.09	0.18

添加两组磨削工序，其中一组为最优参数下的磨削工序，以便对设计的加工工序进行评价，磨削工序切削参数见表 5.2。结合扭力轴实际生产工序，选择砂轮转速为 25 m/s（固定值）。在粗磨工序（RG）过程中，加工余量为 0.72 mm，单次磨削吃刀量为 0.05 mm 和 0.01 mm，进给量为 450 mm/min。在实际磨削工序过程中，为了提高生产效率，进给速度远远大于 450 mm/min，进而导致磨削表面产生残余拉应力。

在精磨加工（FG）过程中，采用第一阶段（粗磨加工余量 0.54 mm）+第二阶段（精磨加工余量 0.18 mm）相结合的磨削方式。在相同的砂轮转速下，磨削吃刀量和进给速度均采用较小值，这是因为较小的进给速度使径向挤光作用更加显著，更易产生残余压应力。在实验过程中，引入一组车磨相结合的加工工序（FF），此工艺加工过程中第一阶段的 0.54 mm 加工余量由最优车削工序（FT）完成，第二阶段的 0.18 mm 加工余量由精磨工序（FG）完成。

表 5.2　磨削工序切削参数

磨削工序	工件转速 n/(r · min^{-1})	吃刀量 a_p/mm	进给速度 f/(mm · min^{-1})
精磨	120	0.01	100
粗磨	210	0.05	450

为了研究关键工序在不同扭转应变下的疲劳寿命和循环特征，同时设计了 6 个应变幅的扭转疲劳实验，弹塑性应变幅依次为 0.029 6、0.033 3、0.037 0、0.040 7、0.044 4、0.051 8，对应的本书中扭转疲劳试样扭转最大角分别为 16°、18°、20°、22°、24°和 28°。应变控制的低周疲劳实验参照标准 GB/T 12443—2017《金属材料——扭矩控制疲劳实验方法》执行。应变比为 0 的单向扭转载荷均在室温环境下进行。应变控制的波形为三角波，应变速率为固定值 0.005 s^{-1}。

5.3　车削与磨削加工表面完整性对比分析

5.3.1　加工表面形貌

淬火回火表面层＋关键工序的表面三维形貌如图5.1所示。从图5.1可以看出，相对于精车工序［图5.1（a）］，精磨工序表面形貌［图5.1（b）］较为平整，表面粗糙度 R_a（0.86 μm）低于精车工序表面粗糙度 R_a（1.05 μm），见表5.3。在粗车过程中，较大的进给量使表面出现较大的波峰和波谷［图5.1（c）］，表面粗糙度各参数均呈现增大的趋势。其中表面粗糙度 R_a 为2.72 μm，很显然不满足扭力轴实际生产工艺要求中的表面粗糙度 R_a（1.6 μm）。另外，精车＋精磨工序（FF）后的表面形貌和精磨工序表面形貌并无明显差别，R_a 为0.85 μm。从表面粗糙度的角度出发可以看出，精磨（FG）＞精车磨（FF）＞粗磨（RG）＞精车（FF）＞粗车（RR），这也是扭力轴实际生产过程中采用的工艺选择，以获得较为光洁的表面形貌来实现抗疲劳制造。然而精磨工序在表面粗糙度 R_a（0.86 μm）显著低于粗车工序表面粗糙度 R_a（2.72 μm）和精车工序表面粗糙度 R_a（1.05 μm）的条件下，是否同样具有较高的疲劳性能还需要做进一步的扭转疲劳实验。

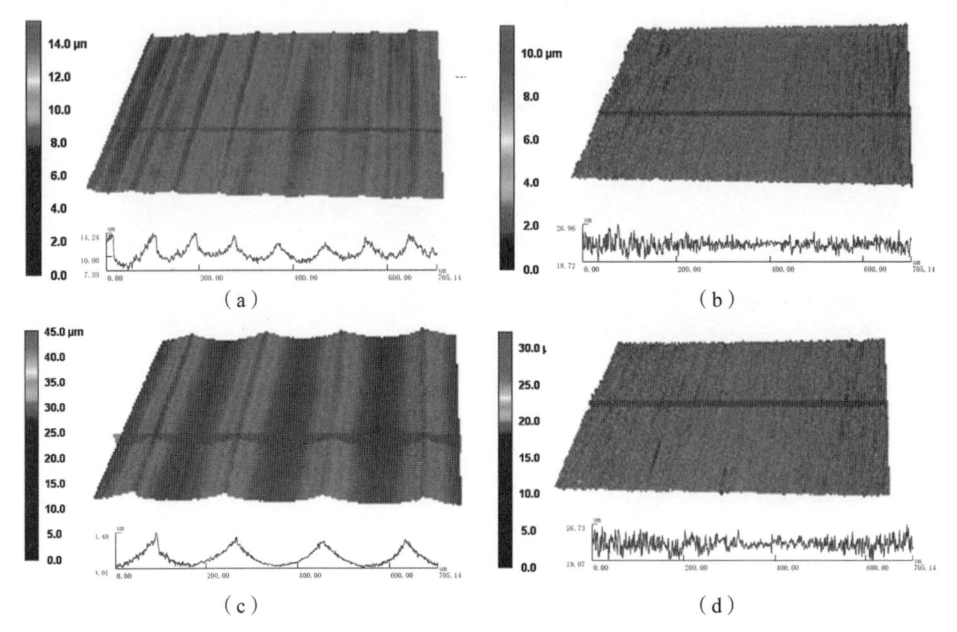

图5.1　淬火回火表面层＋关键工序的表面三维形貌

（a）精车工序（FT）；（b）精磨工序（FG）；（c）粗车工序（RT）；（d）粗磨工序（RG）

表 5.3　车削与磨削加工工序表面几何特征参数　μm

工序	R_a	R_q	R_y	R_z	R_p	R_v	R_{sm}	R_{sk}	R_{ku}
精车	1.05	1.33	15.46	8.63	4.84	10.62	95.12	0.70	3.13
精磨	0.86	1.12	11.37	10.06	6.19	5.18	153.02	0.04	3.65
粗车	2.72	3.26	45.36	19.15	12.76	32.6	186.11	0.81	2.75
粗磨	0.94	1.21	32.36	16.32	9.82	22.54	123.52	-0.04	4.02
精车+精磨	0.85	1.1	30.31	15.72	11.02	19.29	128.67	0.09	3.93

5.3.2　加工表面层特征

图 5.2 给出了淬火回火表面层经过精车工序和精磨工序后的晶粒尺寸 TEM 和 EBSD 表征。从图 5.2（a）~（c）可以看出，精磨工序产生的晶粒细化层为 0.2 μm，而精车工序产生的晶粒细化层提高了 5.5 倍，达到了 1.3 μm，这与淬火前加工表面层的车磨工序研究结果吻合。由于车削工序产生了较大的晶粒细化层，显微硬度随着表面层深度的增加而提高的，导致基体内部抵抗力增大，造成过渡区域出现较大的塑性变形，使淬火后梯度分布表面层更加适合车削工序。

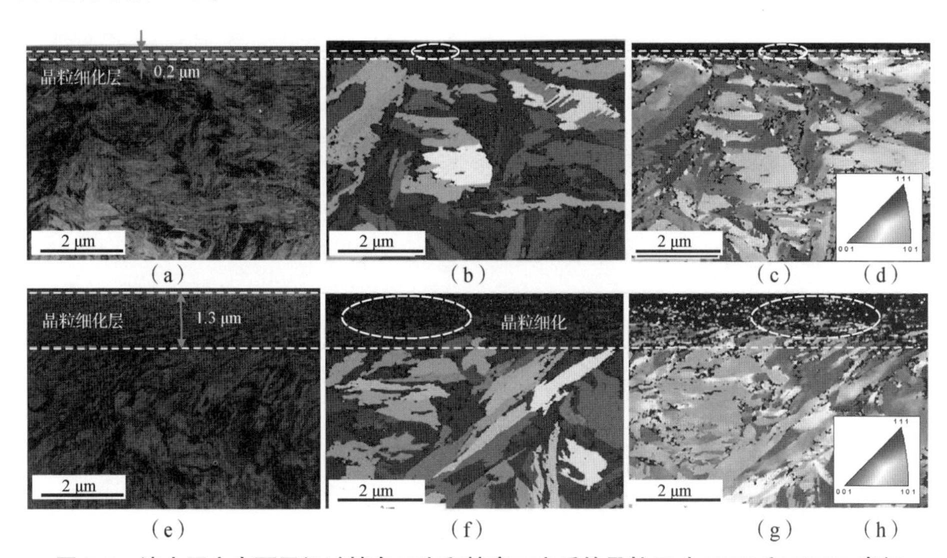

图 5.2　淬火回火表面层经过精车工序和精磨工序后的晶粒尺寸 TEM 和 EBSD 表征

（a）精磨工序表面层 TEM 图；（b）精磨工序表面层晶粒尺寸分布；
（c）精磨工序表面层晶粒取向分布；（d）IPF；（e）精车工序表面层 TEM 图；
（f）精车工序表面层晶粒尺寸分布；（g）精车工序表面层晶粒取向分布；（h）IPF

精车和精磨工序后的表面层晶粒取向差如图 5.3（a），（c）所示，可以看出精车后表面层不仅具有较大的晶粒细化层，在晶粒细化层以下还具有较大的晶粒取向差（0.76°），大于磨削工序后表面层的晶粒取向差（0.712°）。由于晶粒取向差增加，塑性应变能增加，这会使精车工序表面层产生很大的塑性应变（0.717°）。

0.56 μm
位错取向差
Min
Max
0 μm
5 μm
KAM$_{ave}$，0.712°
塑性应变
Min
Max
0 μm
32.7 μm
GROD$_{ave}$，0.668°
(a)
(b)
2.1 μm
位错取向差
Min
Max
0 μm
5 μm
KAM$_{ave}$，0.76°
塑性应变
Min
Max
0 μm
32.7 μm
GROD$_{ave}$，0.717°
(c)
(d)

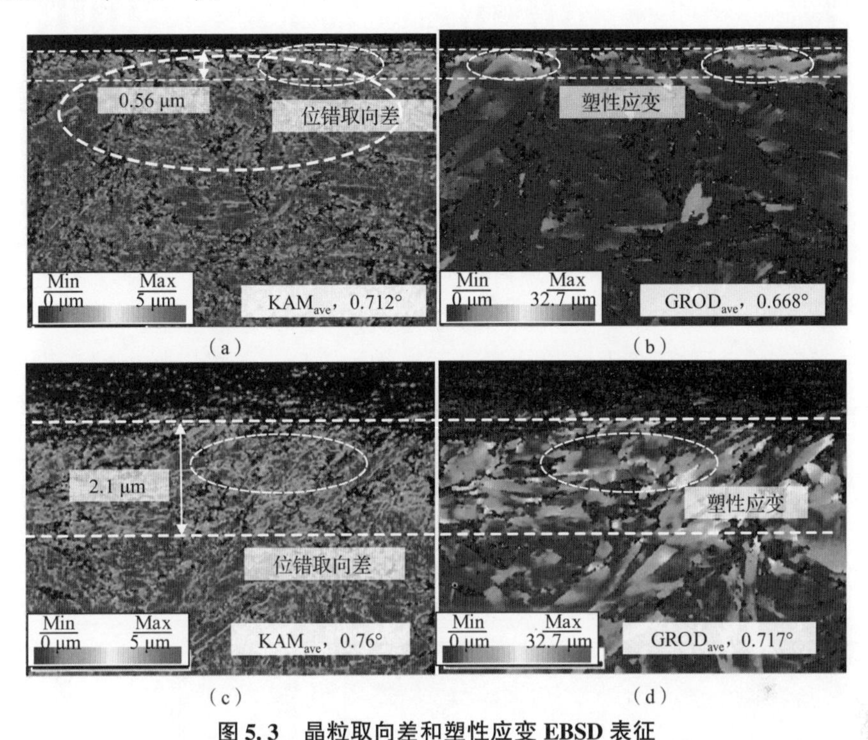

图 5.3　晶粒取向差和塑性应变 EBSD 表征

（a），（c）精磨工序表面层晶粒取向差图；（b），（d）精磨工序表面层塑性应变图

几何必须位错密度表征如图 5.4 所示。

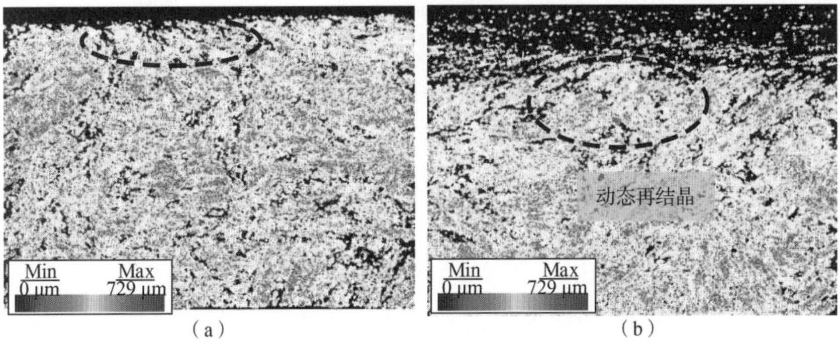

Min
Max
0 μm
729 μm
动态再结晶
Min
Max
0 μm
729 μm
(a)
(b)

图 5.4　几何必须位错密度表征

（a），（b）精磨工序几何必须位错密度分布云图；（c），（d）精磨工序几何必须位错密度分布百分比

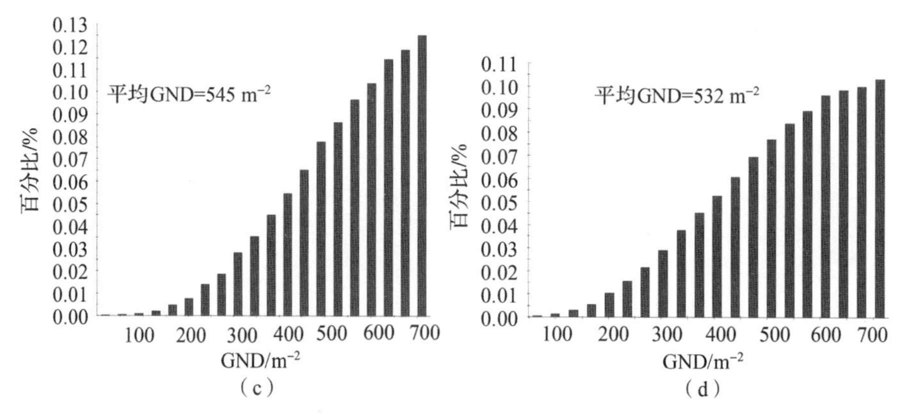

图5.4 几何必须位错密度表征（续）

(a)，(b) 精磨工序几何必须位错密度分布云图；(c)，(d) 精磨工序几何必须位错密度分布百分比

图5.5所示为精车工序与精磨工序泰勒因子分布。可以看出精车工序表面层存在一定的择优取向，最大纹理密度为6.3，大于精磨工序的最大纹理密度（3.3），且{100}面平行于轴向，{110}面倾向于［101］方向择优，滑移方向呈现周向择优取向分布，使扭转载荷下的泰勒因子显著增大，如图5.5（c）右下角所示。在轴向载荷下，精车工序并未产生大的泰勒因子，轴向择优取向变弱［图5.5（d）］。

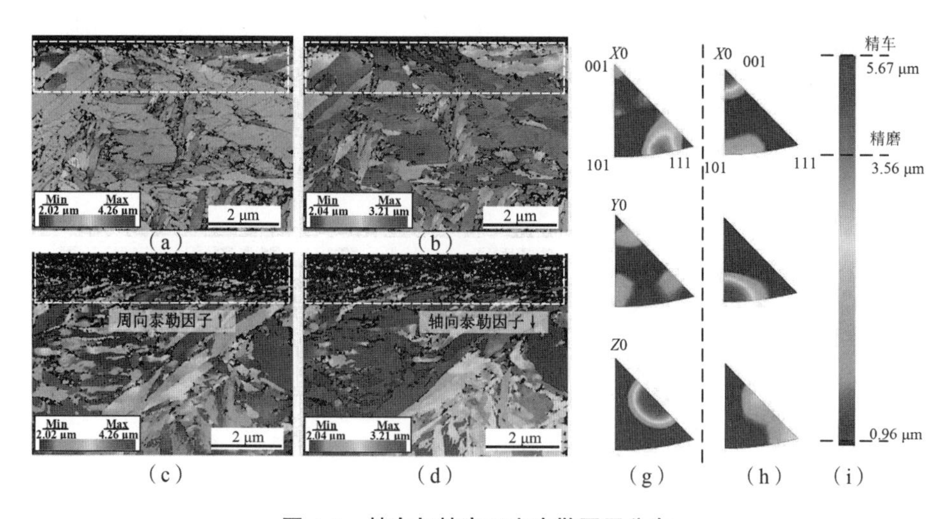

图5.5 精车与精磨工序泰勒因子分布

(a)，(c) 精磨工序扭转载荷泰勒因子分布；(b)，(d) 精磨工序轴向载荷泰勒因子分布；

(g)，(h) 精磨工序机构；(i) 色条

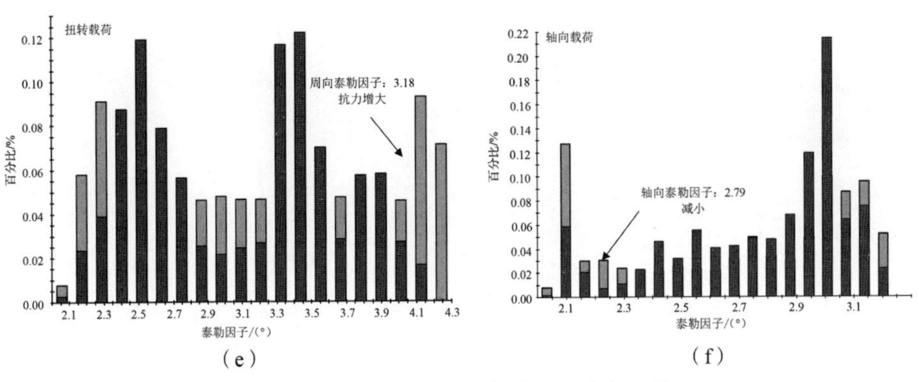

图 5.5　精车与精磨工序泰勒因子分布（续）

(e)，(f) 扭转载荷泰勒因子分布对比

图 5.6 所示为淬火回火表面层的车削与磨削工序对残余应力的影响。从图 5.6（a）可以看出，相对于磨削工序，精车工序产生了最大的周向和轴向残余压应力，分别为 −891.1 MPa 和 −670.3 MPa，且周向残余压应力显著大于轴向残余压应力。而精磨工序和精车工序产生了近似相等的周向和轴向残余压应力。图 5.6（c），（d）给出了疲劳实验前的精车和磨削工序残余应力随深度的变化趋势，可以看出，精车工序产生了深且大的残余压应力，深度达到 90 μm，远远大于精磨工序残余压应力层深（12 μm）。疲劳实验后的表面残余应力如图 5.6（b）所示，可以看出，各个加工工序的残余应力均产生了较大的应力松弛，最终稳定在 −220 ~ −120 MPa 范围内。另外，图 5.6（c），（d）表明，疲劳实验后的精车工序的残余应力在深度方向上显著减小，且周向残余应力大于轴向残余应力。

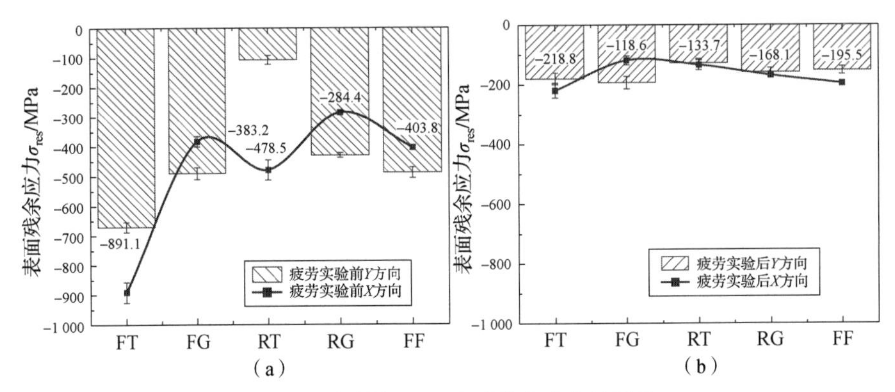

图 5.6　不同加工工序对残余应力的影响

(a) 疲劳实验前；(b) 疲劳实验后

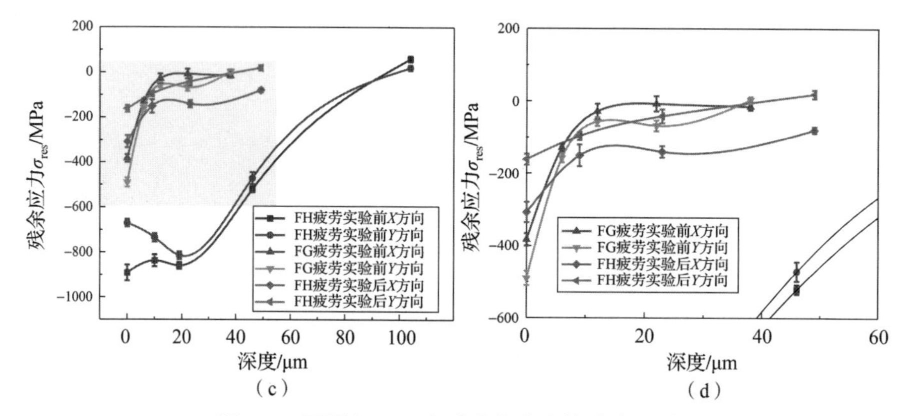

图 5.6　不同加工工序对残余应力的影响（续）

（c）残余应力随深度的变化；（d）图（c）局部放大图

淬火回火表面层车磨工序后的表面显微硬度如图 5.7 所示。可以看出，精车、粗车和先精车后磨削的加工工序均产生了较高的表面层显微硬度，约为 670 HV，显著大于磨削工序产生的表面层显微硬度（570 HV），然而经过疲劳实验后，疲劳实验前的较高表面层显微硬度呈现下降趋势，较低的表面显微硬度呈现升高趋势。

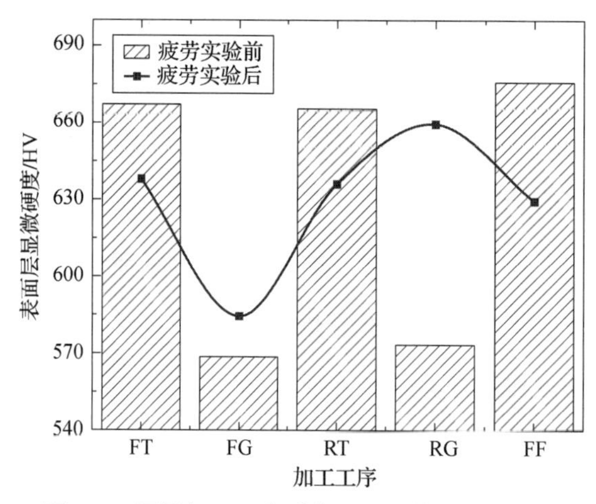

图 5.7　不同加工工序对表面层显微硬度的影响

5.4　不同扭转应变的循环特征评价

5.4.1　循环硬化与软化

图 5.8（a），（b）所示为精车和精磨工序在不同应变幅控制下的循环应

力-应变响应曲线。可以看出，通过车磨工序去除淬火回火表面层后，45CrNiMoVA超高强度钢主要在前10周次呈现轻微的循环硬化，然后经过一段时间的循环稳定期，最后发生快速的循环软化。随着扭转角的增加，疲劳寿命缩短，45CrNiMoVA超高强度钢仍能呈现出先循环硬化，其次平稳软化，最后快速循环软化的趋势。图5.8（c），（d）所示为应力幅随寿命百分比的变化曲线，它更好地反映了疲劳寿命不同阶段的循环应力响应特征。除了初始几个循环周次的硬化，精车工序引起的循环应力软化特征主要为4个阶段［图5.8（c）］——快速循环软化（阶段Ⅰ）、中速循环软化（阶段Ⅱ）、低速循环软化（阶段Ⅲ）、超快速循环软化（阶段Ⅳ），而磨削工序的阶段Ⅱ和阶段Ⅲ保持近似相同的循环软化速率［图5.8（d）］。另外，精车工序疲劳裂纹萌生和扩展阶段的寿命占总疲劳寿命的98%，大于磨削工序萌生和扩展寿命百分比（91%）。

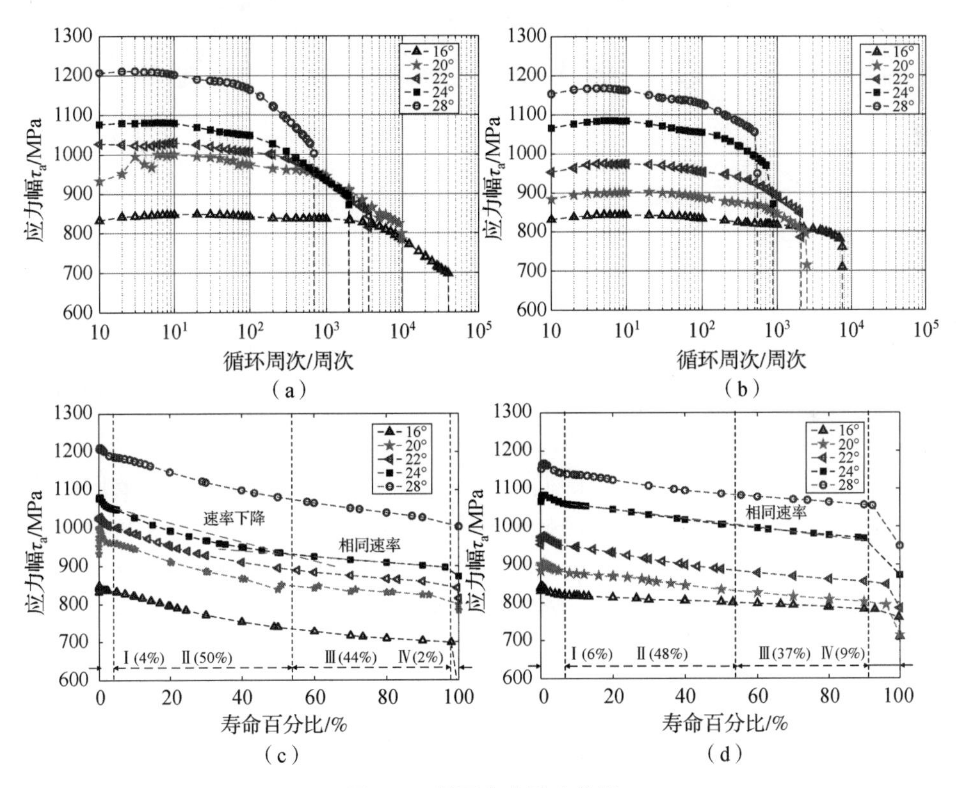

图5.8　循环应力影响曲线

（a）精车工序随循环周次的变化；（b）精磨工序随循环周次的变化；

（c）精车工序随循环寿命百分比的变化；（d）粗车工序随循环寿命百分比的变化

图5.9所示为不同加工工序和相同扭转角下的循环应力对比分析。当扭转角为16°时［图5.9（a）］，精车和精磨工序的应力幅在初始时差距很小，

随着循环周次的增加，精车工序的应力幅显著大于精磨工序。即使精车工序在初始时具有最小的应力幅［图5.9（b）］，仍不影响在稳定时精车工序具有最大的应力幅。在5种加工工艺中，精车工序在整个循环过程中的最大应力幅很大一部分归因于精车加工的较大残余压应力和晶粒细化引起的表面层显微硬度。相对于精磨工序，精车＋精磨工序的应力幅增大，由于周向和轴向残余应力变化很小，所以把应力幅的增大归因于精车＋精磨工序的表面层显微硬度增加。然而相对于精车＋精磨工序，粗车工序具有较小的轴向残余应力和较大的周向残余应力，这说明周向残余应力是影响应力幅增大的主要原因。

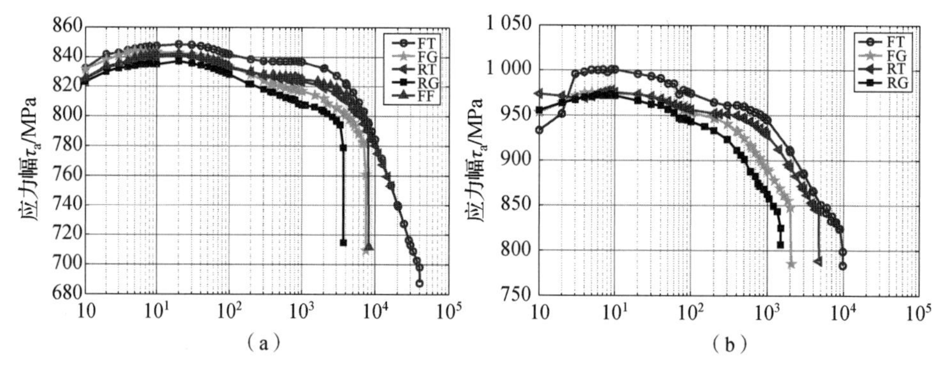

图5.9　不同加工工序对应力幅的影响

（a）扭转角为16°；（b）扭转角为20°

图5.10所示为不同车削与磨削工序在50%和90%疲劳寿命下的应力幅－寿命百分比响应曲线。当扭转角为16°时，随着寿命百分比的增加，精车和粗车工序下的循环应力均处于较小值，呈现典型的循环软化现象，且可以看出，精车工序在相同寿命百分比下的循环应力反而小于磨削工序，这主要归因于车削加工工序使材料具有较长的疲劳寿命，进而使循环应力发生了更长周次的循环软化。当扭转角为20°时，车磨工序的循环软化随寿命百分比的变化速率差距逐渐减小，车磨加工表面完整性对疲劳寿命的影响效果逐渐减弱。当扭转角为24°时，精车和精磨工序分别具有最小和最大的应力幅，因此对其进行循环应力－应变曲线特征分析。

5.4.2　循环应力－应变曲线线性特征

图5.11所示为精车与精磨工序在50%和90%疲劳寿命下的循环应力－塑性应变曲线。$\tau_a-\gamma_p$关系满足：

$$\tau_a=k'(\gamma_p)n' \tag{5.1}$$

式中，k'为循环强度系数；n'为循环硬化指数。

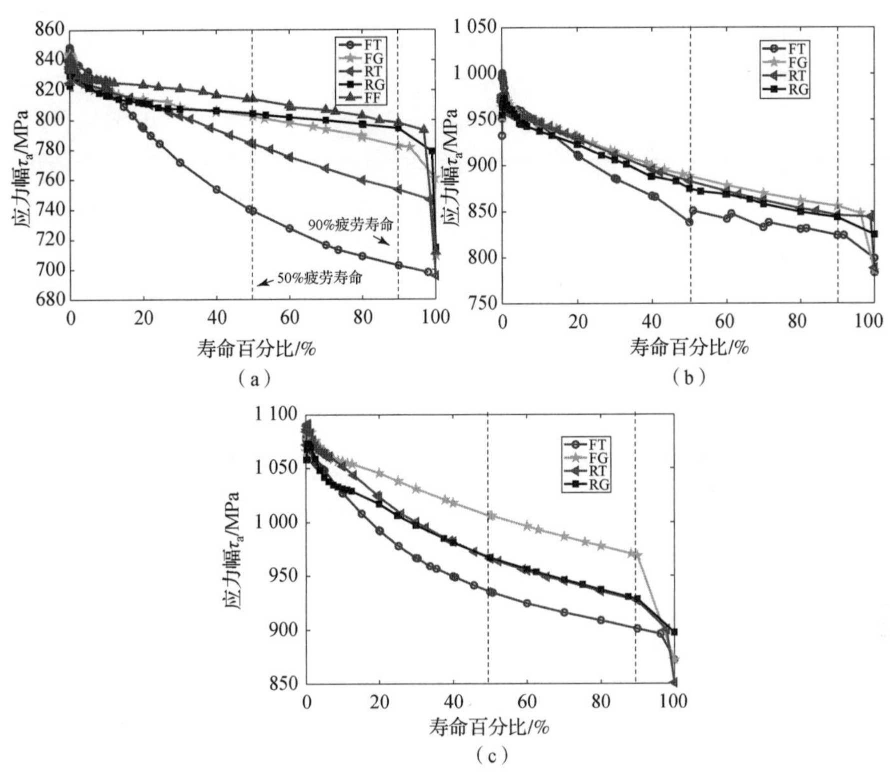

图 5.10　不同加工工序下的应力幅 - 寿命百分比响应曲线

(a) 扭转角为 16°；(b) 扭转角为 20°；(c) 扭转角为 24°

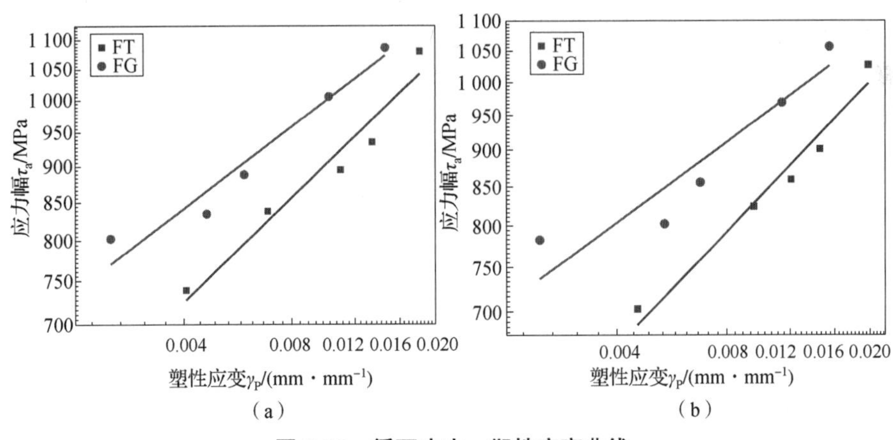

图 5.11　循环应力 - 塑性应变曲线

(a) 50% 疲劳寿命；(b) 90% 疲劳寿命

从图 5.11 可以看出，车磨工序下的应力幅均随着塑性应变的增加而增加，且在 90% 疲劳寿命下，车磨工序的循环硬化指数和应变指数差距更加明显，具体参数见表 5.4。相对于精磨工序，精车加工表面层具有的更大的循环强度系数 k'和循环硬化指数 n'。

表 5.4　扭转力学特征

加工工序	50% 疲劳寿命		90% 疲劳寿命	
	k'	n'	k'	n'
精车	2 729.5	0.240	2 714.8	0.255
精磨	2 376.5	0.188	2 172.2	0.180

5.4.3　Coffin – Manson 线性关系

大量研究表明，金属材料的低周疲劳寿命与塑性应变幅在双对数坐标下满足线性关系，即 Coffin – Manson 关系：

$$\gamma_{\mathrm{p}} = \gamma_f'(2N_{\mathrm{f}})^c \tag{5.2}$$

式中，γ_f' 和 c 分别为材料的疲劳韧性系数和指数。

图 5.12 所示为淬火后表面层不同加工工序塑性应变和疲劳寿命之间的关系，可以看出 50% 和 90% 疲劳寿命下的塑性应变与疲劳寿命具有很高的拟合精度，对应拟合曲线 R^2 的范围为 0.955 ~ 0.996。表 5.5 给出了相关的特征参数。可以看出，精磨工序相对于精车工序具有更高的拟合精度，这主要是因为光滑表面形貌的疲劳寿命预测更为稳定。从表 5.5 也可以看出，精车工序具有最小的疲劳韧性系数，在同等塑性变形条件下具有更高周次的疲劳寿命。

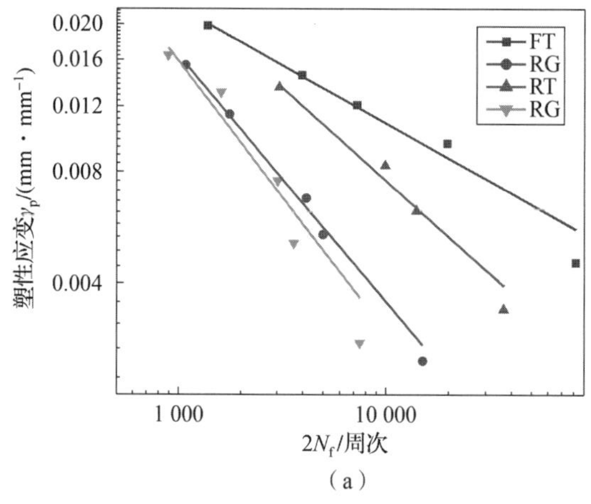

图 5.12　两种加工工序下的 Coffin – Manson 曲线

(a) 50% 疲劳寿命

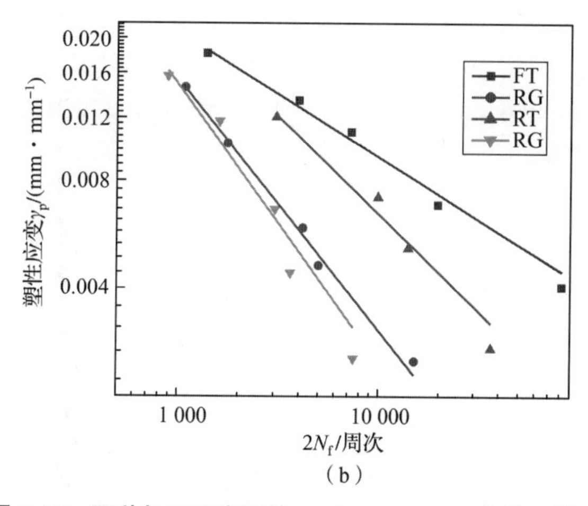

(b)

图 5.12　两种加工工序下的 Coffin – Manson 曲线（续）

(b) 90%疲劳寿命

表 5.5　扭转力学特征

加工工序	50%疲劳寿命			90%疲劳寿命		
	γ'_f	c	拟合精度 R^2	γ'_f	c	拟合精度 R^2
精车	0. 229 6	−0. 348 2	0. 987	0. 192 3	−0. 312 8	0. 981
精磨	1. 934 6	−0. 700 4	0. 996	1. 601 8	−0. 663 1	0. 996
粗车	0. 935 35	−0. 540 41	0. 975	0. 775 5	−0. 502 9	0. 977
粗磨	3. 177 8	−0. 777 1	0. 955	2. 432	−0. 728 8	0. 934

5.4.4　循环塑性应变能 – 寿命线性

Masing 特性是计算不同塑性应变循环迟滞回线的重要特性，满足该特性的材料具有相同的循环硬化指数，可以通过式（5.3）对不同应变的塑性应变能进行计算。

$$\Delta W_{\mathrm{p}} = \left(\frac{1-n'}{1+n'}\right)\Delta\gamma_{\mathrm{p}}\Delta\tau \tag{5.3}$$

研究车磨工序后超高强度钢 Masing 特性的最直接的方法就是将精车和精磨工序不同应变幅 50%疲劳寿命下的循环迟滞回底端重合，根据顶端重合程度来分析车磨工序对超高强度钢 Masing 特性的影响。从图 5.13 可以看出，精车和精磨工序均符合 Masing 特性，且精磨工序具有更好的 Masing 特性。另外，Bausinger 应变法指出，可通过获得不同应变幅的 7/8 处塑性应变 β 和总塑性应变的线性关系来判断 Masing 特性程度，进而实现 Masing 特性的定量评定。从图 5.13（c）可以看出，车磨工序均具有较好的 Masing 特性，拟合精度 R^2 分别为 0.94 和 0.99，可见精磨工序较低的表面粗糙度使疲劳实验数据分散性降低。

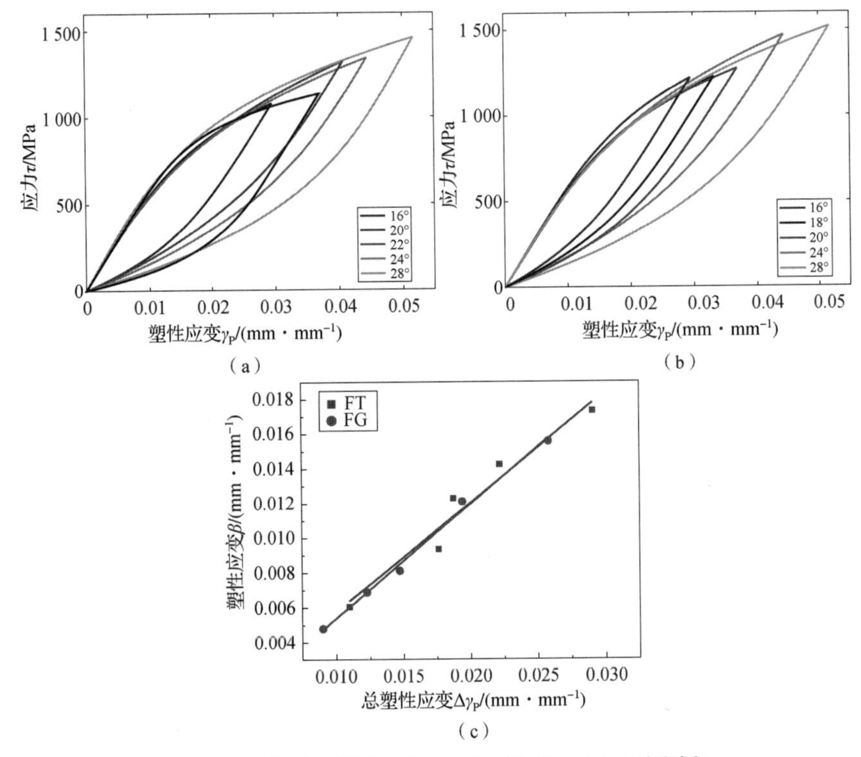

图 5.13　车削与磨削工序 Masing 特性分析（附彩插）

（a）精车工序循环迟滞回线；（b）精磨工序循环迟滞回线；（c）塑性应变 β 和 Bausinger 应变线性特征

5.4.5　残余应力能和位错能

反向加载初期晶粒之间的塑性变形趋于均匀，造成晶间残余微应力释放，导致晶间背应力和残余微应力储能下降。背应力塑性功等于所有晶内位错能与晶间残余应力能之和。

$$\Delta W_{\mathrm{b}} = \Delta E_{\mathrm{res}} + \Delta E_{\mathrm{dis}} \tag{5.4}$$

文献［172］利用 Skelton 中的余能对残余微应力储能进行计算：

$$\Delta E_{\mathrm{res}} = \frac{1}{2}(\Delta\tau\Delta\gamma_{\mathrm{p}} - \Delta W_{\mathrm{p}}) \tag{5.5}$$

图 5.14 所示为精车和精磨工序位错能和残余应力能随扭转角的变化趋势。从图 5.14（a），（b）可以看出，较大的扭转角单周次消耗了更大的位错

能和残余应力能，扭转疲劳寿命显著缩短。另外，循环周次对残余应力能［图5.14（a），（c）］的影响显著大于循环周次对位错能的影响［图5.14（b），（d）］，疲劳实验过程循环周次的增加使材料晶粒间产生更大的不均匀变形。

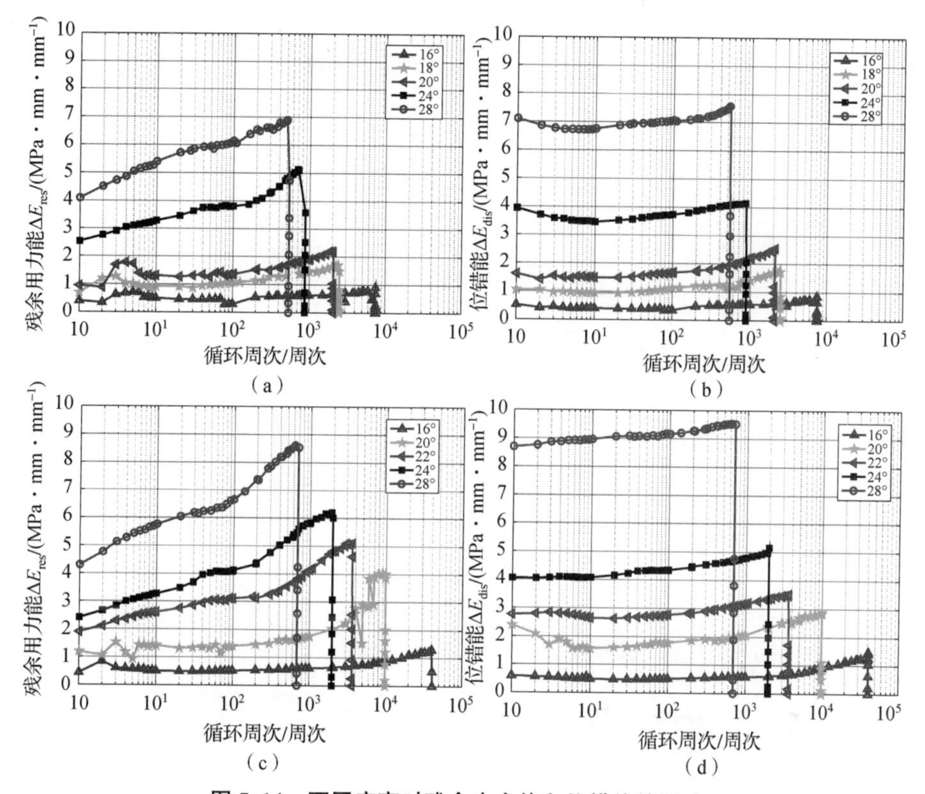

图5.14　不同应变对残余应力能和位错能的影响

（a）精磨工序残余应力能；（b）精磨工序位错能；（c）精车工序残余应力能；（d）精车工序位错能

相对于精磨工序，随着循环周次的增加，粗磨工序位错能均从初始时的较小值逐渐趋于最大值［图5.15（b），（d），（e）］，单周次消耗了过多的残余应力能，提前发生扭转疲劳断裂，且当扭转角为20°时，粗车工序残余应力能增加趋势最为显著［图5.15（c）］。相对于精磨工序，精车+精磨工序具有较高的表面层显微硬度，这使单周次消耗较小的位错储能［图5.15（b）］，进而延长扭转疲劳寿命。相对于精车+精磨工序，精车工序具有较大的残余压应力，使总残余应力能显著提高，即使在单周次残余应力较大的情况下，仍能具有较长的扭转疲劳寿命。由于精车工序对相同扭转角下的单周次残余应力能影响较小［图5.15（a）］，疲劳寿命的增加归因于总残余应力能的显著提高。

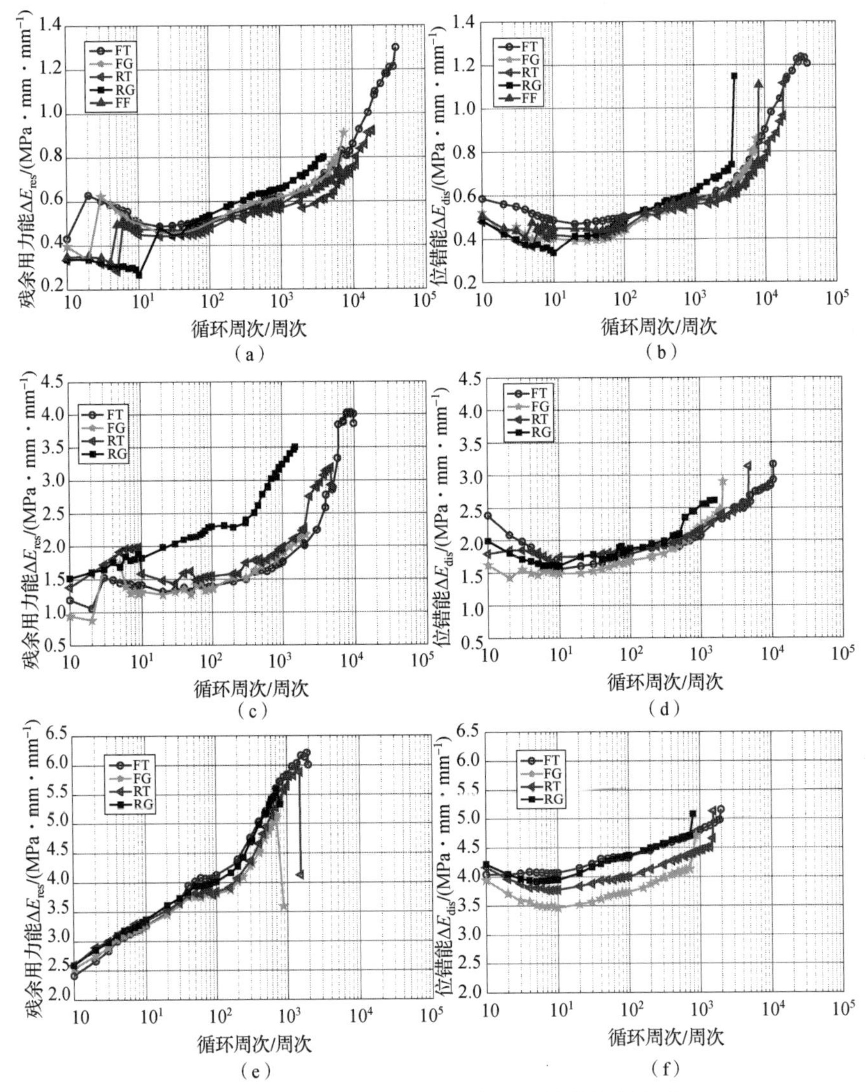

图 5.15 加工工序对残余应力能和位错能的影响

(a) 16°时残余应力能变化；(b) 16°时位错能变化；(c) 20°时残余应力能变化；
(d) 20°时位错能变化；(e) 24°时残余应力能变化；(f) 24°时位错能变化

5.5 加工表面完整性对疲劳行为的影响

5.5.1 加工表面完整性对疲劳寿命的影响

表 5.6 给出了淬火后表面层经过不同车削磨削工序加工后的疲劳实验结

果。可以看出，表面较为光滑的精磨加工工序的平均疲劳寿命为 5 628 周次，显著短于精车加工工序的平均疲劳寿命（39 039 周次），断裂类型为先经过一定周期的横断然后发生正断，与精磨加工工序相比，精车加工工序的疲劳寿命延长了 5.94 倍。如图 5.16 所示，表面粗糙度较高的粗车加工工序（R_a = 2.72 μm）依然比表面粗糙度较低的精磨加工工序（R_a = 0.86 μm）的平均疲劳寿命延长了 2.46 倍。疲劳断裂类型由正断变为完全的横断特征。精车 + 精磨加工工序与精磨加工工序相比，平均疲劳寿命延长了 46%。而粗磨加工工序与精磨加工工序相比，平均疲劳寿命缩短了 32%。扭力轴实际生产多工序中，考虑到生产效率往往采用较大的轴向进给量，而较大的轴向进给量又在表面层引入了较大的残余拉应力，即使这样，车削工序相较于磨削工序仍能获得较长的疲劳寿命，这对实际生产工艺具有很大的指导意义。

表 5.6　车削加工工序参数

工艺	单向扭转	加工尺寸/mm	表面粗糙度/μm	断裂类型	疲劳寿命/周次	平均疲劳寿命/周次
精车 1	0.029 6	12.515	1.05	横断→正断	408 56	
精车 2	0.029 6	12.534	1.08	横断→正断	31 884	39 036
精车 3	0.029 6	12.501	1.03	横断→正断	44 379	
精磨 1	0.029 6	12.515	0.86	横断	7 521	
精磨 2	0.029 6	12.521	0.85	横断	5 863	5 628
精磨 3	0.029 6	12.528	0.83	横断	4 637	
精磨 4	0.029 6	12.516	0.89	横断	4 490	
粗车 1	0.029 6	12.507	2.72	横断	18 286	
粗车 2	0.029 6	12.513	2.86	横断	19 384	19 486
粗车 3	0.029 6	12.515	2.93	横断	207 89	
粗磨 1	0.029 6	12.511	0.94	横断	3 736	
粗磨 2	0.029 6	12.509	0.92	横断	4 123	3 849
粗磨 3	0.029 6	12.514	0.97	横断	3 689	
精车 + 精磨 1	0.029 6	12.511	0.85	横断	8 259	
精车 + 精磨 2	0.029 6	12.509	0.83	横断	6 968	8 263
精车 + 精磨 3	0.029 6	12.514	0.87	横断	9 654	

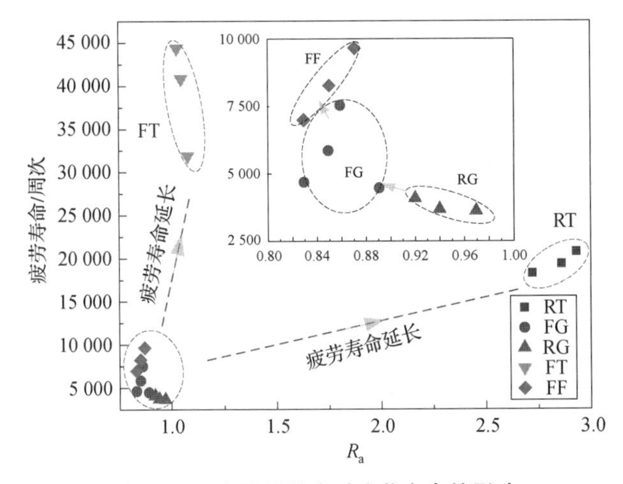

图 5.16 表面粗糙度对疲劳寿命的影响

图 5.17 显示了车磨工序后表面残余应力对疲劳寿命的影响。可以看出，疲劳寿命随着周向（X 方向）表面残余压应力的增加呈现单调递增的趋势，而对于轴向（Y 方向）残余应力，粗车工序相对于精车工序虽然具有较小的 Y 方向残余压应力，但疲劳寿命反而延长，这更能说明疲劳寿命主要与 X 方向的残余应力有关。从图 5.17（c）可以看出，随着疲劳实验前综合残余压应力的增加，疲劳寿命呈现延长的趋势，显著性低于 X 方向残余应力。从图 5.17（d）可以看出，疲劳实验后的表面残余应力与疲劳寿命的相关性减小，这说明表面残余应力主要影响的是疲劳过程量，而不是扭转疲劳后的阈值。由于疲劳实验前 X 方向残余应力变化显著，而疲劳实验后 X 方向残余应力趋于一致（图 5.17），所以疲劳实验前、后 X 方向残余应力的差值也能很好地反映了扭转疲劳性能。

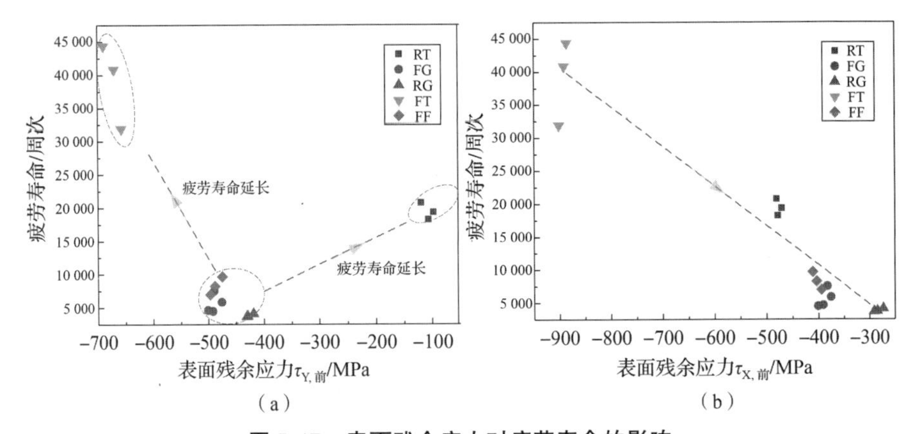

图 5.17 表面残余应力对疲劳寿命的影响

（a）疲劳实验前轴向残余应力；（b）疲劳实验后周向残余应力

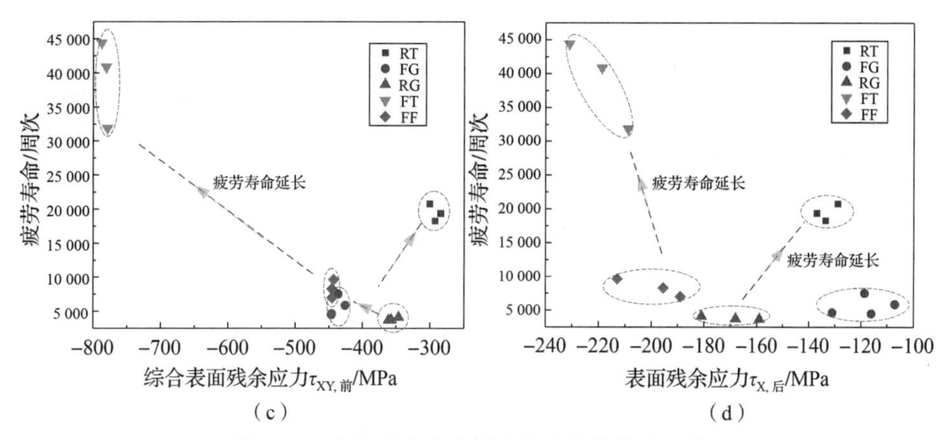

图 5.17　表面残余应力对疲劳寿命的影响（续）

（c）疲劳实验后综合轴向残余应力；（d）疲劳实验后周向残余应力

图 5.18 显示了表面层显微硬度和半高宽对疲劳寿命的影响。可以看出，随着表面显微硬度的提高和半高宽的减小，疲劳寿命呈现出弱增长的趋势。相对于精磨工序（569 HV），精车 + 精磨工序后疲劳寿命的延长主要归因于精车过程中产生的表面塑性应变。如图 5.18（a），（b）所示，精车 + 精磨工序后的表面层显微硬度（676 HV）高于精磨工序后的表面层显微硬度（569 HV），疲劳寿命延长 46%，仍短于精车工序过程中 *X* 方向残余应力引起的疲劳寿命延长（5.94 倍），因此表面层显微硬度对疲劳寿命的影响低于 *X* 方向表面残余应力对疲劳寿命的影响。

5.5.2　疲劳断口形貌对比分析

通过车磨工序去除淬火后表面层后，疲劳断裂类型主要分为横向剪切型和正断型两种。扭转角在 16°~28°范围内，磨削工序和粗车工序的断口均为典型的横向剪切型断口，而对于精车工序，当扭转角为 16°时，断口呈现横向和正断的双综合断裂型，随着扭转角的增大（18°~28°），断口类型和磨削工序的断口类型相同，均为典型的横向剪切型。

图 5.19 所示为精车工序在扭转角为 16°时的疲劳断口形貌，属于典型的横断与正断相结合的综合型断口。在扭转载荷的作用下，材料首先在周向剪切滑移方向产生横向裂纹扩展，在 A1 区域可以看出明显的周向剪切屑。精车工序产生了最大的周向残余压应力［图 5.6（a），（c）］，使裂纹很难沿着周向继续扩展，在 A1 和 B1 处产生应力集中，裂纹扩展方向由原来的车痕波谷方向转向波峰方向［图 5.19（c）］，从 B1 处可以看出一些周向扩展的滑移线。通过对表面层进行 EBSD 制样分析可以发现，周向滑移使大晶粒细化的

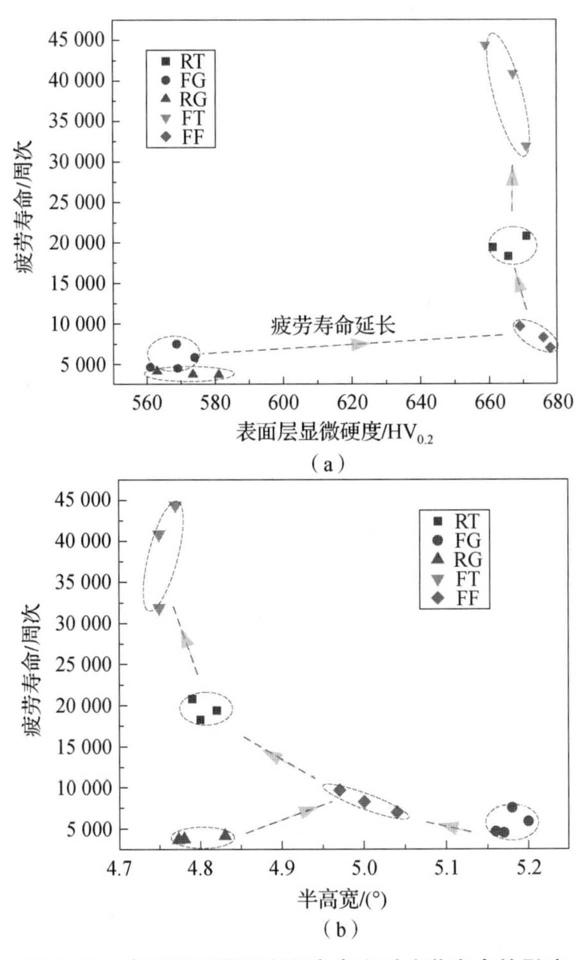

图 5.18　表面层显微硬度和半高宽对疲劳寿命的影响

（a）疲劳实验前表面层显微硬度；（b）疲劳实验前半高宽

同时也呈现出穿晶滑移特征［图 5.19（h）］。然而随着循环周次的增加，残余应力和循环应力分别发生松弛和软化，周向抵抗力降低。精车加工产生的周向残余压应力大于轴向残余压应力，抵消了一部分周向扩展优势，使疲劳断口倾向于正断型。随着循环周次的进一步增加，位错滑移引起疲劳裂纹扩展的正断过程，在疲劳断口外表面［图 5.19（a）中红色部分］可以观察到一定层深的光亮区域。不同的是优化后精车工序引起的疲劳断口横向剪切扩展部分较少，且整个正断过程在疲劳断口中间区域发生。

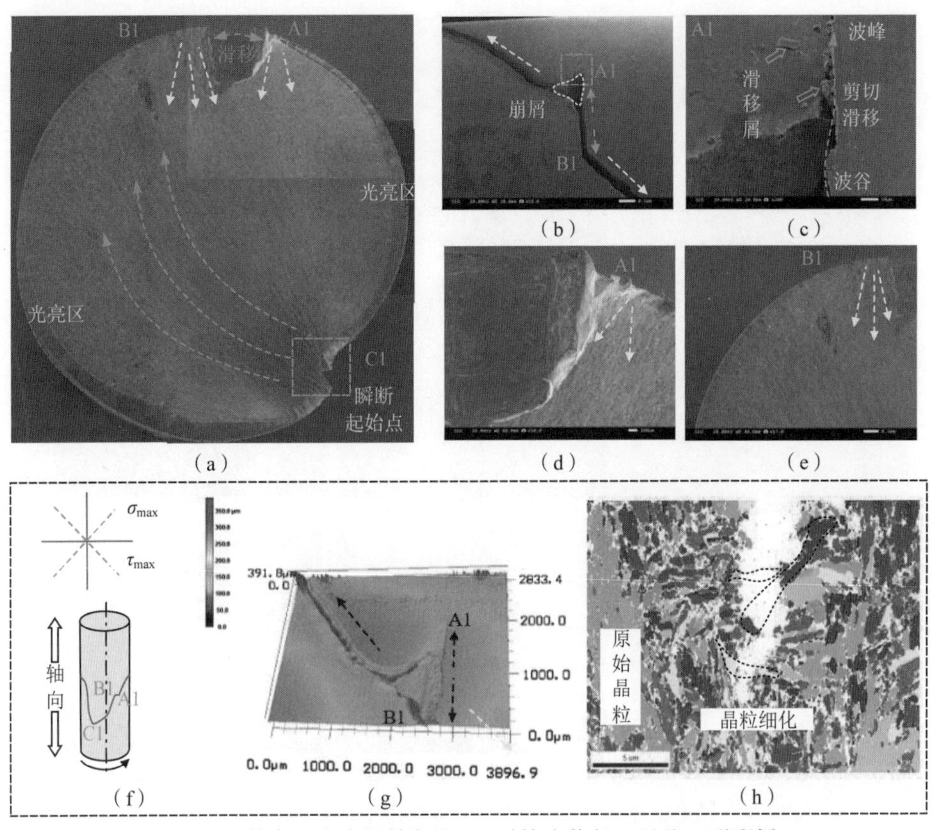

图 5.19　精车工序在扭转角为 16°时的疲劳断口形貌（附彩插）

(a) FT 工艺疲劳断口形貌；(b) 裂纹侧表面形貌；(c) A1 区域放大图；(d) 裂纹源 A1；
(e) 裂纹源 B1；(f) 疲劳断裂过程简图；(g) 裂纹三维形貌；(h) 裂纹扩展晶粒特征

图 5.20 所示为精磨工序在扭转角为 16°时的侧表面疲劳裂纹形貌。图 5.20（a）所示为一条典型的周向扩展裂纹，并伴随着大量的滑移挤出屑。随着循环周次的增加，循环应力发生软化，材料首先在周向发生剪切滑移，加工表面产生了多条滑移线，并形成了一条伴随两侧轴向裂纹的绕行主滑移线［图 5.20（b）］，且滑移线的另一端［图 5.20（c）］可以看到带有磁性的滑移粉。随着周向滑移的进一步增加，一部分滑移屑以卷曲的形式［图 5.20（e）］相互作用，使两个滑移面裂纹更加显著。挤出时滑移面产生了很明显的滑移空洞［图 5.20（f）］，这会减小滑移阻力，同时产生更加明显的滑移凸起［图 5.20（h）］，最后发生瞬断。

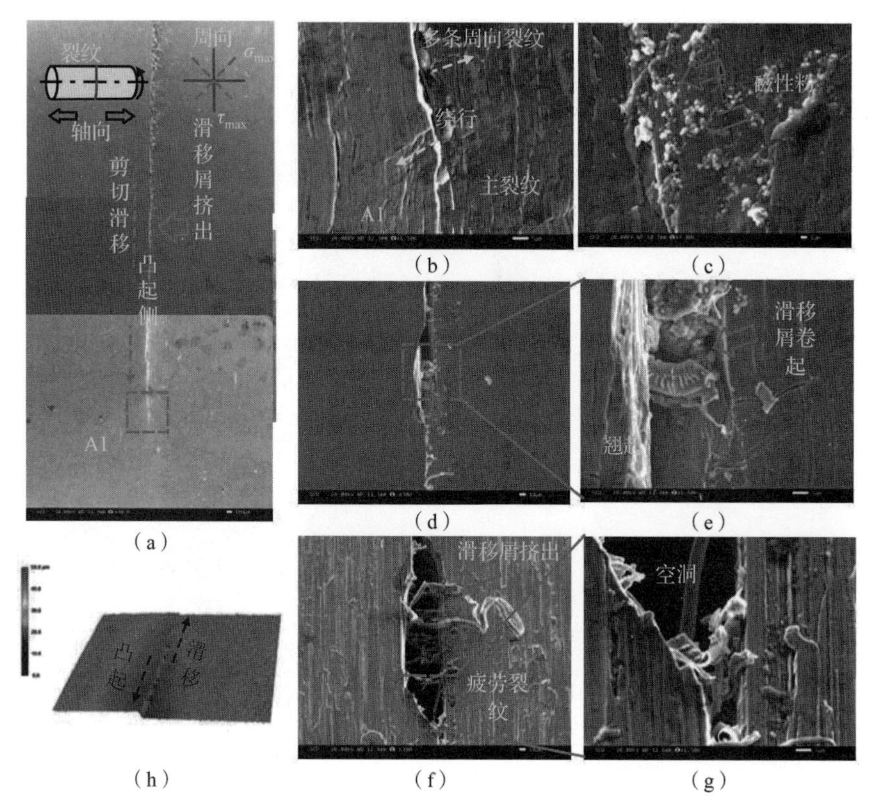

图 5.20　精磨工序扭转角为 16°时的侧表面疲劳裂纹形貌（附彩插）

(a) 侧表面疲劳裂纹；(b) 裂纹最下端；(c) 裂纹最上端；(d) 裂纹源区；
(e) 图 (d) 局部放大图；(f) 裂纹源区；(g) 图 (f) 局部放大图；(h) 裂纹三维形貌

图 5.21 所示为粗车工序在扭转角为 16°时的侧表面疲劳裂纹形貌。图 5.21 (a) 所示为一条沿着车削谷峰周向扩展的裂纹，并伴随大量的滑移屑。随着循环周次的增加，循环应力发生软化，裂纹萌生于最大剪切力方向。然而相对于精磨工序，粗车工序周向扩展裂纹数量减少，并主要以谷峰处的轴向裂纹为主，这主要是因为粗车工序较大的周向残余压应力 [图 5.6 (a)] 使周向裂纹扩展速率显著低于精磨工序裂纹扩展速率。在切向滑移过程中，周向裂纹尝试发生绕行 [图 5.21 (d)]，然而粗车工序较大的进给间距增加了绕行的难度，使裂纹仍继续沿着周向扩展。随着循环周次的进一步增加，滑移屑挤出 [图 5.21 (f)]，滑移面产生更大的分离 [图 5.21 (h)]，分离面增大到一定程度后发生扭转疲劳断裂。

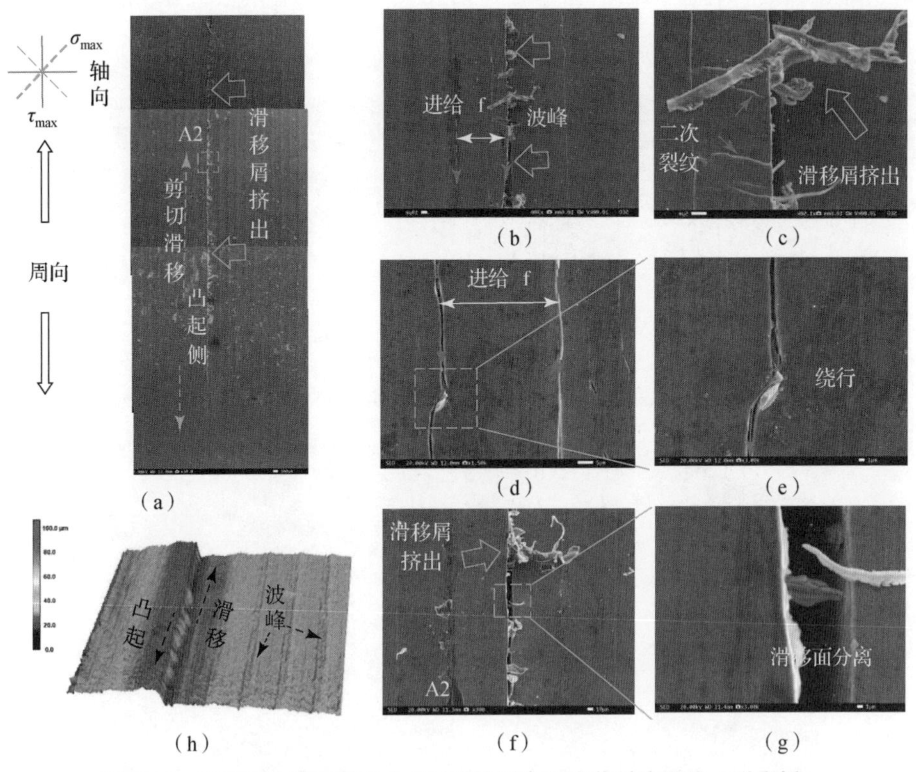

图 5.21　粗车工序在扭转角为 16°时的侧表面疲劳裂纹形貌（附彩插）

(a) 侧表面疲劳裂纹；(b) 裂纹源区；(c) 图 (b) 局部放大图；(d) 裂纹扩展；
(e) 图 (d) 局部放大图；(f) A2 区域放大图；(g) 图 (f) 局部放大图；(h) 裂纹三维形貌

5.5.3　扭转疲劳断裂微观机制

由于车磨工序在加工表面层产生塑性应变，塑性应变又会从表面层逐渐向基体内部衰减，因此车磨加工过程中的微观结构演变可以用不同深度的微观结构来表征。为了研究车磨工序对疲劳寿命的作用机制，对疲劳实验后 FT 试样的变形层进行不同深度的 TEM 观察。裂纹源表面典型 SEM 图像如图 5.22 (a) 所示，可以看到明显的车痕。通过使用电子沉积技术在处理表面上涂覆 Pt 保护层，可以避免高能聚焦离子束引起的微结构损伤[173,174]。图 5.22 (b) 所示为在车削表面上提取出的 TEM 样品放大图，样品横截面的 TEM 图像如图 5.22 (c) 所示，其中样品尺寸约为 7 μm×7 μm，厚 40 nm。图 5.22 (d) 所示为横截面靠近表面层处的 TEM 局部放大图，其中 TEM 表面层主要由 5 部分微观结构组成，分别为纳米晶层 (NS)、细晶平行层 (RP)、细晶倾斜层 (RI)、板条弯曲层 (LB) 和位错结构层 (DS)。由于表面层的变化从内至外逐渐逐复杂化，为了能更清楚地解释其微观结构的演变机理，下面采用从内向外的逐步区域法进行研究。

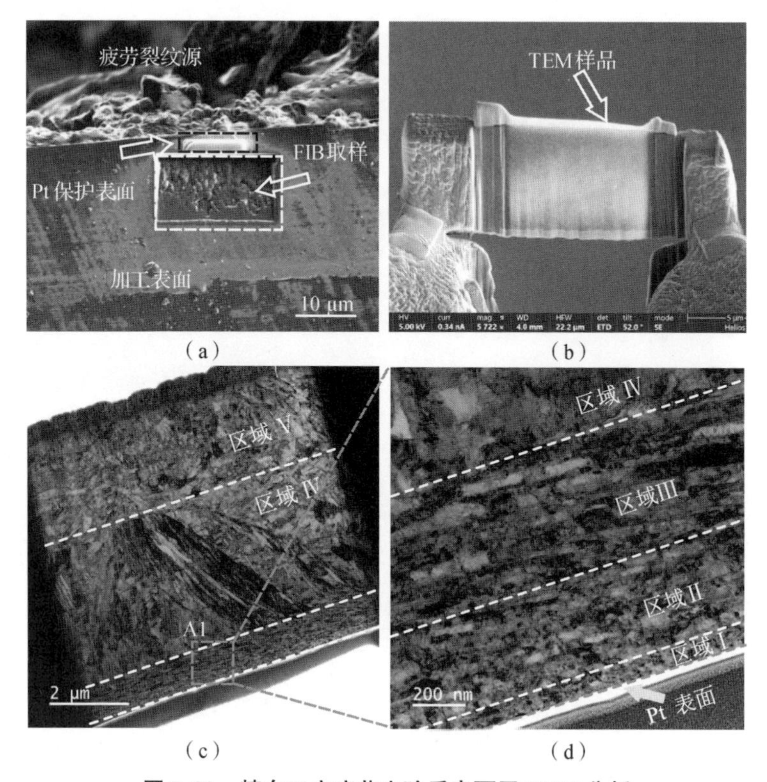

（a） （b）

（c） （d）

图 5.22　精车工序疲劳实验后表面层 TEM 分析

（a）SEM 下的取样表面；（b）FIB 制备的 TEM 样品；

（c）表面层的横截面 TEM 图；（d）表面层局部放大图

图 5.23 所示为疲劳源第五区域（位错结构层）的 TEM 图像。发现最深处的主要变形形式为位错滑移。塑性应变下产生了高密度位错线（DL）［图 5.23（a）］、位错胞（DC）［图 5.23（b）］、位错壁（DW）［图 5.23（c）］、位错缠结（DT）［图 5.23（d）］和少量宽松孪晶［图 5.23（d）］，第五区域（DS）的滑移模式主要为波状滑移的形式。

从图 5.23（a）可以看出，位错线随机分布于第五区域，材料在扭转载荷作用下，局部塑性变形使晶粒内部的平面位错阵列被激活，大量的位错出现、重排和湮没以适应塑性应变[175]。随着循环周次的增加，积累的位错线堆积形成 DW 或 DT。图 5.23（b）描述了位错缠结，即位错以一种纠缠的方式聚集在一起，同时显示了内部稀疏位错线的不规则结构（位错胞）和交叉滑移充分激活导致 DC 周围高度密集的位错聚集。LU 等人[176]的研究表明，DC 的边界可以演变为 LAGB 或 HAGB，进而将粗晶粒细分为亚晶粒。图 5.23（c）表明了位错滑移受到晶界阻碍以 DW 的形式积聚在亚晶界上。松散分布的孪晶主要在晶界和位错缠结之前的晶粒处开始，然后在晶粒内生长，厚度约为 115 nm［图 5.23（d）］。正如 JONGUN 等人[177]的研究所指出的，随着应变进一步增加，孪晶带将被激活，致密的位错组织有助于加工硬化。

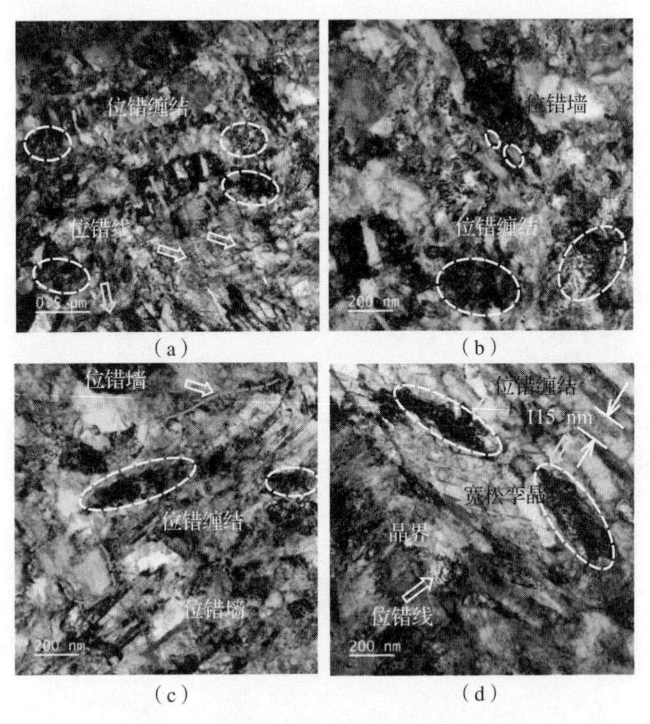

图 5.23　疲劳源第五区域的 TEM 图像

（a）位错堆叠，位错线；（b）位错胞；（c）位错墙；（d）孪晶

图 5.24 显示了距离表面层第四区域的亮场（BF）和暗场（DF）的 TEM 图像。如图 5.24（a）所示，由于局部塑性应变的增大，包含大量板条状马氏体的马氏体块与进给方向呈现一定的倾斜角度（55°）。同时，大量机械孪晶（MT）的出现主导了第四区域的塑性变形机制［图 5.24（b）］，SAED 模式清楚地表明了具有代表性的孪晶特征。

图 5.24（a）显示了两个典型的马氏体块。通过对内部的板条状马氏体进行 SAED 模式分析，可以清楚地看出，各板条状马氏体呈现相同的取向关系，板条状马氏体相对第五区域［图 5.23（d）］板条马氏体宽度（115 nm）有所减小，约为 83 nm［图 5.24（b）］。随着深度的减小，位于第四和三区域交界处的板条状马氏体块顶端弯曲 45°［图 5.24（a）］，在图 5.24（c）中，交错

分布的板条状马氏体，由于局部应力的增加，位错缠结从稀疏缠结［图 5.24（c）右下角］进一步转变为高密度缠结［图 5.24（c）右上角］，孪晶系统被大量激活，如图 5.24（f）中相应的暗场（DF）图像所示，在高密度的位错缠结处产生了许多相互平行的 MT。与图 5.23（d）相比，在进一步增加应变的条件下，平行孪晶聚集成比较窄的条带，孪晶宽度和孪晶界间距（TB）明显不同。TONG[178] 等人的研究表明，MT 将基质分为孪晶/基质（T/M）片层结构，在孪晶的内部和边界积累大量位错，MT 与相邻 DT 的相互作用将进一步形成高密度的孪晶/位错网络［图 5.24（e）右上角］，这些 DT 同时会转化为 DW［图 5.24（e）左上角］和 DC［图 5.24（d）左下角］形式的细长亚晶界，进而将板条状马氏体晶体进一步分解为亚晶粒。正如 HAASE 等人[179] 所报告的那样，这些堆积的位错有助于提高显微硬度。

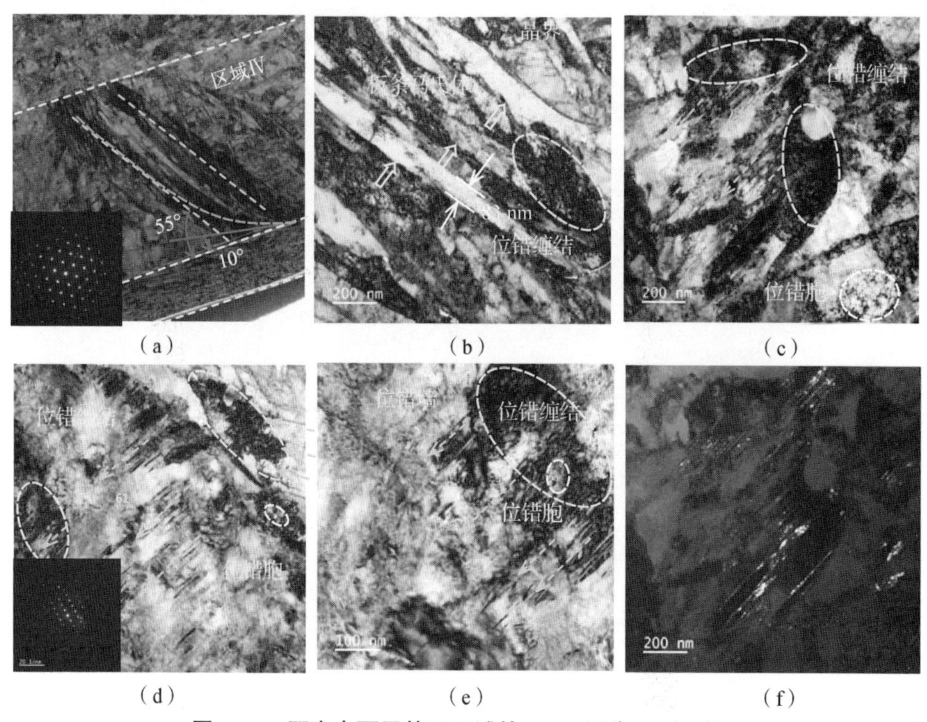

图 5.24　距离表面层第四区域的 TEM 图像（附彩插）

（a）总体区域特征；（b）位错堆叠；（c）位错缠结；
（d）孪晶；（e）位错堆叠；（f）图（e）对应的暗场

图 5.25 显示了距离表面层第三区域的 TEM 图像。从图 5.25 可以观察到很多相互平行的板条状马氏体，这些板条状马氏体与进给方向呈现一定的角度关系（7°~10°），如图 5.25（a）~（c）所示。随着塑性应变的增加，板条

边界变得越来越紧密，宽度为 40～55 nm，相对于第四区域板条状马氏体而言，宽度明显减小。同时可以观察到第三区域处存在位错缠结［图 5.25（a）］和位错胞［图 5.25（b）］，它们加速了相邻区域晶粒的细化。ZHAO 等人[180]发现纳米颗粒分布在细晶粒和位错缠结（DT）以及位错壁（DW）的内部，原始片层被位错壁断裂成更细的位错单元，进而使片层结构获得细化。图 5.25（d）所示为相应的 SAED 图案，指向单相 FCC 结构具有一定分散性的衍射环序列。SAED 模式中的连续环和集中强度表明了第四区域存在一定具有随机取向的纳米颗粒和 LAGB 的亚颗粒。

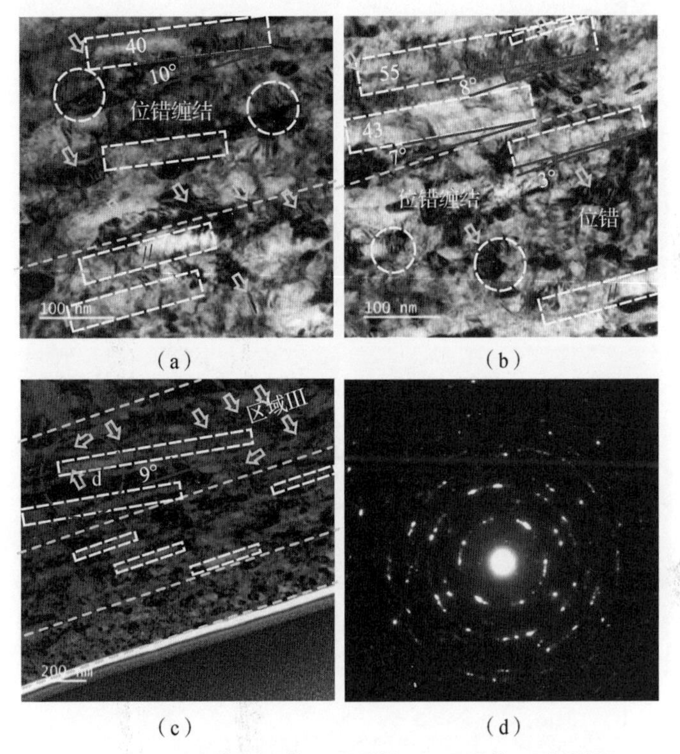

图 5.25 距离表面层第三区域的 TEM 图像（附彩插）

（a）板条状马氏体特征；（b）第三区域与第二区域交界处；（c）总体区域特征；（d）SAED 模式

图 5.26（a）中两黄色虚线之间为第二区域的 TEM 图像。从图 5.26（b）可以看到许多局部区域分布的细长亚晶粒（白色虚线长方形）和位错特征。REN 等人[181]的研究表明局部区域分布的细长亚晶粒归因于机械孪晶，更好地解释了亚晶粒宽度细化。图 5.25（b）中孪晶内部和边界积累的大量位错，在进一步变形下会诱发位错－孪晶相互作用。如图 5.26（b）所示，两个细长晶粒间同时存在位错缠结（绿色阴影长方形），使细长晶粒在拖拽过程中发生分离［图 5.26（b）中白色虚线长方形］，进而相对第三区域的细长晶粒

[图 5. 25（c）] 变短。随着塑性应变的进一步增大，较大的周向拖拽力使细长亚晶粒与进给方向呈现平行的关系 [图 5. 26（b）]。同时在图 5. 26（b）中也观察到了部分亚晶粒。HUANG 等人[182]认为，靠近细化晶粒的高密度位错使原始马氏体板条单元以位错胞和亚晶粒的形式碎裂为破碎晶粒。TONG 等人[178]指出，两个相互交错的孪晶系统的激活将基体划分为菱形晶粒块。与第三区域 SAED 图案 [图 5. 25（d）] 相比，第二区域 SAED 图案 [图 5. 26（d）] 中的连续环分散性降低，具有取向更加随机的纳米晶粒。

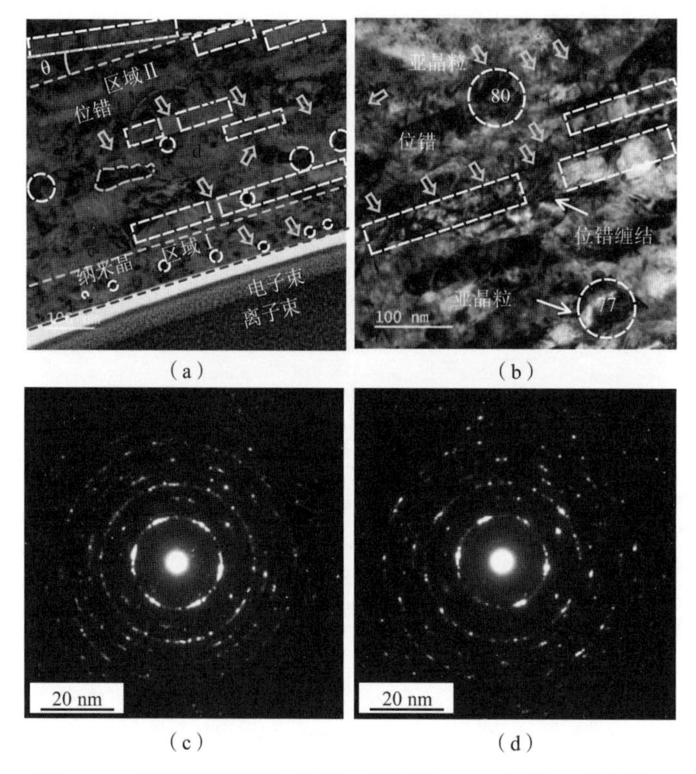

图 5. 26　距离表面层第一和第二区域的 TEM 图像（附彩插）

（a）总体区域特征；（b）第二区域板条状马氏体特征；

（c）第一区域 SAED 模式；（d）第二区域 SAED 模式

图 5. 26（a）最底部为第一区域的 TEM 图像，可以观察到更加明显的纳米晶粒 [图 5. 26（a）中虚线圆]。这些纳米晶粒主要为细尺度等轴晶粒，相对于在图 5. 26（a）中第二区域分布的纳米晶粒（约 25 nm），图 5. 26（a）中第一区域纳米晶粒尺寸为 5 ~ 12 nm，平均晶粒尺寸约为 8 nm，晶粒得到进一步细化。HASAN 等人[184]发现，这些纳米晶粒源于晶界的肖克利部分位错。ZHANG 等人[185]指出亚晶粒由边缘位错阵列形成，通过动态再结晶最后转变

为均匀的等轴纳米晶粒。图 5.26（c）所示为纳米晶粒的 SAED 图案，其特征为明亮同心衍射圆，且相对于第二区域 SAED 图案［图 5.26（d）］，连续环进一步集中，具有取向更加随机的纳米晶粒。

图 5.27 所示为精磨工序疲劳实验后 TEM 分析。对比精车工序整体 TEM 图［图 5.22（c）］可以看出，磨削工序的第一、二、三区域显著减小，约为 180 nm，以至于第二、三区域的细晶平行特征（RP）和板条细晶倾斜特征（RI）很难识别，主要体现了一些纳米晶特征。

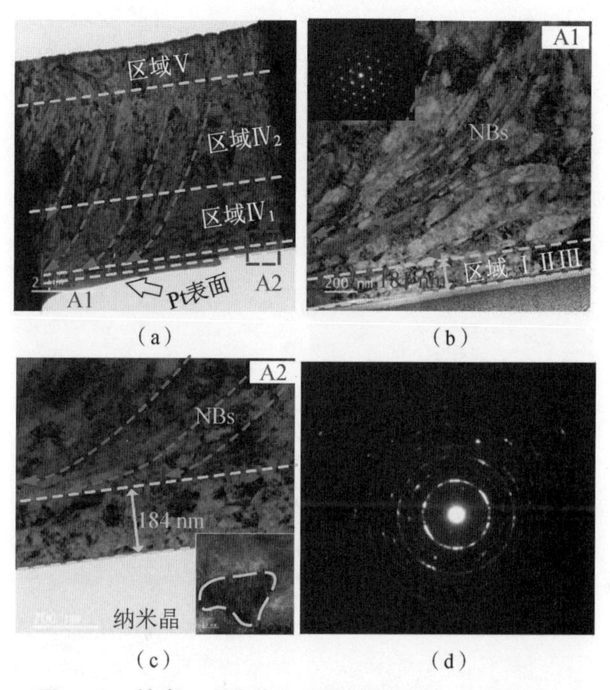

图 5.27 精磨工序疲劳实验后 TEM 分析（附彩插）

（a）总体区域特征；（b）A1 区域局部放大图；（c）A2 区域局部放大图；（d）表面层区域 SAED 模式

图 5.27（c）右下角和图 5.27（d）所示分别为典型纳米晶图像和典型纳米晶层的 SAED 图，发现其呈现高度的圆形分布。在第四区域可以看到模糊不清的细长纳米晶带（NB），并且不如孪晶界（MT）平直。晶粒细化层深度较小，引起纳米晶带模糊，导致其与孪晶界相比清晰度较低［图 5.28（c）］。此外，孪晶界彼此平行，而纳米晶带彼此近似平行，并主要位于区域IV_1，从图 5.27（c）可以观察到在第三区域上侧产生了明显弯曲的纳米晶带。与精车工序相同深度处的纳米晶层相比，精磨工序由于较小的拖拽力并未产生明显的纳米晶层，而是向纳米晶层过渡的纳米晶带具有较大尺寸的晶粒。

图 5.28 给出了精磨工序第四、五区域的 TEM 特征分析。在区域IV_1可以

明显地观察到纳米晶带倾向于将较大尺寸的晶粒分为多条带状马氏体晶粒，且在纳米晶带中伴随着明显的位错缠结和位错胞。随着深度的增加，扭转载荷减小，在区域$Ⅳ_2$处产生了平直纳米晶带，且与孪晶界共存，较小的载荷难以使晶粒产生任意晶面的滑移，更易在孪晶面产生滑移，可以看到多出的孪晶界［图5.28（c）］。图5.28（d）给出了孪晶界的局部放大图，SAED图呈现典型的双晶面的孪晶滑移特征。在第五区域TEM图中可以观察到明显的单晶SAED图特征，局部的少量位错滑移并未改变晶粒取向。对比精车工序可以看出，精磨工序疲劳实验后TEM表面具有较小的晶粒细化层，同时第四区域产生了更加明显的纳米晶带，位错滑移等特征也相对减少。

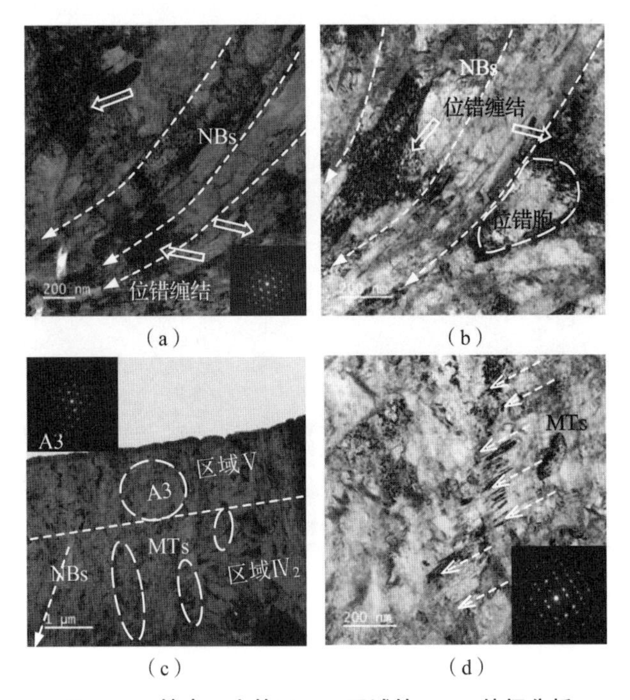

图5.28　精磨工序第四、五区域的TEM特征分析

（a）$Ⅳ_1$区域特征；（b）图（a）局部放大图；（c）区域$Ⅳ_2$和区域Ⅴ特征；（d）区域$Ⅳ_2$孪晶特征

5.6　扭转应变特性对疲劳行为的影响

5.6.1　扭转应变特性对加工表面层疲劳寿命的影响

表5.7所示为不同扭转应变对车削与磨削工序的疲劳寿命的影响。可以看出，随着扭转角的增加，不同车磨工序的扭转疲劳寿命均呈现缩短的趋势。

当精车工序的扭转角从 16°提升至 28°时，对应的扭转疲劳寿命从 39 036 周次缩短至 689 周次，扭转角增加产生的过大载荷使疲劳寿命显著缩短。当精磨工序的扭转角从 16°提升至 28°时，扭转疲劳寿命从 5 628 周次缩短至 541 周次。可以看出，随着扭转载荷的增加，精车加工表面完整性提升的扭转疲劳寿命随着载荷的增加仍能保持遗传性。从表 5.6 和表 5.7 可以得出，淬火后表面层的 4 种加工工序（精车、精磨、粗车、粗磨）的表面完整性均具有显著的遗传性，且在不同载荷下粗车加工表面完整性引起的疲劳寿命仍能长于精磨工序，如在扭转角为 24°时，粗车工序疲劳寿命（1 532 周次）相对精磨工序疲劳寿命（879 周次）延长了 74%，这更能说明研究面向疲劳服役性能的淬火回火加工表面完整性的必要性。

表 5.7　车削加工工序切削参数

工艺	单向扭转	加工尺寸/mm	表面粗糙度/μm	断裂类型	疲劳寿命/周次
精车 1	0. 033 3	12. 519	1. 08	横断	13 312
精车 2	0. 037 0	12. 521	1. 06	横断	9 805
精车 3	0. 040 7	12. 514	1. 10	横断	3 615
精车 4	0. 044 4	12. 515	1. 07	横断	1 974
精车 5	0. 044 4	12. 524	1. 11	横断	1 747
精车 6	0. 051 8	12. 518	1. 09	横断	689
精磨 1	0. 033 3	12. 509	0. 83	横断	2 494
精磨 2	0. 037 0	12. 514	0. 81	横断	2 077
精磨 3	0. 044 4	12. 507	0. 84	横断	879
精磨 4	0. 051 8	12. 513	0. 86	横断	541
粗车 1	0. 033 3	12. 521	2. 69	横断	6 997
粗车 2	0. 037 0	12. 512	2. 71	横断	4 947
粗车 3	0. 044 4	12. 511	2. 75	横断	1 532
粗车 4	0. 051 8	12. 524	2. 72	横断	603
粗磨 1	0. 033 3	12. 514	0. 91	横断	1 804
粗磨 2	0. 037 0	12. 521	0. 93	横断	1 509
粗磨 3	0. 044 4	12. 518	0. 94	横断	800
粗磨 4	0. 051 8	12. 522	0. 91	横断	444

5.6.2 同时考虑车削与磨削表面完整性的位错能法疲劳寿命预测模型

首先建立不同扭转应变特征的车削与磨削加工表面完整性与扭转疲劳行为的映射模型，这不但有助于阐明加工表面完整性对疲劳行为的作用机制，同时扩展了能量法在表面完整性下的适用范围。

通过对车磨工序下加工表面完整性的分析可知，疲劳断口类型为横断时，车削工序产生的周向残余应力 $\sigma_{X,前}$ 对疲劳寿命的影响较为显著，弥补了表面较差的几何形貌缺陷，使扭转疲劳寿命延长。

不同的车削与磨削加工表面完整性使能量法的适用性大大降低，式(5.6) 给出了循环迟滞回线中的不同循环应变能密度预测疲劳寿命的通用模型。

$$\Delta E_{0.9} N_f^{-\beta} = W'_f \tag{5.6}$$

表5.8 列出了弹塑性能、摩擦能、背应力能、残余应力能和位错能预测疲劳寿命时的预测系数。可以看出，针对车削与磨削两种加工工序的表面完整性，能量法预测疲劳寿命的精度产生了很大的差别，其中疲劳断裂与摩擦能的相关性最小，预测精度几乎为0，产生了较大的误差分散带，热的产生更像是位错滑移过程产生的结果量。而以残余应力能预测疲劳寿命的平均精度仅为27.7%，残余应力能主要以改变总应变能的方式来间接影响总残余应力能，因此当总背应力能通过去除残余应力能后获得的位错能对疲劳寿命的预测精度更高。位错能反映了加工表面的位错滑移程度，当其达到一定临界值后产生应力集中，进而发生疲劳断裂。

表5.8　不同循环迟滞回线能的扭转疲劳寿命预测对比

疲劳寿命预测模型	β	W'_f	预测精度/%
弹塑性能	9.66E-01	1.29E-01	52
摩擦能	1.94E+00	-2.53E-02	—
背应力能	1.28E-01	2.74E-01	57
残余应力能	3.26E-02	3.38E-01	28
位错能	1.15E-01	2.18E-01	61

通过将车削与磨削工序的几何-力学特征修正项代入扭转角为16°时的位

错能法预测模型，可得到考虑加工表面完整性能量法预测模型：

$$\Delta E_{\text{dis},0.9} N_f^{-\beta} = W'_f \left(1 + A \frac{R_a}{R_{sm}} + B\sigma_{X,\text{前}}\right) \tag{5.7}$$

式中，W'_f 为总位错能；A 为几何特征修正常数；B 为力学特征修正常数；$\Delta E_{\text{dis},0.9}$为扭转寿命百分比为 90% 时的循环位错能密度；$\beta$ 为循环硬化指数；R_{sm}为轮廓微观不平度间距；$\sigma_{X,\text{前}}$为疲劳实验前周向表面残余应力。考虑加工表面完整性的位错能法预测模型参数见表 5.9。

表 5.9　考虑加工表面完整性的位错能法预测模型参数

A	β	W'_f	B	预测精度/%
3.67E－09	－3.24E－11	0.880 833	－1.01E－13	81

图 5.29（a），（b）分别显示了疲劳实验前位错能法预测模型Ⅱ和疲劳实验后位错能法预测模型Ⅰ的对比结果。可以看出，疲劳实验前不考虑位错能密度的预测模型具有较大的误差分散带（3.97 倍），忽略了加工表面完整性的疲劳实验后位错能法预测模型Ⅰ与之相比，最大误差分散带减小了 31.6%。相对于考虑位错能密度的预测模型Ⅰ，提出的疲劳实验前位错能法预测模型Ⅳ的平均误差分散带从 1.53 倍减小至 1.18 倍，扭转疲劳寿命预测精度从 61.4% 提高至 80.7%，预测精度得到显著提高。

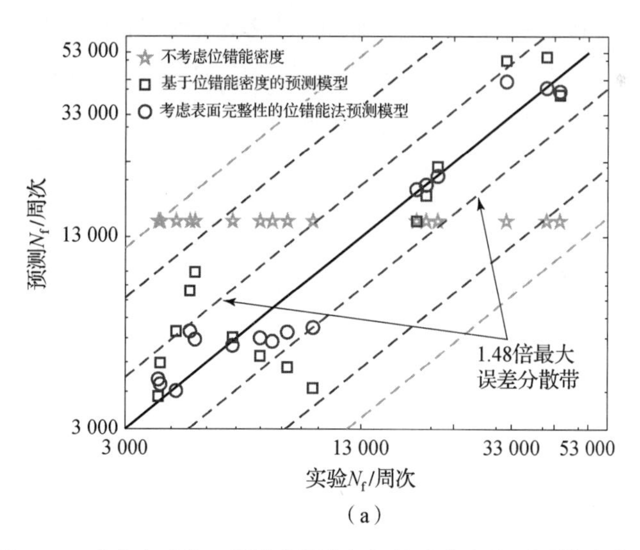

（a）

图 5.29　疲劳实验前、后超高强度钢扭转疲劳寿命预测模型对比

（a）考虑表面完整性的位错能法最大误差分散带对比

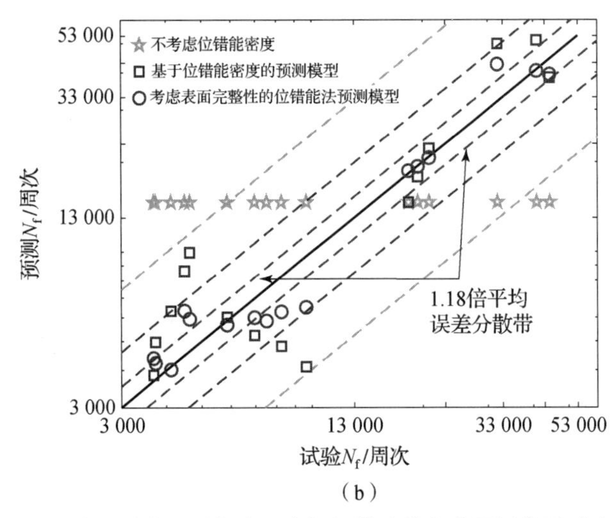

(b)

图 5.29　疲劳实验前、后超高强度钢扭转疲劳寿命预测模型对比（续）

(b) 考虑表面完整性的位错能法平均误差分散带对比

表 5.10 显示了超高强度钢扭转疲劳的实验寿命和利用位错能法预测模型预测的疲劳寿命。提出的模型克服了疲劳断裂后实时统计单周次循环位错能密度预测模型的失效性，误差分散带从 2.48 倍降到了 1.18 倍。该模型提高了能量法在不同加工表面层的适用范围，实现了面向服役性能的加工表面完整性高质量评价。

表 5.10　考虑车削和磨削加工表面完整性的位错能法预测模型

工艺	实验寿命/周次	位错能法		考虑加工表面完整性的位错能法	
		预测寿命/周次	预测精度/%	预测寿命/周次	预测精度/%
精车 1	40 856	51 258	75	40 475	97
精车 2	31 884	49 872	44	42 516	50
精车 3	44 379	38 383	86	39 384	82
精磨 1	7 521	2 767	37	5 851	63
精磨 2	5 863	6 029	97	5 675	75
精磨 3	4 637	9 948	−15	5 941	94
精磨 4	4 490	8 619	8	6 326	86
粗车 1	18 286	14 638	80	18 663	96

续表

工艺	实验寿命/周次	位错能法		考虑加工表面完整性的位错能法	
		预测寿命/周次	预测精度/%	预测寿命/周次	预测精度/%
粗车 2	19 384	17 803	92	19 305	89
粗车 3	20 789	22 187	93	20 643	97
粗磨 1	3 736	4 972	67	4 227	84
粗磨 2	4 123	6 322	47	4 020	99
粗磨 3	3 689	3 852	96	4 387	73
精车 + 精磨 1	8 259	4 813	58	6 280	68
精车 + 精磨 2	6 968	5 240	75	6 007	80
精车 + 精磨 3	9 654	4 107	43	6 503	59
平均预测精度	—	—	61	—	81

图 5.30（a），（b）给出了不同扭转角下考虑表面完整性的位错能法预测模型Ⅳ与不考虑加工表面完整性的位错能法预测模型Ⅲ的对比。可以看出，相对于模型Ⅲ，模型Ⅳ的最大误差分散带从 5.2 倍减小至 3.7 倍，减小了 29%，平均误差分散带从 2.1 倍减小至 1.4 倍，扭转疲劳寿命预测精度从 23.9% 提高至 64.4%。加工表面完整性的变化使位错能法预测模型产生了极大的预测误差，减小了能量法的适用范围。通过建立基于加工表面完整性的疲劳寿命预测模型，提高了预测精度，扩大了位错能法的应用范围。

5.6.3　不同扭转应变下的表面完整性特征评价

考虑到扭力轴在实际服役环境下会承受更大的载荷，研究扭转角度增加后的车削工序是否仍能保持最优的疲劳寿命对零件的高性能制造具有重要意义。

式（5.7）所示的考虑加工表面完整性的能量法预测模型具有很高的预测精度，这也提供了一种新的表面完整性定量评价方法。为了使扭力轴获得相同的疲劳寿命，可以通过引入一定量的残余压应力来补偿实际机械加工生产过程中缺陷造成的疲劳寿命流失，其加工表面完整特征参数应满足：

$$\frac{R_a}{R_{sm}} = -\frac{B}{A}\sigma_{X,前} \tag{5.8}$$

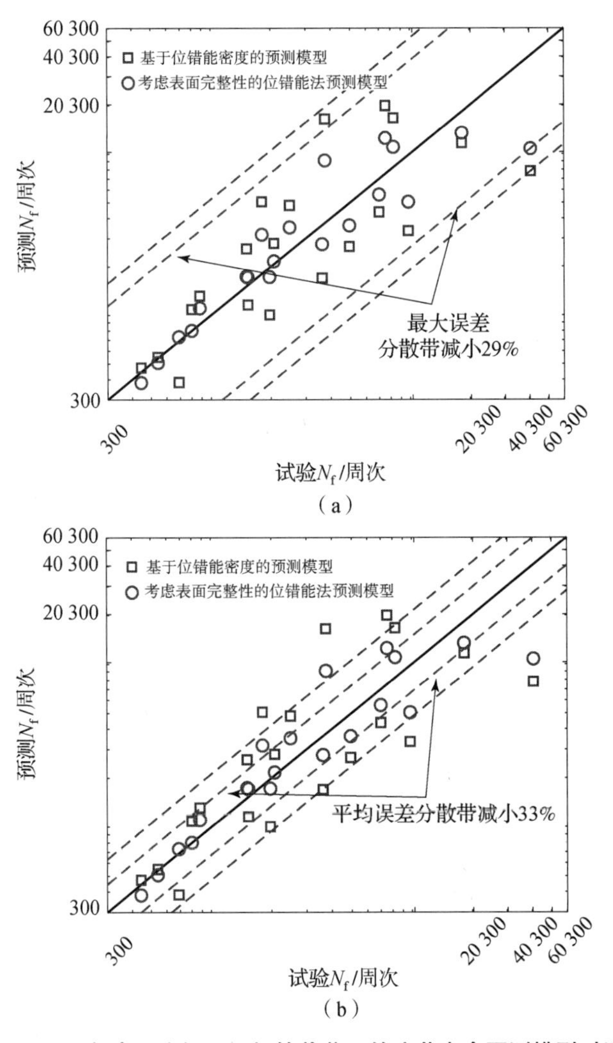

图 5.30 超高强度钢不同扭转载荷下的疲劳寿命预测模型对比

(a) 考虑表面完整性的位错能法预测模型最大误差分散带对比;

(b) 考虑表面完整性的位错能法预测模型平均误差分散带对比

图 5.31 给出了疲劳实验过程中不同扭转角下的表面残余应力和表面形貌特征 $-A/B$ 值。当扭转应变为 0.029 6 时，$-A/B$ 值为 -3.37×10^4 MPa，即相对于精磨工序，精车工序通过增加周向残余压应力（−354 MPa）补偿了加工表面粗糙度参数 R_{sm} 为 95.12 μm 时 R_a（1 μm）的表面形貌缺陷，其中，车削工序的表面残余压应力的增加与表面层塑性应变和晶粒细化有关。随着扭转应变的增大，残余应力补偿量 $-A/B$ 绝对值逐渐增大，当扭转应变为 0.044 4 时，$-A/B$ 绝对值最大，这意味着此时扭转疲劳寿命对表面粗糙度

参数 R_a/R_{sm}最为敏感，表面缺陷需要更大的周向残余压应力来补偿，才能获得相同的扭转疲劳寿命，当扭转应变增大到 0.051 8 时，扭转力矩极度增大，疲劳寿命显著缩短，表面粗糙度特征对疲劳寿命的影响降低。

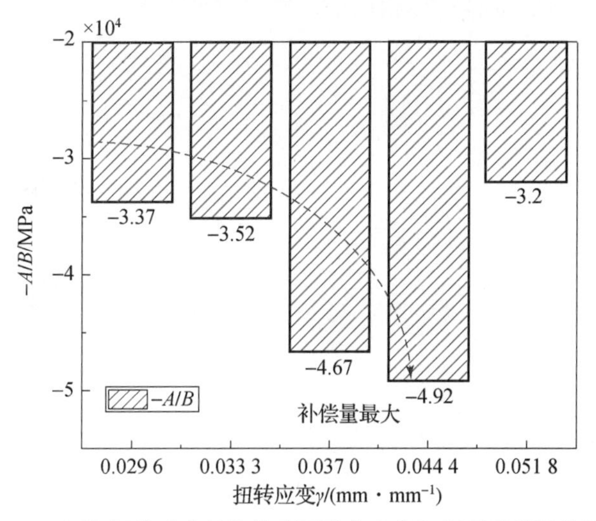

图 5.31　面向扭转疲劳性能的表面残余应力和表面形貌评价关系

5.7　淬火回火表面层 + 精车 + 超声滚压强化多工序优化与验证

超高强度钢扭力轴疲劳测试是在淬火回火表面层 + 精磨 + 超声滚压工序后进行的，为了验证优化的关键硬车工序经过后续的超声滚压强化后，表面完整性特征是否仍具有最优的疲劳寿命，设计了面向扭转疲劳高效高性能制造的淬火回火处理 + 精车 + 超声滚压强化的多工序，与超高强度钢扭力轴的多工序（淬火回火表面层 + 精磨 + 超声滚压强化）进行对比，如图 5.32 所示。

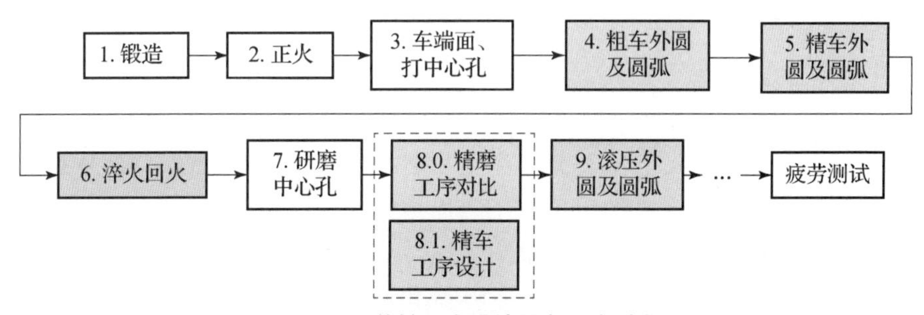

图 5.32　关键工序设计及多工序过程

通过淬火回火表面层+4组车削、磨削工序+超声滚压强化处理，获得不同工艺的最终扭转疲劳寿命，其中加工多工序安排如图5.33所示，具体工艺参数见表5.11，4组车削和磨削工序为第5.1节所述关键工序，且超声滚压工艺参数参考本项目其他课题组的前期研究成果[23,26]。

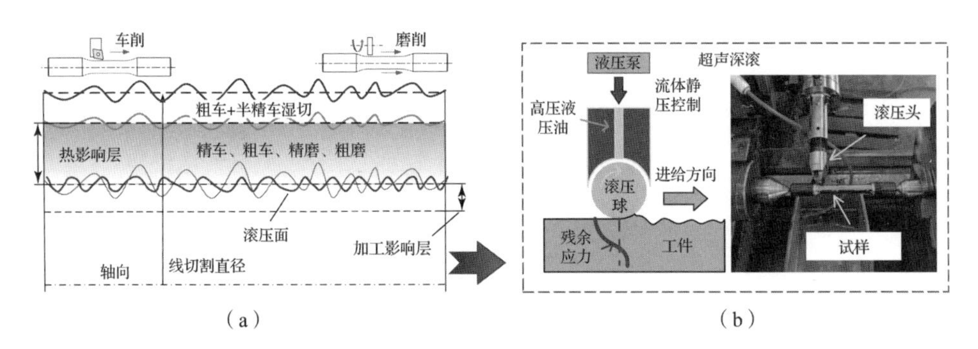

(a)　　　　　　　　　　(b)

图5.33　加工多工序安排

(a) 粗车+半精车+淬火回火+车削与磨削工序；(b) 超声滚压强化实验

表5.11　精车与磨削+超声滚压强化多工序的工艺参数

工序名称	工艺步骤	加工参数	多工序
精车+超声滚压	步骤1	$v_c=70$ m/min，$a_p=0.36$ mm，$f=0.09$ mm/r	1+5
精磨+超声滚压	步骤2	$n=120$ r/min，$a_p=0.01$ mm，$v_f=100$ mm/min，$v_s=25$ m/s	2+5
粗车+超声滚压	步骤3	$v_c=50$ m/min，$a_p=0.09$ mm，$f=0.18$ mm/r	3+5
粗磨+超声滚压	步骤4	$n=210$ r/min，$a_p=0.05$ mm，$v_f=450$ mm/min，$v_s=25$ m/s	4+5
超声滚压	步骤5	静压力：1 200 N；超声振幅：8 μm；超声频率：28 kHz；主轴转速：320 r/min；进给量：0.1 mm/r	

4组多工序+超声滚压强化表面完整性表征参数见表5.12。对于表面几何特征，从表中可以看出4组工艺经过超声滚压强化后，表面粗糙度均显著降低，超声滚压强化工艺使表面层产生明显的塑性应变，减小了加工表面的不平整程度，且较为粗糙的粗车加工表面进行超声滚压强化后，表面粗糙度降低更为显著（$R_a=0.2$ μm），低于磨削+超声滚压工艺后的表面粗糙度（$R_a=0.3$ μm），车磨工序经过超声滚压强化后的表面形貌如图5.34所示。

表 5.12　4 组多工序 + 超声滚压强化表面完整性表征参数

工艺	表面形貌特征				表面力学特征				表面冶金特征			
	$R_a/\mu m$		R_a/R_{sm}		周向残余应力/MPa		轴向残余应力/MPa		半高宽/(°)		显微硬度/HV	
		滚压		滚压		滚压		滚压		滚压		滚压
精车	1.1	0.2	1.1E-02	6.1E-04	-891	-448	-670	-1280	4.75	3.83	667	676
精磨	0.9	0.3	5.6E-03	4.6E-04	-383	-649	-490	-1167	5.18	3.58	569	611
粗车	2.7	0.2	1.5E-02	5.0E-04	-479	-217	-107	-1244	4.8	3.93	666	686
粗磨	0.9	0.3	7.6E-03	9.4E-04	-284	-648	-429	-1354	4.78	3.78	573	611

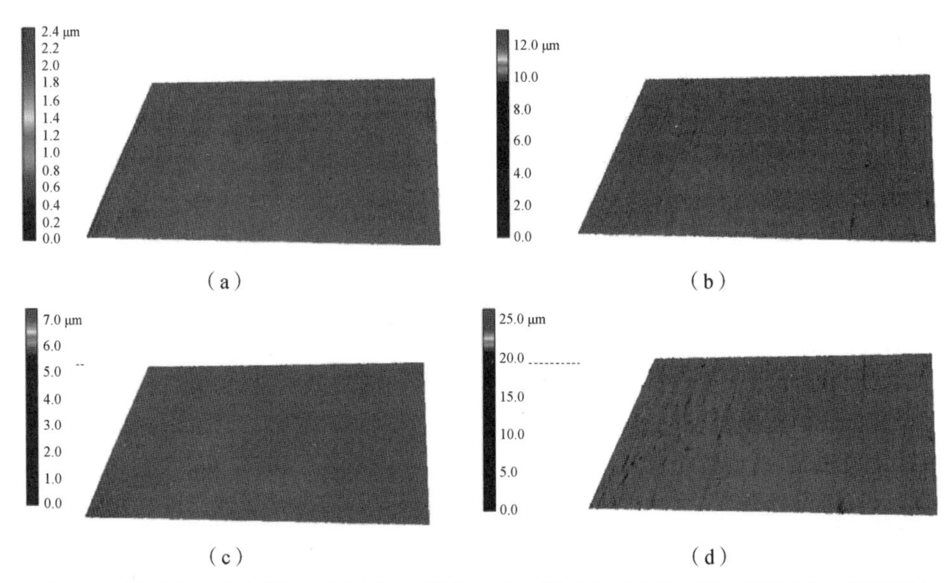

图 5.34　淬火回火表面层 +4 组车削、磨削工序 + 超声滚压强化后的表面形貌（附彩插）

（a）精车 + 滚压；（b）精磨 + 滚压；（c）粗车 + 滚压；（d）粗磨 + 滚压

对于表面冶金特征，可以看出表面层显微硬度均呈现升高的趋势，但磨削工序经过超声滚压强化后表面层显微硬度（610 HV）仍低于未进行车削工序的表面层显微硬度，经过超声滚压强化后的表面半高宽呈现显著减小的趋势。

对于表面力学特征，可以看出磨削工序经过超声滚压强化后，表面残余应力均呈现增加的趋势，然而，对于车削加工表面，经过超声滚压强化后，表面轴向残余压应力获得显著提高，如粗车加工表面超声滚压强化前表面轴向残余压应力分别为 -107 MPa，强化后达到 -1 244 MPa，增大了 10.6 倍。超声滚压强化反而使车削加工表面周向残余压应力减小，如精车加工表面超声滚压强化前、后的表面轴向残余压应力分别为 -891 MPa、 -448 MPa，残余压应力减小 50%。图 5.35 给出了精车和精磨工序 + 超声滚压强化前、后的残余应力随深度的变化曲线。可以看出，车磨工序经过超声滚压强化后，引入了相当大的残余应力层深，如精磨工序经过超声滚压强化后残余压应力层深为 980 μm，显著大于超声滚压前残余压应力层深 38 μm。

图 5.36 给出了粗车 + 湿式半精车 + 淬火回火 +4 种典型车磨工序的超声滚压强化前、后的疲劳寿命实验结果。可以看出，4 种车磨工序经过超声滚压强化后的疲劳寿命均呈现延长的趋势，然而对于精车工序，超声滚压强化效果并不明显，甚至出现了超声滚压强化前的疲劳寿命长于超声滚压强化后，这很可能是由于淬火回火的精车工序提前使表面产生较优的状态，超声滚压强化后效果不明显，并且经过超声滚压强化后，表面周向残余压应力减小（表 5.12）。

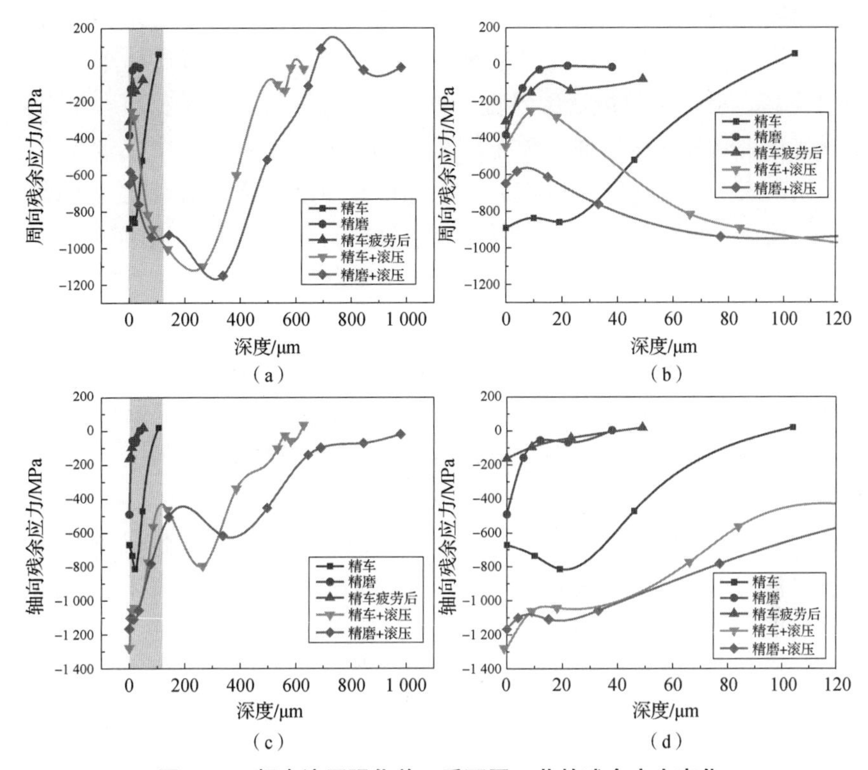

图 5.35　超声滚压强化前、后不同工艺的残余应力变化

(a) 周向残余应力随深度的变化；(b) 图 (a) 局部放大图；
(c) 轴向残余应力随深度的变化；(d) 图 (c) 局部放大图

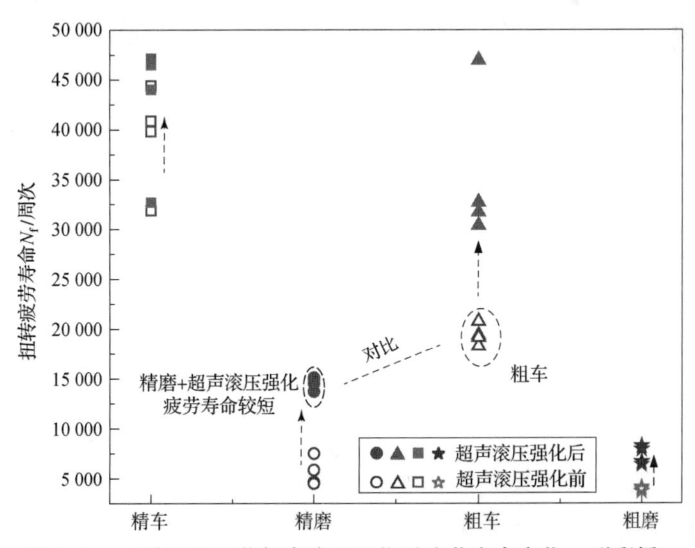

图 5.36　4 种不同工艺超声滚压强化后疲劳寿命变化（附彩插）

对比经过超声滚压强化后的4种多工序的疲劳寿命可以看出，超声滚压强化前较优的扭转疲劳寿命经过超声滚压强化后仍较长。对比精车+超声滚压强化工艺、粗车+超声滚压强化工艺疲劳寿命，可以看出，粗车工序+超声滚压强化后疲劳寿命出现了长于精车+超声滚压强化后的个别现象，这很可能是超声滚压强化前较为粗糙的表面经过超声滚压强化后产生了大的塑性应变引起的，并且已有较多的学者尝试通过较为粗糙表面+超声滚压表面强化的方式来引入较大的塑性应变，进而产生较大的残余压应力[176,187]。然而精车+超声滚压强化后的平均疲劳寿命长于粗车+超声滚压强化工序，同时也说明了粗车+超声滚压强化工序具有一定的局限性，如粗车+超声滚压强化后更易产生不易观察到的微裂纹，这可归因于精车工序的表面完整性特征经过超声滚压强化后具有遗传性，因此研究淬火回火后的不同车削工序具有很大的意义。

针对粗车+湿式半精车+淬火回火表面层（0.36 mm），相对于精磨+超声滚压强化的加工方式，仅通过淬火回火表面层的粗车工序的疲劳寿命仍显著延长（图5.36中蓝色虚线对比）。从表5.12和图5.35可以看出，精磨+超声滚压强化后引入较大且深的残余压应力，并且表面粗糙度（$R_a=0.3$ μm）显著低于粗车加工的表面粗糙度（$R_a=2.7$ μm），然而疲劳寿命并未显著延长，这在很大程度上归因于淬火回火表面层+精磨+超声滚压强化后的晶粒细化层深度仍小于淬火回火表面层+粗车工序后的晶粒细化层深度［对比图5.37（a），（b）］。对超声滚压强化表面层而言，超声滚压强化后引入的较高残余压应力并不能反映晶粒细化特征，仅考虑残余应力对扭转疲劳寿命的影响反而会产生错误的结论[188]，较短的扭转疲劳寿命意味着淬火回火表面层+磨削+超声滚压强化工艺具有一定的局限性。

图5.37所示为淬火回火表面层+精磨+超声滚压强化工序、淬火回火表面层+粗车工序后的表面层晶粒特征分布。淬火回火表面层+精磨+超声滚压强化工序虽然产生了更大的晶粒塑性应变，但并未产生更深的晶粒细化层，然而淬火回火表面层+车削工序产生的表面层晶粒细化特征更有利于扭转疲劳寿命的延长。由表5.12可知，相对于粗车工序（1.1 μm），淬火回火表面层+精车工序具有更深的晶粒细化层（1.3 μm），且经过超声滚压强化后具有更大的周向残余应力。相对于粗车+湿式半精车+淬火回火+精磨+超声滚压强化工序，优化的粗车+湿式半精车+淬火回火+湿式精车+超声滚压强化工序，疲劳寿命延长了1.9倍。实际生产工序中磨削工序的较大轴向进给速度，使设计的多工序疲劳寿命延长了1.9倍以上（应变幅为0.029 6），且硬车工序可实现较大的切削深度，使生产效率显著提高，为实现超高强度

钢扭力轴的高效率、高性能抗疲劳制造提供了理论基础与实验依据。

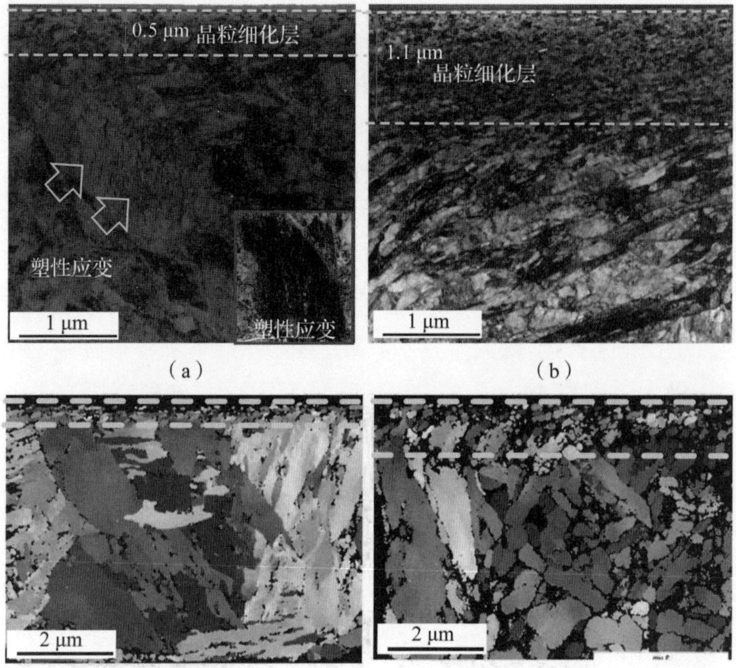

(a)　(b)

(c)　(d)

图 5.37　淬火回火表面层 + 精磨 + 超声滚压强化工序、淬火回火表面层 + 粗车工序后的表面层晶粒特征分布

(a) 精磨 + 超声滚压强化表面层 TEM 图像；(b) 粗车表面层 TEM 图像；(c) 图 (a) 对应的 EBSD 表面层；(d) 图 (d) 对应的 EBSD 表面层

5.8　本章小结

本章针对粗车 + 湿式半精车 + 淬火回火表面层的后续关键工序，设计了车削与磨削关键工序，通过对比分析车削与磨削关键工序在不同扭转应变下的加工表面完整性与残余应力能、位错能的影响规律，揭示了加工表面完整性在不同扭转应变下的疲劳寿命具有保持性，构建了同时考虑车削与磨削加工表面完整性的位错能法疲劳寿命预测模型，扩大了能量法在不同加工表面层的适用范围，最后验证了粗车 + 湿式半精车 + 淬火回火 + 精车 + 超声滚压强化工序的可行性。本章的主要研究结论如下。

(1) 在淬火回火表面层的后续精密车削与磨削加工过程中，精磨工序具有较低的表面粗糙度（R_a = 0.86 μm），远远低于粗车工序的表面粗糙度（R_a =

2.72 μm)；然而相对于精磨加工工艺周向残余压应力（-383.2 MPa），由于淬火回火表面层的梯度分布特征，车削工件接触面的挤光作用显著，精车和粗车引入更大的周向残余压应力，且大于轴向残余应力，分别为-891.1 MPa和-478.5 MPa；表面层显微硬度也呈现升高的趋势，经过车磨组合工艺后的表面粗糙度较低，周向残余压应力呈现一定的升高（-403.8 MPa）。

（2）淬火回火表面层的精车工序晶粒细化层深度（1.3 μm）相对于精磨工序晶粒细化层深度（0.2 μm）减小了约85%，晶粒细化引起了更加明显的动态再结晶，几何必须位错密度减小；此外，精车工序的位错取向差（0.76°）和塑性应变（0.717°）相对于精磨工序的位错取向差（0.712°）和塑性应变（0.668°）分别增大了6.7%和7.3%。精车工序表面层存在一定的择优取向，最大纹理密度为6.3，大于精磨工序最大纹理密度（3.3），滑移方向呈现周向择优取向分布，使扭转载荷下的泰勒因子显著增大，而轴向载荷下的泰勒因子并未增大。

（3）随着循环寿命百分比的增加，精车和精磨工序应力幅呈现循环软化特征，主要包括4个阶段：快速循环软化（阶段Ⅰ）、中速循环软化（阶段Ⅱ）、低速循环软化（阶段Ⅲ）和超快速循环软化（阶段Ⅳ）。磨削工序的阶段Ⅱ和阶段Ⅲ保持近似相同的循环软化速率。相对于精磨工序，精车工序加工表面层具有更大的循环强度系数和循环硬化指数。在同等塑性变形下，精车工序具有最小的疲劳韧性系数，粗磨工序具有最大的疲劳韧性指数，对塑性变形更加敏感。车削工序和磨削工序均具有较好的Masing特性，精磨工序较低的表面粗糙度使疲劳实验数据分散性降低。

（4）淬火回火表面层的后续精密加工残余应力能主要以改变总应变能的方式来间接影响总残余应力能，当总背应力能去除残余应力能后获得的位错能对疲劳寿命的预测精度更高。位错能反映了加工表面的位错滑移程度，当其达到一定临界值后产生应力集中，进而发生疲劳断裂。

（5）精车和精磨工序TEM表面层主要由5部分特征组成，分别为纳米晶层（NS）、细晶平行层（RP）、细晶倾斜层（RI）、板条弯曲层（LB）和位错结构层（DS）。与精车工序相比，精磨工序在距离相同表面层深度处的晶粒细化层并未产生明显的纳米晶层，而是产生了向纳米晶层过渡的纳米晶带，且晶粒尺寸增大，位错滑移等特征减少。

（6）车削与磨削加工工序的疲劳断口类型为周向切断时，加工表面完整性对疲劳寿命的影响程度为周向表面残余应力>表面粗糙度。虽然精磨工序表面粗糙度（0.86 μm）相对于粗车工序表面粗糙度（2.72 μm）降低了约68%，但粗车工序引入的较大周向残余应力（-478.5 MPa）和晶粒细化层反而使疲劳寿命延长了2.46倍。较大的周向残余压应力和晶粒细化层引起精车工序疲劳断口呈现先横断后正断，较高的表面粗糙度使粗车工序疲劳断口周向断裂，较小的周向残余压应力和晶粒细化层使磨削工序疲劳断口呈现周向断裂。

（7）不同扭转角下的考虑表面完整性的位错能法预测模型使疲劳寿命预测精度得到显著提高，并扩展了位错能法预测模型在不同加工表面层特征下的适用性，同时提供了一种面向疲劳服役性能的表面完整性新的定量评价方法。为了使扭力轴获得相同的疲劳寿命，可以通过引入一定量的残余压应力来补偿实际机械加工生产过程中缺陷造成的疲劳寿命流失，且随着扭转载荷的增加，扭转疲劳寿命对表面粗糙度参数R_a/R_{sm}更为敏感，产生的表面缺陷需要引入更大的周向残余压应力才能获得相同的扭转疲劳寿命。

（8）相对于淬火回火表面层+关键车削与磨削工序，经过超声滚压强化后，表面层产生大且深的残余压应力，表面层显微硬度升高，表面粗糙度降低。淬火回火表面层+精磨工序，经过超声滚压强化后，表面层产生较大的晶粒塑性变形，残余压应力增大，0.029 6扭转应变下的扭转疲劳寿命从5 628周次延长为14 575周次，延长了1.6倍，然而淬火回火表面层+精磨+超声滚压强化工序后的扭转疲劳寿命短于淬火回火表面层+粗车工序的疲劳寿命（19 408周次），这主要归因于淬火回火表面层+粗车工序后产生了更深的晶粒细化层（1.1 μm）。

（9）相对于淬火回火表面层+精磨工序，淬火回火表面层+精车工序在0.029 6~0.051 8扭转应变范围内均具有较长的扭转疲劳寿命；相对于淬火回火表面层+精磨+超声滚压强化工序，淬火回火表面层+精车+超声滚压强化工序的表面完整性特征更加有利于延长扭转疲劳寿命，0.029 6扭转应变下的扭转疲劳寿命从14 575周次延长为42 593周次，延长了1.9倍。

（10）加工表面完整性对疲劳寿命的影响程度为周向表面残余应力>表面粗糙度。虽然精磨工序表面粗糙度（0.86 μm）相对于粗车工序表面粗糙度（2.72 μm）降低了约68%，但粗车工序引入的较大周向残余应力（−478.5 MPa）反而使疲劳寿命延长了2.46倍，周向较大的残余压应力使精车工序疲劳寿命显著延长。

参 考 文 献

[1] 王彦才. 车辆扭力轴设计与制造 [M]. 北京: 国防工业出版社, 1996.

[2] 国家自然科学基金委员会工程与材料科学部. 机械工程学科发展战略报告 (2021—2035).

[3] 郭东明. 高性能精密制造 [J]. 中国机械工程, 2018, 29 (07): 757 - 765.

[4] 赵振业. 高强度合金抗疲劳应用技术研究与发展 [J]. 中国工程科学, 2005, 7 (3): 90 - 94.

[5] 李辉, 王佰超, 张大舜, 等. 扭力轴疲劳寿命影响因素分析 [J]. 制造业自动化, 2010, 32 (01): 57 - 59.

[6] 冯勋欣, 冯兵, 张静萍. 履带式自行火炮扭力轴疲劳寿命预测 [J]. 火炮发射与控制学报, 1999 (04): 32 - 34.

[7] 李南, 罗志强, 刘龙, 等. 扭力轴断裂原因分析 [J]. 金属淬火回火处理, 2019, 44 (S1): 255 - 257.

[8] 王玉龙. 预扭处理对扭力轴扭转疲劳性能的影响 [D]. 沈阳: 东北大学, 2014.

[9] 吕晓春, 李玉海, 王跃旗, 等. 淬火回火处理温度对 45CrNiMoVA 钢性能的影响 [J]. 理化检验 (物理分册), 2007 (05): 221 - 223 + 265.

[10] 薛立瑞. 合金结构钢锻后淬火工艺的研究 [J]. 太原科技, 2006 (06): 58 - 6.

[11] 张峥, 于荣莉, 钟群鹏. 扭力轴断裂原因分析 [J]. 金属淬火回火处理, 2001, 3: 38 - 40.

[12] 米奕媛, 颉宏亮, 冯锐. 45CrNiMoVA 连接销轴研制及热处理工艺研究 [J]. 金属加工, 2019 (05): 62 - 63.

[13] 葛瑞荣, 周尚荣, 张鹏程, 等. 45CrNiMoVA 钢的预先热处理和预冷淬火工艺 [J]. 金属热处理, 2010, 35 (07): 34 - 38.

[14] 耿琼, 解丽静, 王西彬. 硬态切削高强度钢表面完整性的研究 [J]. 新

技术新工艺，2013（03）：60－64.

[15] HU X，XIE L，GAO F N，et al. On the development of material constitutive model for 45CrNiMoVA ultra－high－strength steel [J]. Metals，2019，9：374.

[16] 何志坚，周志雄，黄向明. 45CrNiMoVA 高速切削条件下本构关系建模技术研究 [J]. 材料科学与工艺，2016，24（04）：33－39.

[17] 杨杏敏，彭振新，彭福英. 基于高强度钢 45CrNiMoVA 表面完整性预测研究 [J]. 新技术新工艺，2019（04）：39－43.

[18] LI S J，HU Y K，JIANG X，et al. Experimental study on cryogenic cutting of high－strength steel with liquid nitrogen cooling [J]. Advanced Materials Research，2011，328－330：470－473.

[19] 江雪. 45CrNiMoVA 高强度钢的低温切削实验研究 [D]. 太原：太原科技大学，2011.

[20] YILMAZ H，SADELER R. Impact wear behavior of ball burnished 316L stainless steel [J]. Surface and Coatings Technology，2019，363：369－378.

[21] DZIONK S，SCIBIORSKI B，PRZYBYLSKI W. Surface texture analysis of hardened shafts after ceramic ball burnishing [J]. Materials，2019，12（2）：204.

[22] LUO X，TAN Q Y，MO N，et al. Effect of deep surface rolling on microstructure and properties of AZ91 magnesium alloy [J]. Transactions of Nonferrous Metal Society of China，2019，29（7）：1424－1429.

[23] LUAN X S，ZHAO W X，LIANG Z Q，et al. Experimental study on surface integrity of ultra－high－strength steel by ultrasonic hot rolling surface strengthening [J]. Surface & Coatings Technology，2020，392：125745.

[24] PARK H W，LIANG S Y. Force modeling of micro－grinding incorporating crystallographic effects [J]. International Journal of Machine Tools and Manufacture，2008，48（15）：1658－1667.

[25] JAESIK H，JEONG K，SEUL K. Effect of PTFE coating on enhancing hydrogen embrittlement resistance of stainless steel 304 for liquefied hydrogen storage system application [J]. International Journal of Hydrogen Energy，2020，45（15）：9149－9161.

[26] 梁志强，陈一帆，栾晓圣，等. 超高强度钢强力滚压残余应力仿真与实验研究 [J]. 表面技术，2021，50（01）：413－421.

[27] DONG D, GUO G, YU D, et al. Experimental investigation on the effects of different heat treatment processes on grinding machinability and surface integrity of 9Mn2V [J]. International Journal of Advanced Manufacturing Technology, 2015, 81 (5): 1165 - 1174.
[28] GÜR H, TEKKAYA A. Numerical and experimental analysis of quench induced stresses and microstructures. Journal of the Mechanical Behavior of Materials [J]. 1998, 9: 237 - 256.
[29] XIE L, PALMER D, OTTO F, et al. Effect of surface hardening technique and case depth on rolling contact fatigue behavior of alloy steels [J]. Tribology Transactions, 2015, 58 (2): 215 - 224.
[30] KHANNA N, SANGWAN K S. Machinability analysis of heat treated Ti64, Ti54M and Ti10. 2. 3 titanium alloys [J]. International Journal of Precision Engineering&Manufacturing, 2013, 14: 719 - 724.
[31] GRUM J, ZUPANČIČ M. Influence of quenching process parameters on residual stresses in steel [J]. Journal of Materials Processing Technology, 2001, 114: 57 - 63.
[32] MCCORMACK X. Analysis of the transitional temperature for tensile residual stress in grinding [J]. Journal of Materials Processing Technology, 2000, 107: 216 - 231.
[33] SINGH G. A review on effect of heat treatment on the properties of mild steel [J]. Materials Today: Proceedings, 2020, 37: 2266 - 2268.
[34] SRIDHAR B R, DEVANANDA G, RAMACHANDRA K, et al. Effect of machining parameters and heat treatment on the residual stress distribution in titanium alloy IMI834 [J]. Journal of Materials Processing Technology, 2003, 139 (1 - 3): 628 - 634.
[35] AMINI K, NATEGH S, SHAFYEI A. Influence of different cryotreatments on tribological behavior of 80CrMo12 5 cold work tool steel [J]. Materials & Design, 2010, 31 (10): 4666 - 4675.
[36] SINGH R, GILL S S, SINGH J, et al. Effect of cryogenic treatment on AISI M2 high speed steel [J]. Metallurgical and Mechanical Characterization. 2011, 211: 1320 - 1326.
[37] SENTHILKUMAR D, RAJENDRAN I, PELLIZZARI M, et al. Influence of shallow and deep cryogenic treatment on the residual state of stress of 4140 steel [J]. Journal of Materials Processing Technology, 2011, 211 (3): 396 -

401.

[38] KONESHLOU M, ASL K M, KHOMAMIZADEH F. Effect of cryogenic treatment on microstructure, mechanical and wear behaviors of AISI H13 hot work tool steel [J]. Cryogenics, 2011, 51: 55 - 61.

[39] AGNIESZKA Z, RAFAŁ B, ANNA P L, et al. Research on influence of heat treatment scheme of Ti10V2Fe3Al alloy on technological surface integrity after electrodischarge machining [J]. Journal of Manufacturing Processes, 2021, 62: 47 - 57.

[40] CHOI K K, NAM W J, LEE Y S. Effects of heat treatment on the surface of a die steel STD11 machined by W - EDM [J]. Journal of Materials Processing Technology, 2008, 201 (1 - 3): 580 - 584.

[41] LIAO Y S, CHU Y Y, YAN M T. Study of wire breaking process and monitoring of WEDM [J]. International Journal of Machine Tools & Manufacture, 1997, 37 (4): 555 - 567.

[42] LIAO Y S, HUANG J T, CHEN Y H. A study to achieve a fine surface finish in Wire - EDM [J]. Journal of Materials Processing Technology, 2004, 149 (1 - 3): 165 - 171.

[43] 美国可切削性数据中心. 机械加工切削数据手册（第三版）[M]. 北京: 机械工业出版社, 1989.

[44] KOSTER W P, FIELD M, KOHLS J B, et al. Manufacturing methods for surface integrity machined structural components. 1972.

[45] 张铁茂. 金属切削学 [M]. 北京: 兵器工业出版社, 1991.

[46] 杜东兴. 新型超高强度钛合金的高效加工技术研究 [D]. 西安: 西北工业大学, 2011.

[47] 徐汝锋, 周永鑫, 杨慎亮, 等. 机械加工表面完整性影响试件疲劳性能的研究现状 [J]. 航空制造技术, 2019, 62 (14): 96 - 102.

[48] JAWAHIR I S, BRINKSMEIER E, SAOUBI M R. , et al. Surface integrity in material removal processes: Recent advances [J]. CIRP Annals - Manufacturing Technology, 2011, 60: 603 - 626.

[49] KHAN P L, BHIVSANE S V. Experimental analysis and investigation of machining parameters in finish hard turning of AISI 4340 steel [J]. Procedia Manufacturing 2018, 20: 265 - 270.

[50] MUÑOZ E P, SHOKRANI A, NEWMANB ST, Influence of cutting environments on surface integrity and power consumption of austenitic stainless

steel [J]. Robotics and Computer - Integrated Manufacturing, 2015, 36: 60 - 69.

[51] PATOLE P B, KULKARNI V V. Optimization of process parameters based on surface roughness and cutting force in MQL turning of AISI 4340 using nano fluid [J]. Mater Today: Proceedings, 2018, 5 (1): 104 - 112.

[52] FRÉDÉRIC V, JOËL R, HÉDI H, et al. 3D modeling of residual stresses induced in finish turning of an AISI304L stainless steel [J]. International Journal of Machine Tools and Manufacture, 2012, 53 (1): 77 - 90.

[53] GARCÍA N V, FERNÁNDEZ D, SANDÁ A, et al. Surface integrity of AISI 4150 (50CrMo4) steel turned with different types of cooling - lubrication [J]. Procedia CIRP, 2014, 13: 97 - 102.

[54] VARELA P I, RAKURTY C S, BALAJI A K. Surface integrity in hard machining of 300M teel: effect of cutting - edge geometry on machining induced residual stresses [J]. Procedia CIRP, 2014, 13: 288 - 293.

[55] DANG J, ZHANG H, AN Q L, et al. On the microstructural evolution pattern of 300 M steel subjected to surface cryogenic grinding treatment [J]. Journal of Manufacturing Processes, 2021, 68: 169 - 185.

[56] JD A, HZ A, QA A, et al. Surface integrity and wear behavior of 300M steel subjected to ultrasonic surface rolling process [J]. Surface and Coatings Technology, 2021, 421: 127380.

[57] ANDREWS S, SEHITOGLU H. A computer model for fatigue crack growth from rough surfaces [J]. International Journal of Fatigue, 2015, 22 (7): 619 - 630.

[58] DONG Z. Rolling - sliding contact fatigue of surfaces with sinusoidal roughness [J]. International Journal of Fatigue, 2016, 90: 57 - 68.

[59] YAO C F. Influence of high - speed milling parameter on 3D surface topography and fatigue behavior of TB6 titanium alloy [J]. Transactions of Nonferrous Metals Society of China, 2013, 23 (3): 650 - 660.

[60] SURARATCHAI M, LIMIDO J, MABRU C, et al. Modelling the influence of machined surface roughness on the fatigue life of aluminium alloy [J]. International Journal of Fatigue, 2008, 30 (12): 2119 - 2126.

[61] WANG J J, WEN Z X, ZHANG X H, et al. Effect mechanism and equivalent model of surface roughness on fatigue behavior of nickel - based single crystal superalloy [J]. International Journal of Fatigue, 2019, 125: 101 - 111.

[62] DINH T D, HAN S, YAGHOUBI V, et al. Modeling detrimental effects of high surface roughness on the fatigue behavior of additively manufactured Ti - 6Al - 4V alloys [J]. International Journal of Fatigue, 2021, 144: 106034.

[63] ZHANG M, WANG W, WANG P, et al. The fatigue behavior and mechanism of FV520B - I with large surface roughness in a very high cycle regime [J]. Engineering Failure Analysis, 2016: S1350630716302114.

[64] TAYLOR D, CLANCY O M. The fatigue performance of machined surfaces [J]. Fatigue & Fracture of Engineering Materials & Structures, 2010, 14 (2 - 3): 329 - 336.

[65] YANG D, LIU Z Q, XIAO X, et al. The effects of machining - induced surface topography on fatigue performance of titanium alloy Ti - 6Al - 4V [J]. Procedia CIRP, 2018.

[66] ABROUG F, PESSARD E, GERMAIN G, et al. A probabilistic approach to study the effect of machined surface states on HCF behavior of a AA7050 alloy [J]. International Journal of Fatigue, 2018, 116: 473 - 489.

[67] ITOGA H, TOKAJI K, NAKAJIMA M, et al. Effect of surface roughness on step - wise S - N characteristics in high strength steel [J]. International Journal of Fatigue, 2003, 25 (5): 379 - 385.

[68] GIOVANNA R. Effect of surface integrity induced by machining on high cycle fatigue life of 7075 - T6 aluminum alloy [J]. Journal of Manufacturing Processes, 41 (2019): 83 - 91.

[69] SEALY M P, GUO Y B, CASLARU R C, et al. Fatigue performance of biodegradable magnesium calcium alloy processed by laser shock peening for orthopedic implants [J]. International Journal of Fatigue, 2016, 82 (3): 428 - 436.

[70] WHA B, JZA B, JNA B, et al. Comparison in surface integrity and fatigue performance for hardened steel ball - end milled with different milling speeds [J]. Procedia CIRP, 2018, 71: 267 - 271.

[71] NISHIDA S I, ZHOU C, HATTORI N, et al. Fatigue strength improvement of notched structural steels with work hardening [J]. Materials Science and Engineering A, 2007, 468 - 470: 176 - 183.

[72] JOSEFSON B L, STIGH U, HJELM H E. A nonlinear kinematic hardening model for elastoplastic deformations in grey cast iron [J]. Journal of Engineering Materials and Technology, 1995, 117 (2): 145 - 150.

[73] SUAREZ A, VEIGA F, LOPEZLACALLE L N, et al. Effects of ultrasonics – assisted face milling on surface integrity and fatigue life of Ni – Alloy 718 [J]. Journal of Materials Engineering & Performance, 2016, 25 (11): 5076 – 5086.

[74] WAGNER L, GREGORY J K. Thermomechanical surface treatment of titanium alloys [J]. Materials Science Forum, 1994, 163: 159 – 172.

[75] LAMMI C J, LADOS D A. Effects of residual stresses on fatigue crack growth behavior of structural materials: analytical corrections [J]. International Journal of Fatigue, 2011, 33 (7): 858 – 867.

[76] HUA Y, LIU Z Q, WANG B, et al. Surface modification through combination of finish turning with low plasticity burnishing and its effect on fatigue performance for Inconel 718 [J]. Surface & Coatings Technology, 2019, 375: 508 – 517.

[77] GUO Y B, WARREN A W. The impact of surface integrity by hard turning vs. grinding on fatigue damage mechanisms in rolling contact [J]. Surface & Coatings Technology, 2008, 203 (3): 291 – 299.

[78] YAO C, WU D, MA L, et al. Surface integrity evolution and fatigue evaluation after milling mode, shot – peening and polishing mode for TB6 titanium alloy [J]. Applied Surface Scicnce, 2016, 387: 1257 – 1264.

[79] JAVIDI A, RIEGER U, EICHLSEDER W. The effect of machining on the surface integrity and fatigue life [J]. International Journal of Fatigue, 2008, 30 (10 – 11): 2050 – 2055.

[80] SASAHARA H. The effect on fatigue life of residual stress and surface hardness resulting from different cutting conditions of 0.45% C steel [J]. International Journal of Machine Tools & Manufacture, 2005, 45 (2): 131 – 136.

[81] HUA Y, LIU Z Q. Experimental investigation of principal residual stress and fatigue performance for turned nickel – based superalloy inconel 718 [J]. Materials, 2018, 11 (6): 879.

[82] BENEDETTI M, FONTANARI V, SCARDI P, et al. Reverse bending fatigue of shot peened 7075 – T651 aluminium alloy: The role of residual stress relaxation [J]. International Journal of Fatigue, 2009, 31 (8): 1225 – 1236.

[83] HEMPEL N, BUNN J R, NITSCHKEPAGEL T, et al. Study on the residual

stress relaxation in girth – welded steel pipes under bending load using diffraction methods [J]. Materials Science and Engineering: A, 2017, 688: 289 – 300.

[84] WANG Q, LIU X, YAN Z, et al. On the mechanism of residual stresses relaxation in welded joints under cyclic loading [J]. International Journal of Fatigue, 2017, 105 (dec.): 43 – 59.

[85] XIE X F, JIANG W, YUN L, et al. A model to predict the relaxation of weld residual stress by cyclic load: experimental and finite element modeling [J]. International Journal of Fatigue, 2017, 95 (feb.): 293 – 301.

[86] KIM J C, CHEONG S K, NOGUCHI H. Residual stress relaxation and low – and high – cycle fatigue behavior of shot – peened medium – carbon steel [J]. International Journal of Fatigue, 2013, 56: 114 – 122.

[87] GAUR V, DOQUET V, PERSENT E, et al. Surface versus internal fatigue crack initiation in steel: influence of mean stress [J]. International Journal of Fatigue, 2016, 82: 437 – 448.

[88] WITHERS P J. Residual stress and its role in failure [J]. Reports on Progress in Physics, 2007, 70 (12): 2211.

[89] PARIENTE I F, GUAGLIANO M. About the role of residual stresses and surface work hardening on fatigue ΔKth of a nitrided and shot peened low – alloy steel [J]. Surface and Coatings Technology, 2008, 202 (13): 3072 – 3080.

[90] NOVOVIC D, DEWES R C, ASPINWALL D K, et al. The effect of machined topography and integrity on fatigue life [J]. International Journal of Machine Tools & Manufacture, 2004, 44: 125 – 134.

[91] AROLA D, WILLIAMS C L. Estimating the fatigue stress concentration factor of machined surfaces [J]. International Journal of Fatigue, 2002, 24: 923 – 930.

[92] SHARMAN A R, ASPINWALL D. K, Dewes R. C, et al. The effects of machined workpieceurface integrity on the fatigue life of γ – titanium aluminide [J]. International Journal of Machine Tools & Manufacture, 2001, 41: 1681 – 1685.

[93] CHOI Y. Influence of feed rate on surface integrity and fatigue performance of machined surfaces [J]. International Journal of Fatigue, 2015, 78: 46 – 52.

[94] SMITH S, MELKOTE S N, LARA C E, et al. Effect of surface integrity of

hard turned AISI 52100 steel on fatigue performance [J]. Materials Science and Engineering A, 2007, 459: 337 - 346.

[95] 王仁智. 工程金属材料/零件的表面完整性及其断裂抗力 [J]. 中国表面工程, 2011 (5): 55 - 57.

[96] 杜东兴. 表面改性与完整性对钛合金疲劳行为的影响 [D]. 西安: 西北工业大学, 2014.

[97] 姜潮, 李博川, 韩旭. 一种考虑路径影响的剪切式多轴疲劳寿命模型 [J]. 机械工程学报, 2014, 50 (16): 21 - 26.

[98] 赵丙峰, 谢里阳, 徐国梁, 等. 多轴疲劳寿命预测方法 [J]. 失效分析与预防, 2017, 12 (05): 323 - 330.

[99] 李斌. 基于能量耗散的金属疲劳损伤表征及寿命预测 [D]. 西安: 西北工业大学, 2014.

[100] 刘永权. 基于能量耗散、应变累积及微观演变 ASTM A572 Gr65 钢疲劳性能的研究 [D]. 太原: 太原理工大学, 2021.

[101] SHIGEMI S. The micro plastic stress - strain hysteresis loops of steel during the fatigue process: Ⅱ. the effects of strain aging [J]. Transactions of the Japan Society of Mechanical Engineers, 1963, 29 (206): 1507 - 1514.

[102] CHANG C S, PIMBLEY W T, CONWAY H D. An analysis of metal fatigue based on hysteresis energy [J]. Experimental Mechanics, 1968, 8 (3): 133 - 137.

[103] TOPPER T H, BIGGS W D. The cyclic straining of mild steel [J]. Inorganic Materials: Applied Research, 1966 (4): 202 - 209.

[104] NOURIAN A A, KHONSARI M M. A new model for fatigue life prediction under multiaxial loadings based on energy dissipation [J]. International Journal of Fatigue, 2021, 151 (5): 106255.

[105] GARUD Y S. A new approach to the evaluation of fatigue under multiaxial loadings [J]. Journal of Engineering Materials & Technology Transactions of the Asme, 1981, 103 (2): 118 - 125.

[106] BERTO F, CAMPAGNOLO A, WELO T. Local strain energy density to assess the multiaxial fatigue strength of titanium alloys [J]. Frattura Ed Integrità Strutturale, 2016, 10 (37): 69 - 79.

[107] BRANCO R, COSTA J D, BERTO F, et al. Fatigue life assessment of notched round bars under multiaxial loading based on the total strain energy density approach [J]. Theoretical & Applied Fracture Mechanics, 2017,

65 (5): 1127.

[108] KLIMAN V. Fatigue life estimation under random loading using the energy criterion [J]. International Journal of Fatigue, 1985, 7 (1): 39 – 44.

[109] LEI B M, TRAN V X, TAHERI S, et al. Toward consistent fatigue crack initiation criteria for 304L austenitic stainless steel under multi – axial loads [J]. International Journal of Fatigue, 2015, 75: 57 – 68.

[110] MÁTHIS K, TROJANOVÁ Z, LUKÁ P, et al. Modeling of hardening and softening processes in Mg alloys [J]. Journal of Alloys & Compounds, 2004, 378 (1 – 2): 176 – 179.

[111] MARTIN D E. An energy criterion for low – cycle fatigue [J]. Transaction of the American Society of Mechanical Engineers Journal of Basic Engineering, 1961, 83 (4): 565.

[112] SURESH K T, NAGESHA A, GANESH K J, et al. Influence of thermal aging on tensile and low cycle fatigue behavior of type 316LN austenitic stainless steel weld joint [J]. Metallurgical & Materials Transactions A, 2018, 49: 1 – 17.

[113] XU L Y, YANG S Q, ZHAO L, et al. Low cycle fatigue behavior and microstructure evolution of a novel Fe – 22Cr – 15Ni austenitic heat – resistant steel [J]. Journal of Materials Research and Technology, 2020, 9 (6): 14388 – 14400.

[114] CHEN Y, LUO Y J, SHEN Y F, et al. Cumulative contribution of grain structure and twin boundaries on cyclic deformation behavior of a 20Mn – 0.6C – TWIP steel: experimental and theoretical analysis [J]. Materials Science and Engineering: A, 2019, 767: 138415.

[115] FEKETE B. New energy – based low cycle fatigue model for reactor steels [J]. Materials & Design, 2015, 79: 42 – 52.

[116] NALLA R K, ALTENBERGER I, NOSTER U, et al. On the influence of mechanical surface treatments – deep rolling and laser shock peening – on the fatigue behavior of Ti – 6Al – 4V at ambient and elevated temperatures [J]. Materials Science & Engineering A, 2003, 355 (1 – 2): 216 – 230.

[117] 徐海丰. 基于内应力的 Ti – 6A1 – 4V 合金低周疲劳力学行为与寿命预测能量模型研究 [D]. 杭州: 浙江大学, 2018.

[118] LIAO Z R, ANDREA LM, JAMES M, et al. Surface integrity in metal machining – part Ⅰ: fundamentals of surface characteristics and formation

mechanisms [J]. International Journal of Machine Tools and Manufacture, 2021, 162: 103687.

[119] HASUNUMA S, ISOSAKI Y, KIRITANI S, et al. Effect of machined surface condition on fatigue strength of Ni based superalloy Alloy 718 [J]. Transactions of the JSME (in Japanese) 2015, 81 (832): 15 -328.

[120] KOBAYASHI D, MIYABE M, KAGIYA Y, et al. An assessment and estimation of the damage progression behavior of IN738LC under various applied stress conditions based on EBSD analysis [J]. Metallurgical Materials Transactions A, 2013, 44 (7): 3123 -35.

[121] NOMURA K, KUBUSHIRO K, SAKAKIBARA Y, et al. Effect of grain size on plastic strain analysis by EBSD for austenitic stainless steels with tensile strain at 650℃ [J]. Journal of the Society of Materials Science, 2012, 61 (4): 371 -6.

[122] DANG J Q, ZHANG H, AN QL, et al. Surface modification of ultrahigh strength 300M steel under supercritical carbon dioxide (scCO2) -assisted grinding process [J]. Journal of Manufacturing Processes, 2021, 61: 1 -14.

[123] BALART M J, BOUZINA A, EDWARDS L, et al. The onset of tensile residual stresses in grinding of hardened steels [J]. Materials Science and Engineering A, 2004, 367 (1 -2): 132 -42.

[124] CHEN J Z, ZHANG B, SONG Z M, et al. Influence of pre -torsion angles on torsion fatigue properties of 45CrMoVA steel bars [J]. International Journal of Fatigue, 2020, 137: 105645.

[125] XU H F, YE D Y, MEI L B. A study of the back stress and the friction stress behaviors of Ti -6Al -4V alloy during low cycle fatigue at room temperature [J]. Materials Science and Engineering A, 2017, 700: 530 -9.

[126] MANDAL P, OLASOLO M, SILVA L D, et al. Impact of a multi -step heat treatment on different manufacturing routes of 18CrNiMo7 -6 steel [J]. Metallurgical and Materials Transactions A, 2020, 51 (6): 3019.

[127] BREWER L N, FIELD D P, MERRIMAN C C. Mapping and assessing plastic deformation using EBSD [M]. Springer US, 2010.

[128] UMEMOTO M, YOSHITAKE E, TAMURA I. The morphology of martensite in FeC, Fe -Ni -C and FeCr -C alloys [J]. Journal of Materials Science, 1983, 18 (10): 2893 -2904.

[129] ZHANG Q, HU Z, SU W, et al. Microstructure and surface properties of 17 - 4PH stainless steel by ultrasonic surface rolling technology [J]. Surface and Coatings Technology, 2017, 321: 64 - 73.

[130] LI H, HSU E, SZPUNAR J, et al. Deformation mechanism and texture and microstructure evolution during high - speed rolling of AZ31B Mg sheets [J]. Journal of Materials Science, 2008, 43 (22): 7148 - 7156.

[131] CAO Y, WANG Y B, AN X H, et al. Concurrent microstructural evolution of ferrite and austenite in a duplex stainless steel processed by high - pressure torsion [J]. Acta Materialia, 2014, 63: 16 - 29.

[132] HASUNUMA S, OKI S, MOTOMATSU K, et al. Fatigue life prediction of carbon steel with machined surface layer under low - cycle fatigue [J]. International Journal of Fatigue, 2019, 123: 255 - 267

[133] LI B, ZHANG S, FANG Y, et al. Deformation behaviour and texture evolution of martensite steel subjected to hard milling [J]. Materials Characterization, 2019, 156: 109881. 259 - 69.

[134] LIU Z, LI P, XIONG L, et al. High - temperature tensile deformation behavior and microstructure evolution of Ti55 titanium alloy [J]. Materials Science and Engineering A, 2017, 680: 259 - 69.

[135] KLOCKE F, SCHNEIDER S, EHLE L, et al. Investigations on surface integrity of Heat Treated 42CrMo4 (AISI 4140) processed by sinking EDM [J]. Procedia CIRP, 2016, 42: 580 - 585.

[136] DOWLING N E. Mechanical behavior of materials: engineering methods for deformation, fracture, and fatigue [J]. International Journal of Fatigue, 1999, 19 (96): 85.

[137] 刘瑞堂, 刘文博, 刘锦云. 工程材料力学性能 [M]. 哈尔滨: 哈尔滨工业大学出版社, 2001.

[138] TSCHEGG E K. Mode Ⅲ and mode Ⅰ fatigue crack propagation behaviour under torsional loading [J]. Journal of Materials Science, 1983, 18 (6): 1604 - 1614.

[139] PALLARÉS S L, ALBIZURI J, AVILÉS A, et al. Influence of mean shear stress on the torsional fatigue behaviour of 34CrNiMo6 steel [J]. International Journal of Fatigue, 2018, 113: 54 - 68.

[140] FATEMI A, MOLAEI R, SHARIFIMEHR S, et al. Torsional fatigue behavior of wrought and additive manufactured Ti - 6Al - 4V by powder bed

fusion including surface finish effect [J]. International Journal of Fatigue, 2017, 99: 187 - 201.

[141] WANG Y, PAN X Y, WANG X B, et al. Influence of laser shock peening on surface integrity and tensile property of high strength low alloy steel [J]. Chinese Journal of Aeronautics, 2021, 34 (6): 199 - 208.

[142] KASPEROVICH G, HAUBRICH J, GUSSONE J, et al. Correlation between porosity and processing parameters in TiAl6V4 produced by selective laser melting [J]. Materials Design, 2016, 105: 160 - 70.

[143] GONG H J, RAFI K, GU H F, et al. Analysis of defect generation in Ti - 6Al - 4V parts made using powder bed fusion additive manufacturing processes [J]. Additive Manufacturing, 2014, 1 - 4: 87 - 98.

[144] SURESH S. Fatigue of Materials [M]. Cambridge: Cambridge University Press, 2006.

[145] SAITOVA L R, HÖPPEL H W, GÖKEN M, et al. Fatigue behavior of ultrafine - grained Ti - 6Al - 4V 'ELI' alloy for medical applications [J]. Materials Science and Engineering A, 2009, 503 (1 - 2): 145 - 7.

[146] BERANGER A S, FEAUGAS X, CLAVEL M. Low cycle fatigue behavior of an α + β titanium alloy: Ti6246 [J]. Materials Science and Engineering A, 1993, 172 (1 - 2): 31 - 41.

[147] FEAUGAS X, CLAVEL M. Cyclic deformation behaviour of an α/β titanium alloy - i micromechanisms of plasticity under various loading paths [J]. Acta Materialia, 1997, 45 (7): 2685 - 701.

[148] GIORDANA M F, ALVAREZ A I, ARMAS A. Microstructural characterization of EUROFER 97 during low - cycle fatigue [J]. Journal of Nuclear Materials, 2012, 424 (1 - 3): 247 - 51.

[149] ABOULKHAIR N T, MASKERY I, TUCK C, et al. Improving the fatigue behaviour of a selectively laser melted aluminium alloy: Influence of heat treatment and surface quality [J]. Materials Design, 2016, 104: 174 - 82.

[150] WANG Y, WANG X B, LIU Z B, et al. Effects of laser shock peening in different processes on fatigue life of 32CrNi steel [J]. Materials Science and Engineering A, 2020, 796: 139933.

[151] AROLA D, RAMULU M. An examination of the effects from surface texture on the strength of fiber reinforced plastics [J]. Journal of Composite Materials, 1999, 33 (2): 102 - 23.

[152] MURAKAMI Y. Metal fatigue: effects of small defects and nonmetallic inclusions [M]. Netherlands: Elsevier, 2002.

[153] FELTNER C E, MORROW J D. Microplastic strain hysteresis energy as a criterion for fatigue fracture [J]. Journal of Basic Engineering, 1961, 83 (1): 15 -22.

[154] YAN L, YANG W, JIN H, et al, Analytical modelling of microstructure changes in the machining of 304 stainless steel [J]. The International Journal of Advanced Manufacturing Technology, 2012, 58: 45 -55.

[155] MANTLE A L, ASPINWALL D K. Surface integrity and fatigue life of turned gamma titanium aluminide [J]. Journal of Materials Processing Technology, 1997, 72: 413 -420.

[156] HAN C S, GAO H, HUANG Y, et al. Mechanism - based strain gradient plasticity - I. Theory [J]. Journal of the Mechanics & Physics of Solids, 1999, 47 (5): 1239 - 1263.

[157] KUBIN L P, MORTENSEN M. Geometrically necessary dislocations and strain - gradient plasticity: a few critical issues [J]. Scripta Materialia, 2003, 48 (2): 119 -125.

[158] MOUSSA C, BERNACKI M, Bozzolo N. About quantitative EBSD analysis of deformation and recovery substructures in pure Tantalum [J]. IOP Conference Series Materials Science and Engineering, 2015, 89 (1) .

[159] SHARMAN A R C, HUGHES J I, Ridgway K. An analysis of the residual stresses generated in Inconel 718™ when turning [J]. Journal of Materials Processing Technology, 2006, 173: 359 -367.

[160] GHANEM F, SIDHOM H, BRAHAM C, et al. Effect of near - surface residual stressand microstructure modification from machining on the fatigue endurance of a tool steel [J]. Journal of Materials Engineering and Performance, 2002, 11: 631 -639.

[161] LIU G, HUANG C, ZOU B, et al. Surface integrity and fatigue performance of 17 - 4PH stainless steel after cutting operations [J]. Surface and Coatings Technology, 2016, 307: 182 - 189.

[162] LIU G, HUANG C, ZOU B, et al. Superficial residual stresses inface - milling the 17 - 4PH stainless steel at various feed rates [J]. Key Engineering Materials, 2016, 693: 922 -927.

[163] WU L, LUO K, LIU Y, et al. Effects of laser shock peening on the micro -

hardness, tensile properties, and fracture morphologies of CP – Ti alloy at different temperatures [J]. Appl Surf Sci. 2018, 431: 122 – 34.

[164] WANG B, ZHANG P, LIU R, et al. An optimization criterion for fatigue strength of metallic materials [J]. Materials Science and Engineering A, 2018, 736: 105 – 110.

[165] 庞建超. 高强度钢金属材料的疲劳与断裂研究 [D]. 沈阳: 中国科学院金属研究所, 2012.

[166] FOURNIER B, SAUZAY M, CAES C, et al. Analysis of the hysteresis loops of a martensitic steel – part Ⅰ: study of the influence of strain amplitude and temperature under pure fatigue loadings using an enhanced stress partitioning method [J]. Materials Science and Engineering A, 2006, 437: 183 – 196.

[167] FEAUGAS X. On the origin of the tensile flow stress in the stainless steel AISI 316L at 300 K: back stress and effective stress [J]. Acta Materialia. 1999, 47: 3617 – 3632.

[168] PAN B, QIAN K, XIE H, et al, Two – dimensional digital image correlation for inplane displacement and strain measurement: a review [J]. Measurement Science and Technology, 2009, 20: 152 – 154.

[169] TASAN C C, HOEFNAGELS J P M, DIEHL M, et al, Strain localization and damage in dual phase steels investigated by coupled in – situ deformation experiments and crystal plasticity simulations [J]. International Journal of Plasticity, 2014, 63: 198 – 210.

[170] AJAJA J, JOMAA W, BOCHER P, et al. High cycle fatigue behavior of hard turned 300 M ultra – high strength steel [J]. International Journal of Fatigue, 2020, 131: 105380.

[171] 苏孺. 基于 X 射线衍射技术的金属材料受限形变行为研究 [D]. 北京: 北京理工大学, 2015.

[172] OLIFERUK W, MAJ M. Stress – strain curve and stored energy during uniaxial deformation of polycrystals [J]. European Journal of Mechanics A/solids, 2009, 28 (2): 266 – 272.

[173] 韩伟, 肖思群. 聚焦离子束 (FIB) 及其应用 [J]. 中国材料进展, 2013, 32 (12): 716 – 725.

[174] LAVRIJSEN R, CÓRDOBA R, SCHOENAKER F J, et al. Fe: O: C grown by focused electron beam induced deposition: magnetic and electric

properties [J]. Nanotechnology, 2011, 22 (2): 025302.

[175] ZHANG H W, HEI Z K, LIU G, et al. Formation of nanostructured surface layer on AISI 304 stainless steel by means of surface mechanical attrition treatment [J]. Acta Materialia, 2003, 51 (7): 1871 - 81.

[176] LU J Z, LUO K Y, ZHANG Y K. Grain refinement of LY2 aluminum alloy induced by ultra high plastic strain during multiple laser shock processing impacts [J]. Acta Materialia, 2010, 58: 3984 - 3994.

[177] JONGUN M, YUANSHEN Q, ELENA T, et al. Microstructure and mechanical properties of high - entropy alloy Co20Cr26Fe20Mn20Ni14 processed by high - pressure torsion at 77K and 300K [J]. Scientific Reports, 2018, 8 (1): 1 - 12.

[178] TONG Z, LIU H, JIAO J, et al. Microstructure, microhardness and residual stress of laser additive manufactured CoCrFeMnNi high - entropy alloy subjected to laser shock peening [J]. Journal of Materials Processing Technology, 2020, 285: 116806.

[179] HAASE C, KREMER O, HU W, et al. Equal - channel angular pressing and annealing of a twinning - induced plasticity steel: microstructure, texture, and mechanical properties [J]. Acta Materialia, 2016, 107: 239 - 253.

[180] ZHAO W, LIU D, CHIANG R, et al. Effects of ultrasonic nanocrystal surface modification on the surface integrity, microstructure, and wear resistance of 300M martensitic ultra - high strength steel [J]. Journal of Materials Processing Technology, 2020, 285: 116767.

[181] REN C X, WANG Q, ZHANG Z J, et al. Surface strengthening behaviors of four structural steels processed by surface spinning strengthening [J]. Materials Science and Engineering A, 2017, 704 (17): 262 - 273.

[182] HUANG H W, WANG Z B, LU J, et al. Fatigue behaviors of AISI 316L stainless steel with a gradient nanostructured surface layer [J]. Acta Materialia, 2015, 87: 150 - 160.

[183] BAGHERIFARD S, FERNANDEZ P I, GHELICHI R, et al. Fatigue behavior of notched steel specimens with nanocrystallized surface obtained by severe shot peening [J]. Materials & Design, 2013, 45 (Mar.): 497 - 503.

[184] HASAN M N, LIU Y F, AN X. H. Simultaneously enhancing strength and

ductility of a high entropy alloy via gradient hierarchical microstructures [J]. International Journal of Plasticity, 2019, 123: 178 - 195.

[185] ZHANG H, ZHAO Y, WANG Y, et al. On the microstructural evolution pattern toward nano - scale of an AISI 304 stainless steel during high strain rate surface deformation [J]. Journal of Materials Science and Technology, 2020, 44: 148 - 59.

[186] MENG Y, DENG J, LU Y, et al. Fabrication of AlTiN coatings deposited on the ultrasonic rolling textured substrates for improving coatings adhesion strength [J]. Applied Surface Science, 2021, 550: 149394.

[187] WU D B, LV H G, WANG H, et al. Surface micro - morphology and residual stress formation mechanisms of near - net - shaped blade produced by low - plasticity ultrasonic rolling strengthening process [J]. Materials & Design, 2022, 215: 110513.

[188] 王仁智, 姜传海. 圆柱螺旋弹簧的正断/切断型疲劳断裂模式与提高其疲劳断裂抗力的途径 [J]. 中国表面工程, 2010, 23 (6): 7 - 14.

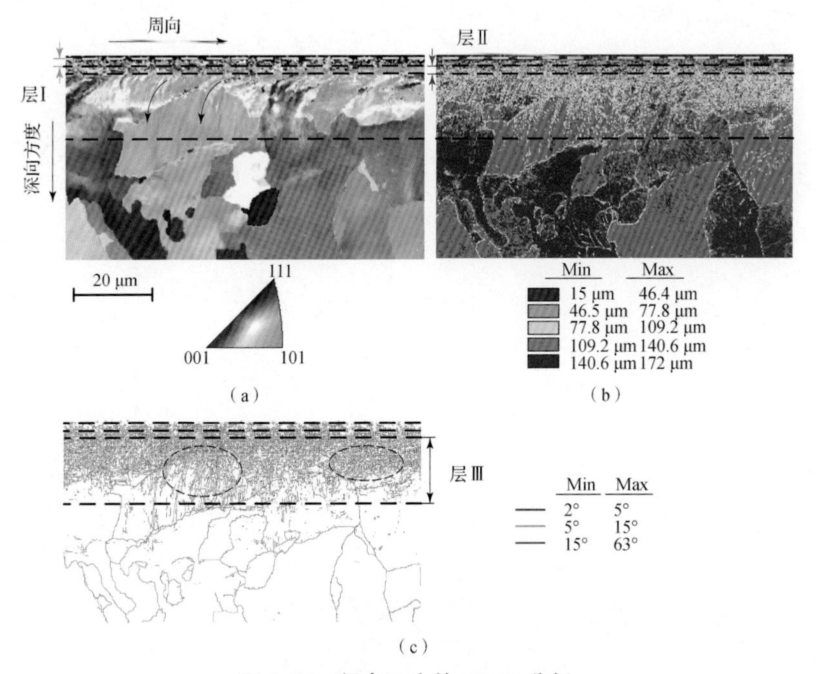

图 2.15　粗车工序的 EBSD 分析

(a) 晶粒取向；(b) IQ；(c) 晶界分布

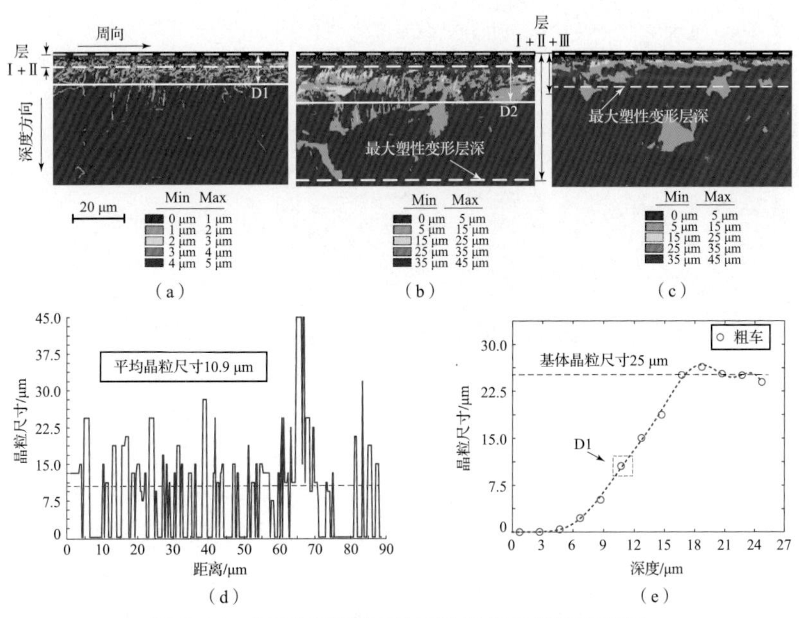

图 2.16　加工工序表面层晶粒细化和塑性变形层

(a) 粗车工序 KAM 分布；(b) 粗车工序 GROD 分布；(c) 粗车 + 湿式半精车 + 磨削工序 GROD 分布；(d) D1 线段经过的晶粒尺寸分布；(e) 不同深度的晶粒尺寸分布；

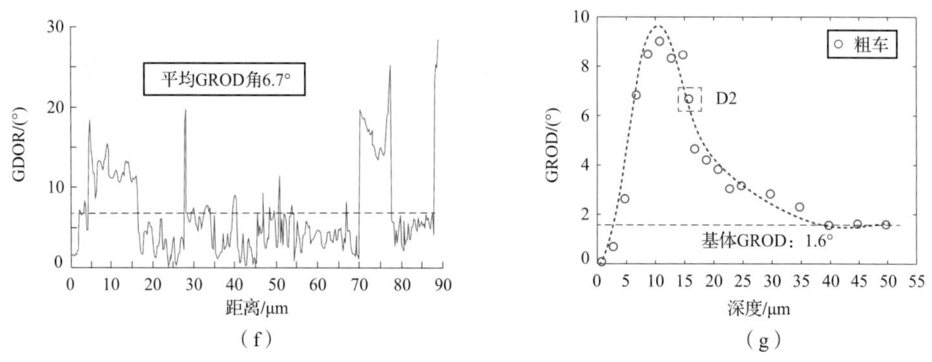

图 2.16　加工工序表面层晶粒细化和塑性变形层（续）

（f）D2 线段经过的 GROD 分布；（g）不同深度的 GROD 分布

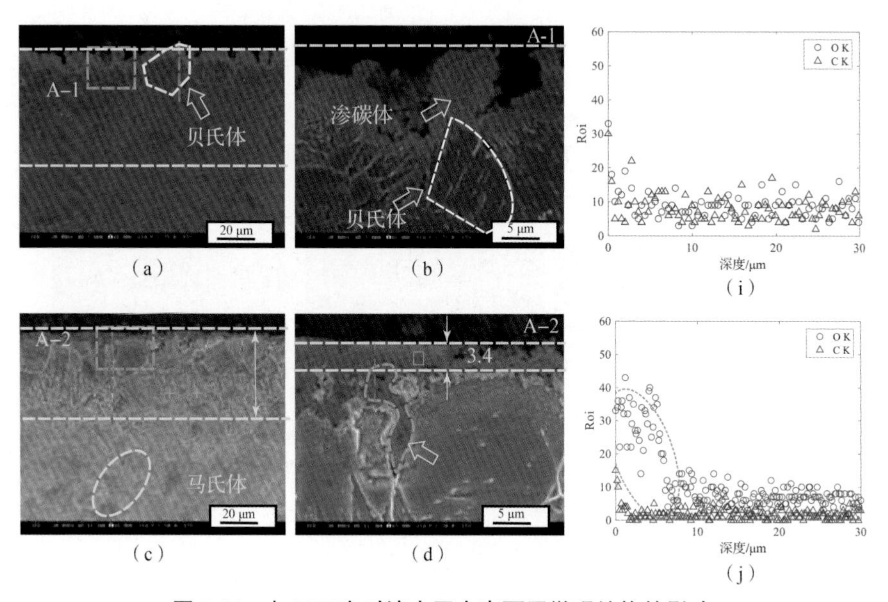

图 2.22　加工工序对淬火回火表面层微观结构的影响

（a）RH；（b）A-1 局部放大图；（c）DRH；

（d）A-2 局部放大图；（i）~（j）碳、氧含量随深度的变化

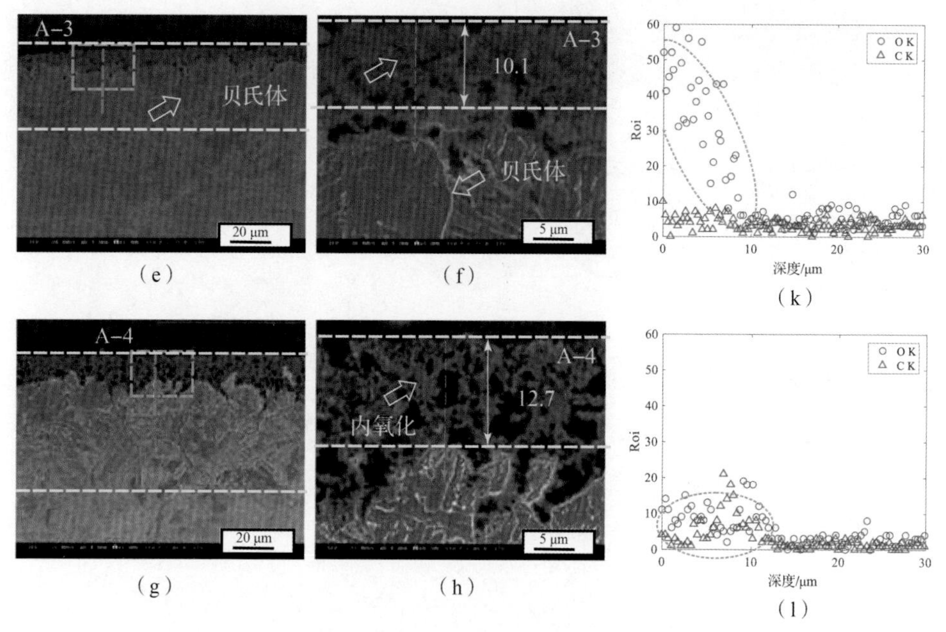

（e）　　（f）　　（k）　　（g）　　（h）　　（l）

图 2.22　加工工序对淬火回火表面层微观结构的影响（续）

（e）FRH；（f）A－3 局部放大图；（g）GFRH；

（h）A－4 局部放大图；（k）～（l）碳、氧含量随深度的变化

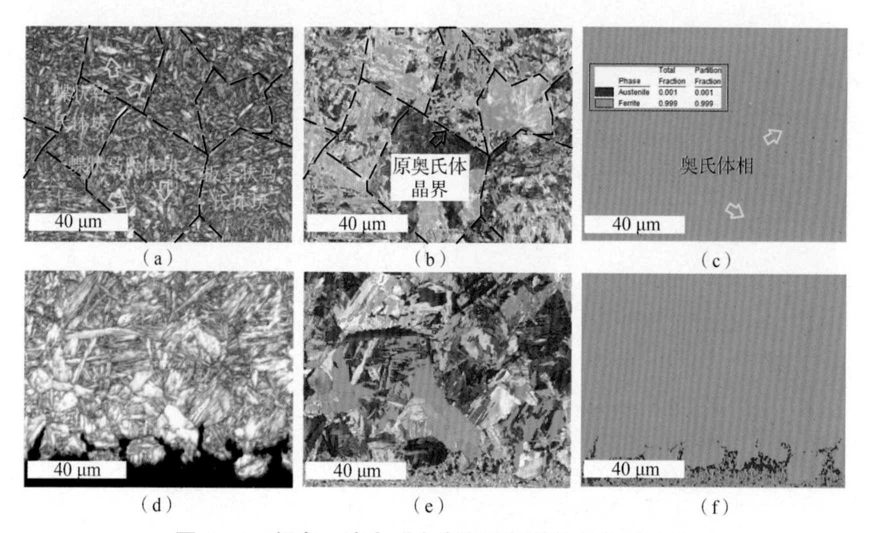

（a）　　（b）　　（c）　　（d）　　（e）　　（f）

图 2.23　粗车＋淬火回火表面层与基体晶粒学表征

（a）基体 IQ；（b）基体 IPF；（c）基体相；（d）热影响层 IQ；（e）热影响层 IPF；（f）热影响层相

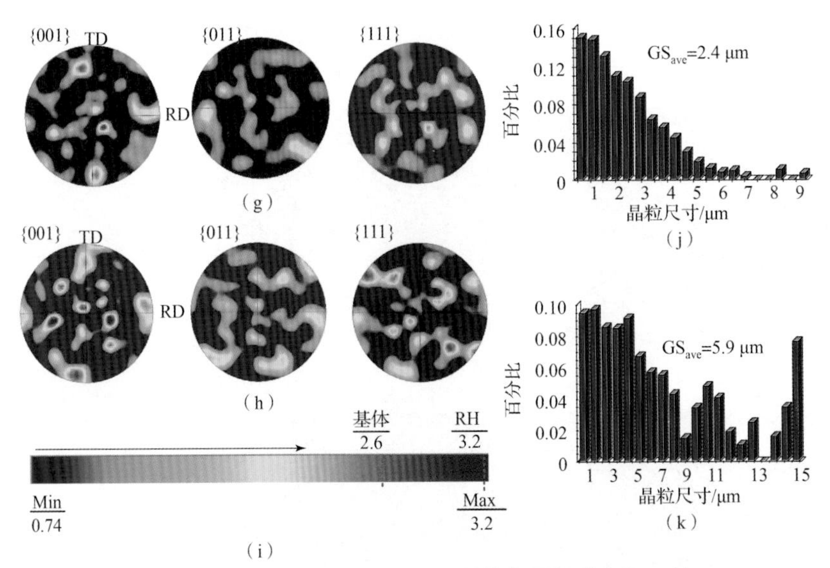

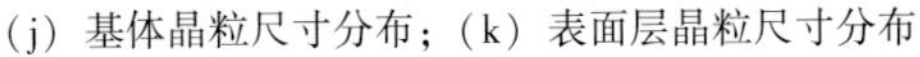

图 2.23　粗车 + 淬火回火表面层与基体晶粒学表征（续）

（g）基体织构取向分布；（h）RH 表面层织构取向分布；（i）织构密度分布；

（j）基体晶粒尺寸分布；（k）表面层晶粒尺寸分布

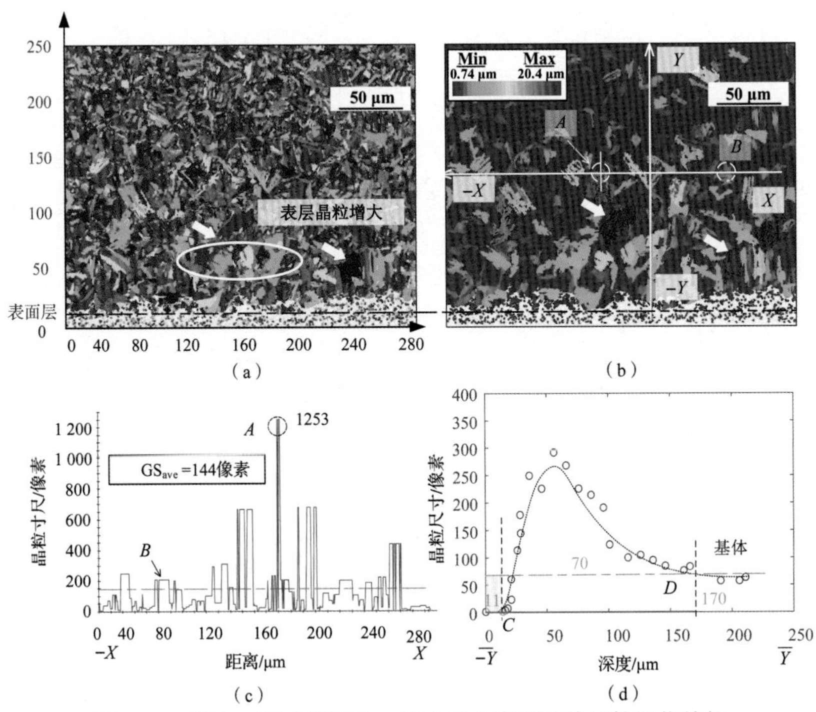

图 2.24　粗车 + 湿式半精车 + 淬火回火表面层的晶粒细化特征

（a）晶粒分布图；（b）量化晶粒尺寸分布；

（c）深度为 116 μm 时的晶粒尺寸分布；（d）不同深度的晶粒尺寸分布

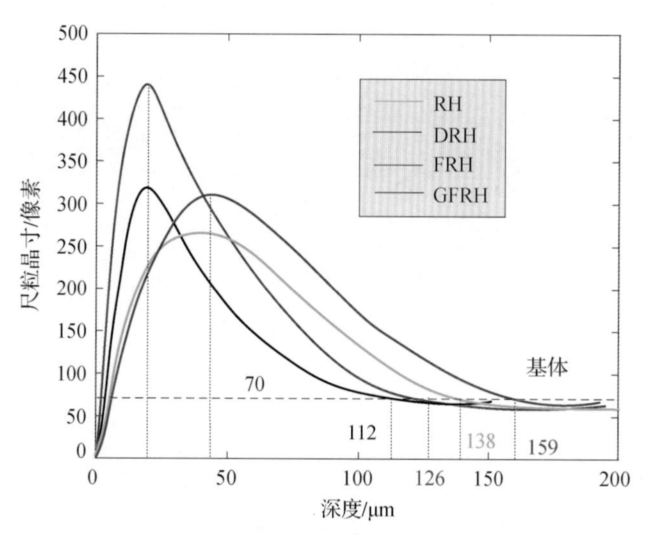

图 2.25　加工工序对淬火回火表面层晶粒尺寸的影响曲线

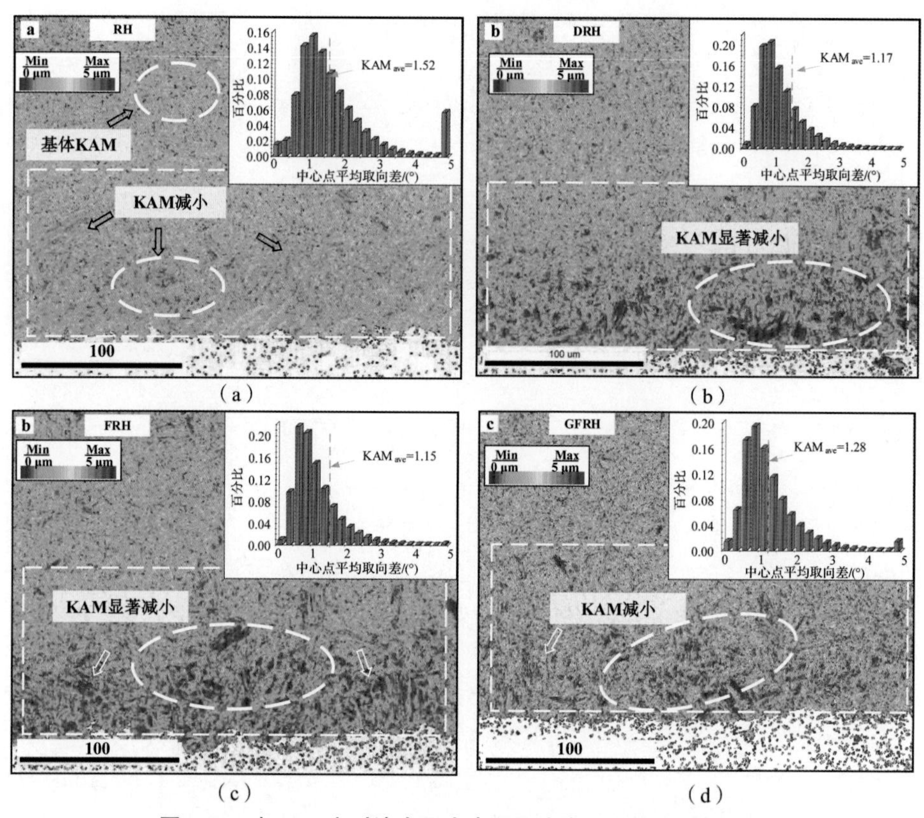

(a)　(b)　(c)　(d)

图 2.26　加工工序对淬火回火表面层应变和塑性变形的影响

(a) RH；(b) DRH；(c) FRH；(d) GFRH

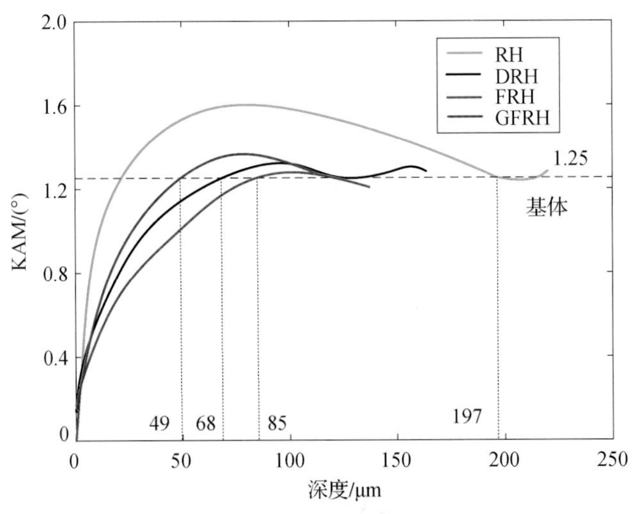

图 2.27　加工工序对淬火回火表面层应变和塑性变形的影响

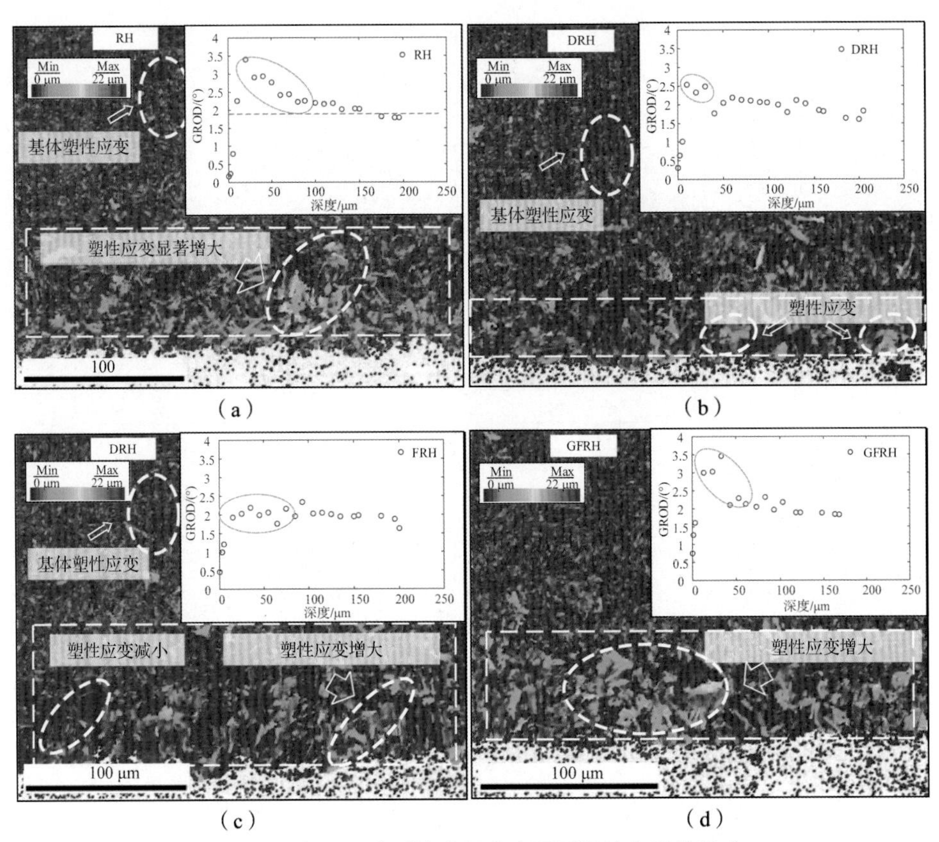

(a)　(b)　(c)　(d)

图 2.28　加工工序对淬火回火表面层塑性变形的影响

(a) RH；(b) DRH；(c) FRH；(d) GFRH

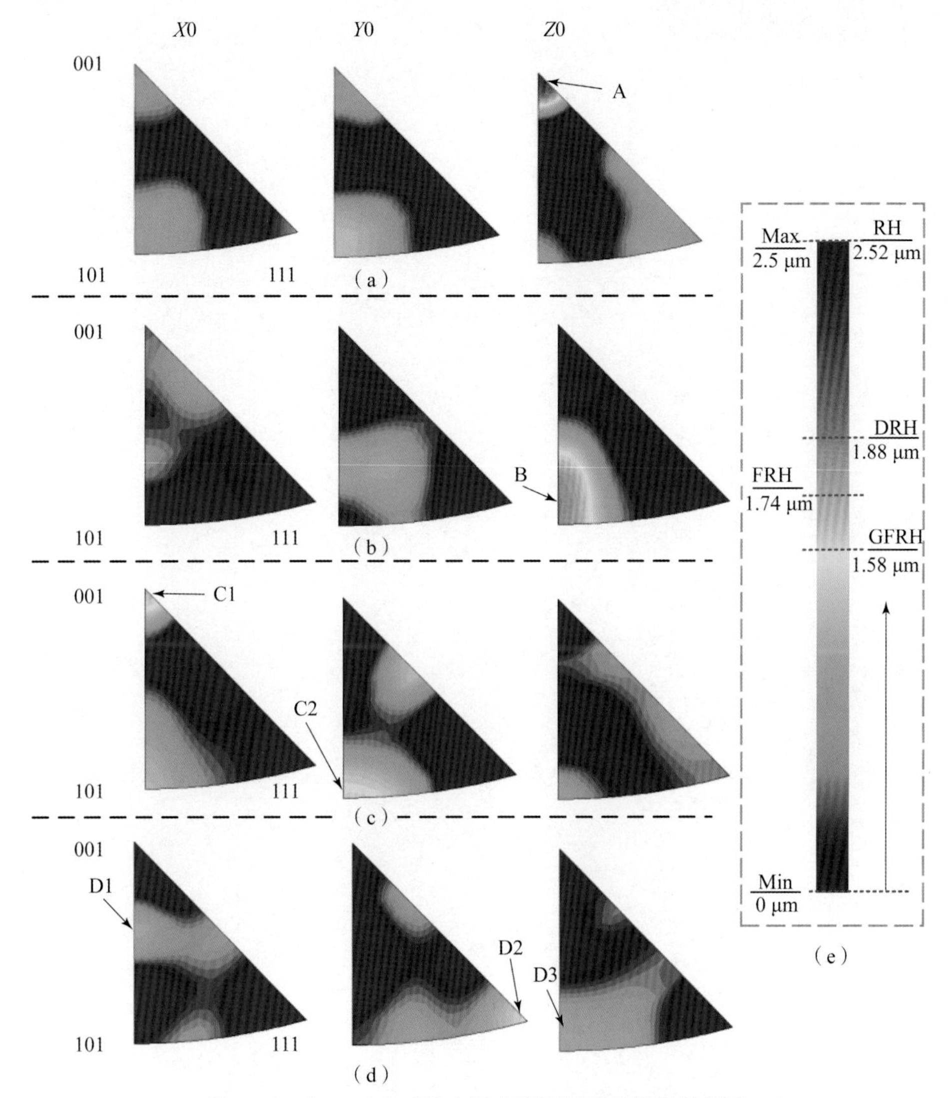

图 2.29　加工工序对淬火回火表面层织构取向的影响

(a) RH；(b) DRH；(c) FRH；(d) GFRH；(e) 色条

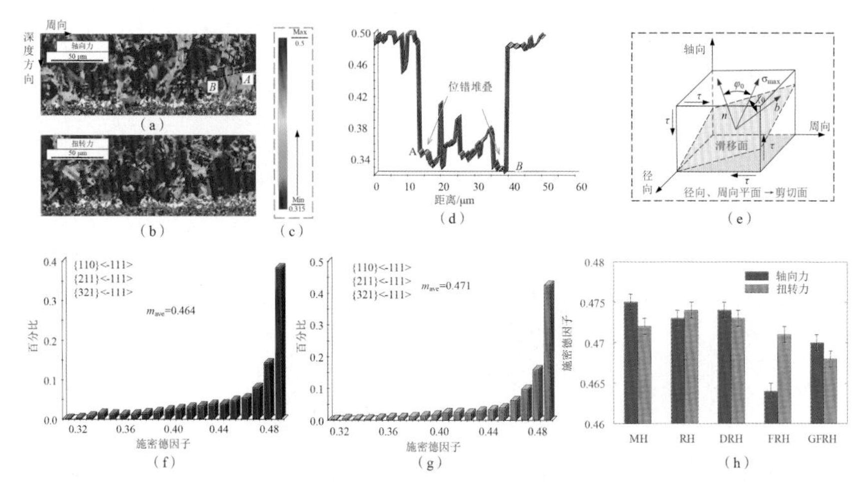

图 2.30　湿式半精车工序对淬火回火处理表面层应变和塑性变形的影响

(a) FRH 扭转力施密德因子分布云图；(b) 色条；(c) AB 线段施密德因子分布；

(d) 晶体滑移示意；(e) FRH 轴向力施密德因子；

(f) FRH 扭转力施密德因子分布；(g) 不同多工序对施密德因子的影响

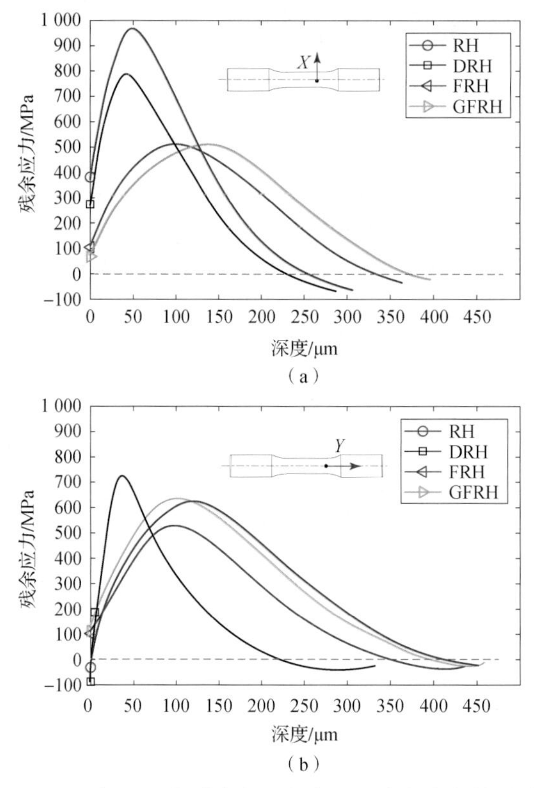

图 2.31　加工工序对淬火回火表面层残余应力的影响

(a) 周向残余应力随深度的变化；(b) 轴向残余应力随深度的变化

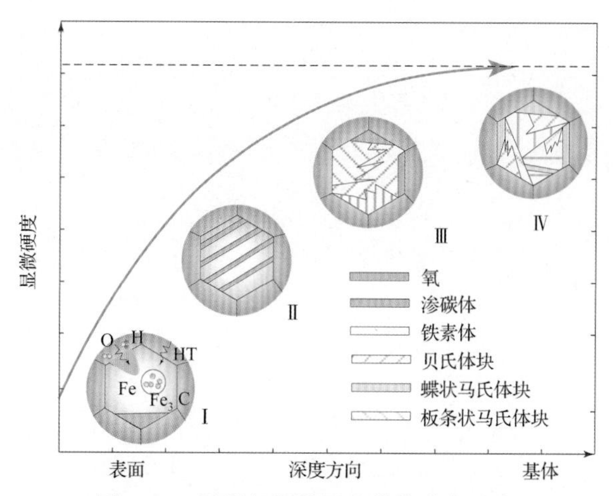

图 2.33　显微组织随深度梯度分布示意

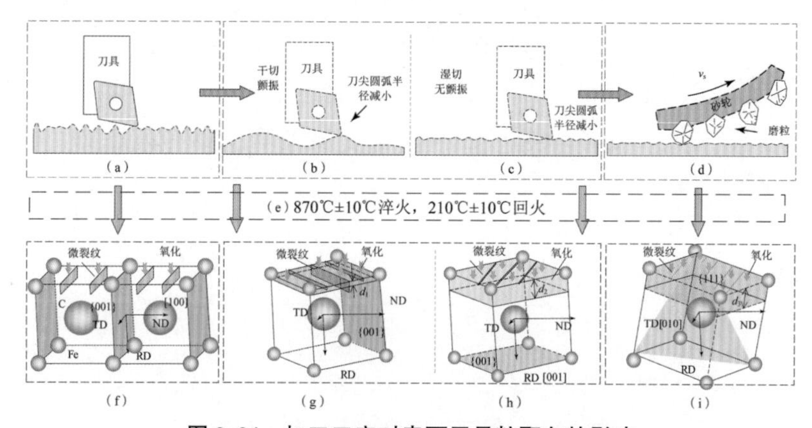

图 2.34　加工工序对表面层晶粒取向的影响

（a）RT；（b）FRT0；（c）FRT；（d）GFRT；（e）870 ℃ ±10 ℃淬火，210 ℃ ±10 ℃回火；（f）RH；（g）DRH；（h）FRH；（i）GFRH

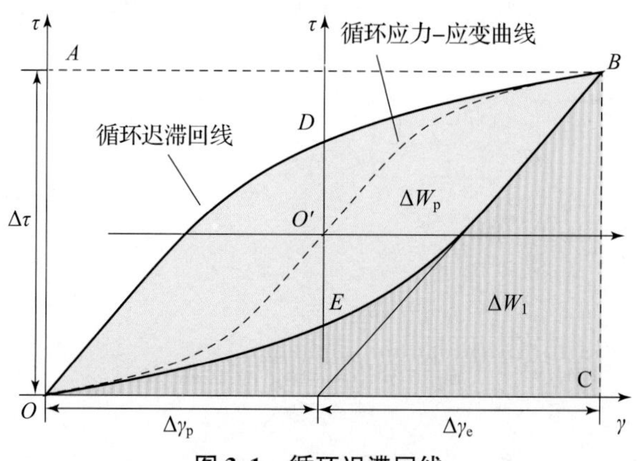

图 3.1　循环迟滞回线

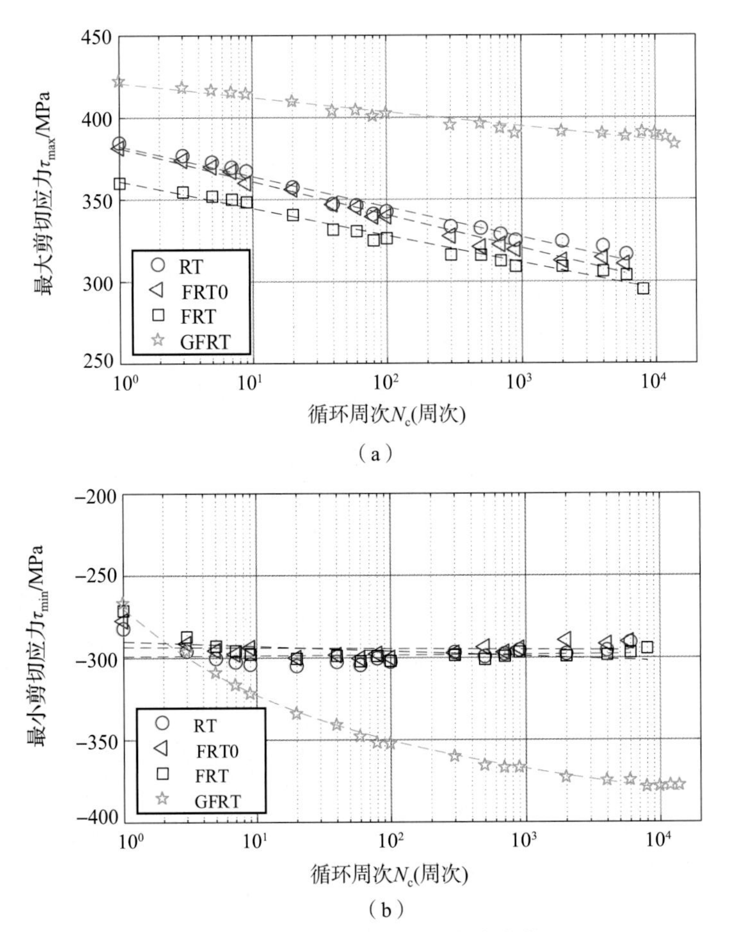

图 3.12　加工工序的循环应力响应曲线

(a) 最大剪切应力化；(b) 最小剪切应力化

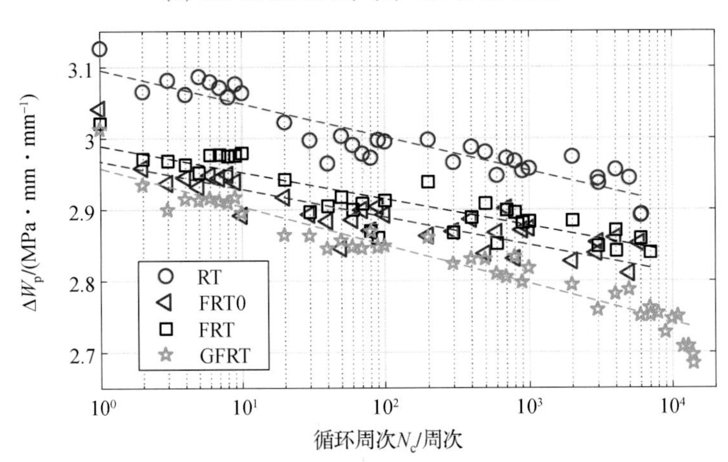

图 3.13　加工塑性应变能密度演变

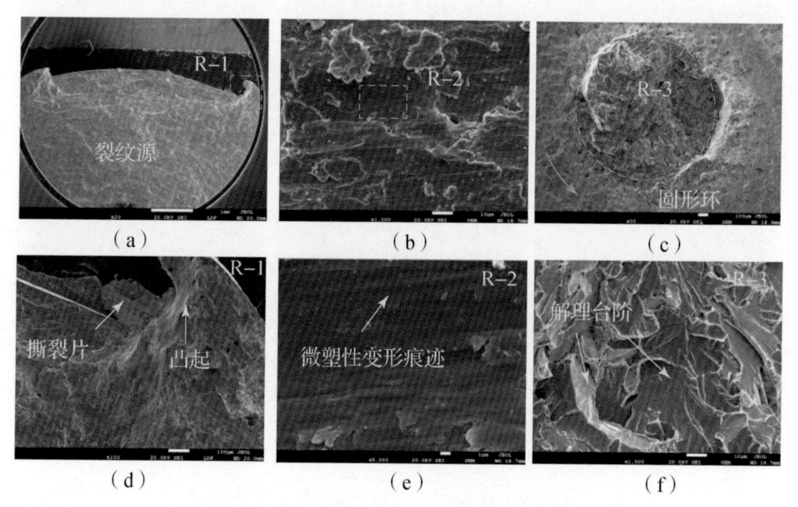

图 3.14　粗车工序疲劳断裂形貌

(a) 裂纹萌生区；(b) 裂纹扩展区；(c) 瞬断区；
(d) R－1 区域放大图；(e) R－2 区域放大图；(f) R－3 区域放大图

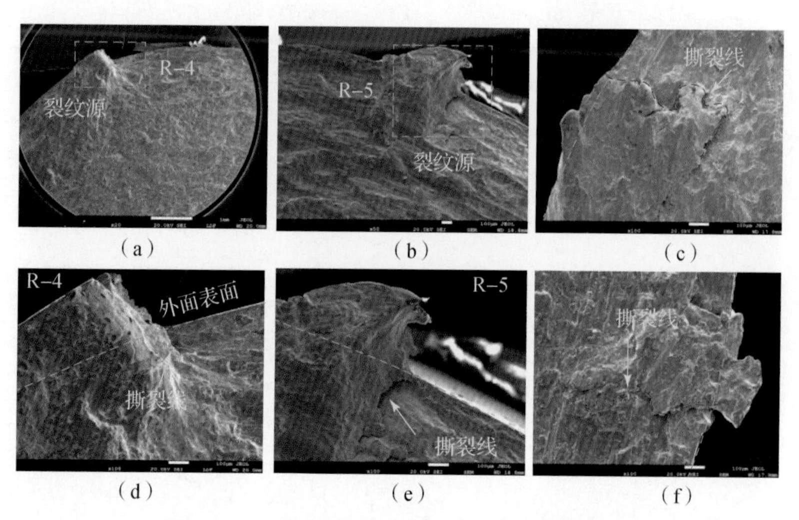

图 3.15　干式和湿式半精车工序疲劳断裂形貌

(a) FRT0 工艺裂纹萌生区；(b) FRT0 裂纹萌生区；(c) FRT 裂纹萌生区；
(d) R－4 区域放大图；(e) R－5 区域放大图；(f) FRT 另一裂纹萌生区

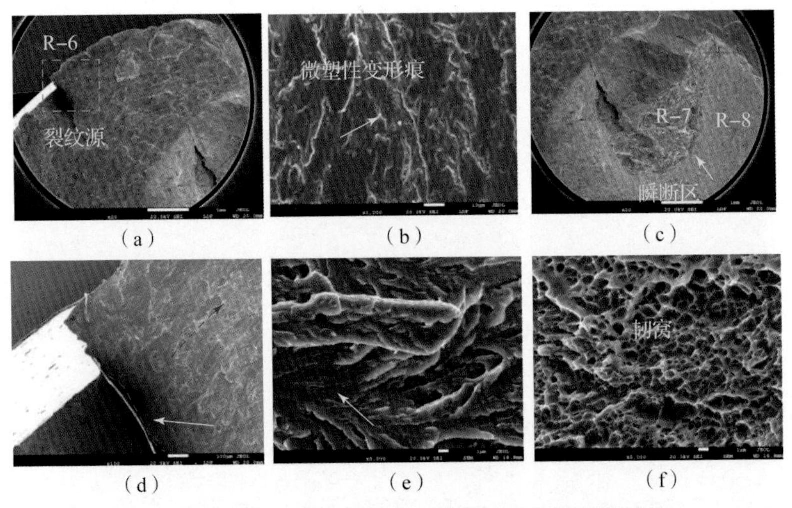

(a) (b) (c)
(d) (e) (f)

图 3.16 粗车+湿式半精车+磨削工序疲劳断裂形貌

(a) 裂纹萌生区；(b) 裂纹扩展区；(c) 瞬断区；
(d) R-6 区域放大图；(e) R-7 区域放大图；(f) R-8 区域放大图

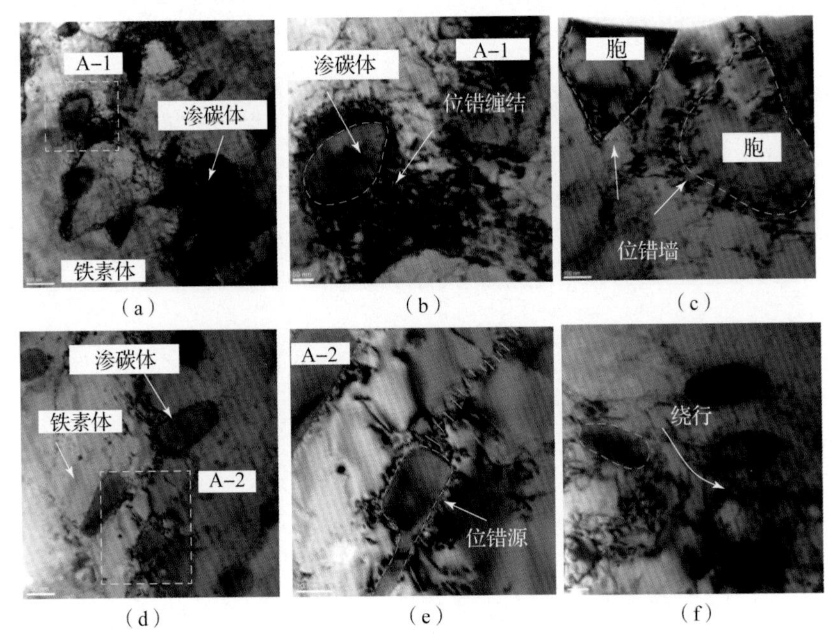

(a) (b) (c)
(d) (e) (f)

图 3.17 粗车和干式半精车工序疲劳实验后的位错分布特征

(a) RT 工艺双相区；(b) A-1 区域放大图；(c) 位错胞和位错墙；
(d) FRTO 工艺双相区；(e) A-2 区域放大图；(f) 位错绕行特征

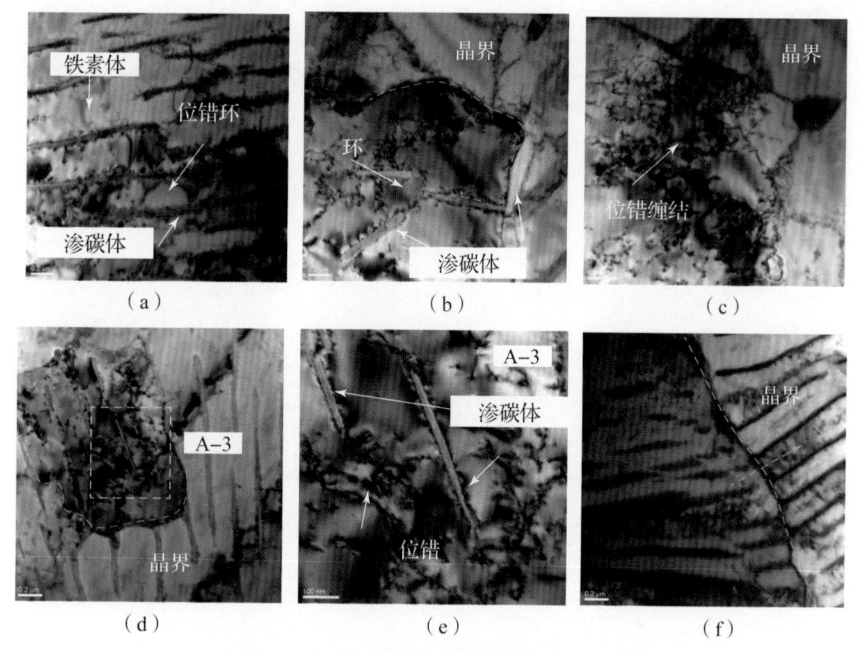

图 3.18　湿式半精车和磨削工序疲劳实验后的位错分布特征

(a) FRT 工艺双相区；(b) 晶界与位错环；(c) 位错缠结；
(d) GFRT 工艺双相区；(e) A－3 区域；(f) 晶界处穿晶

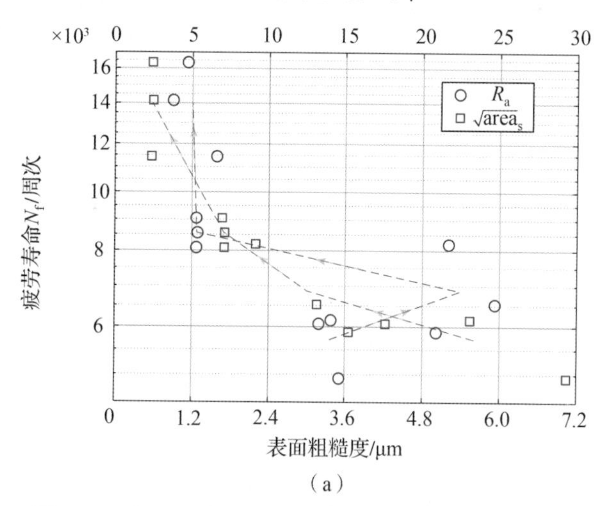

(a)

图 3.19　加工工序几何和力学特征对疲劳寿命的影响

(a) 几何特征对疲劳寿命的影响

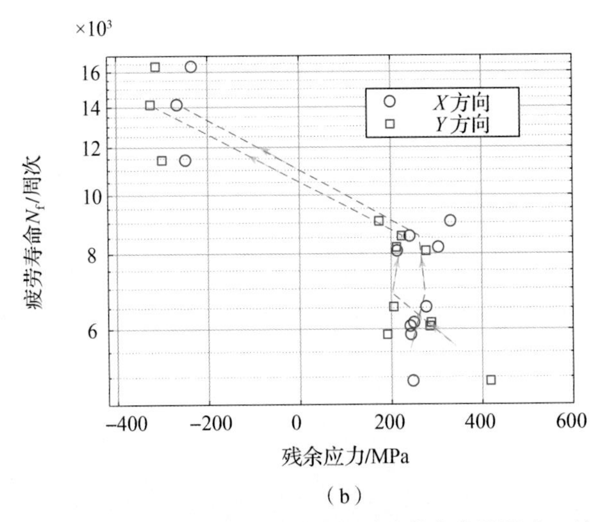

（b）

图 3.19　加工工序几何和力学特征对疲劳寿命的影响（续）

（b）力学性能对疲劳寿命的影响

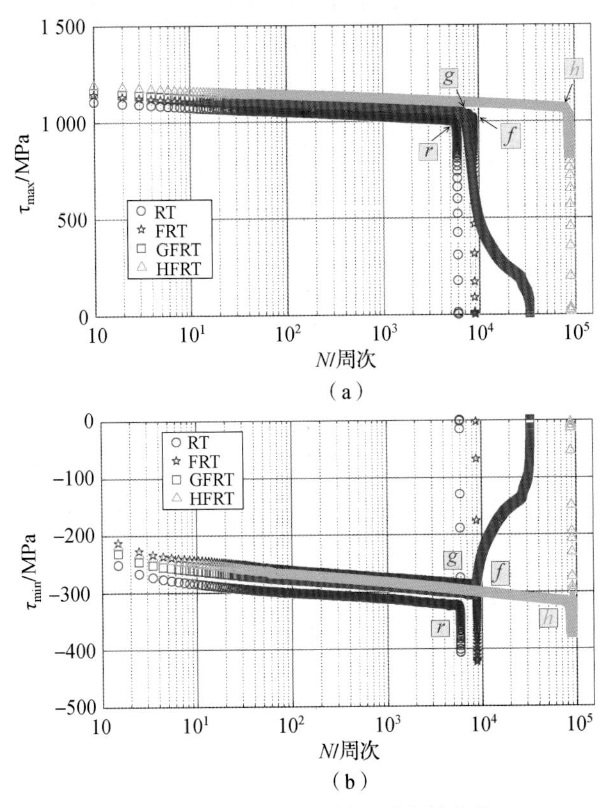

图 3.27　循环应力随循环周次的变化

（a）应力最大值；（b）应力最小值

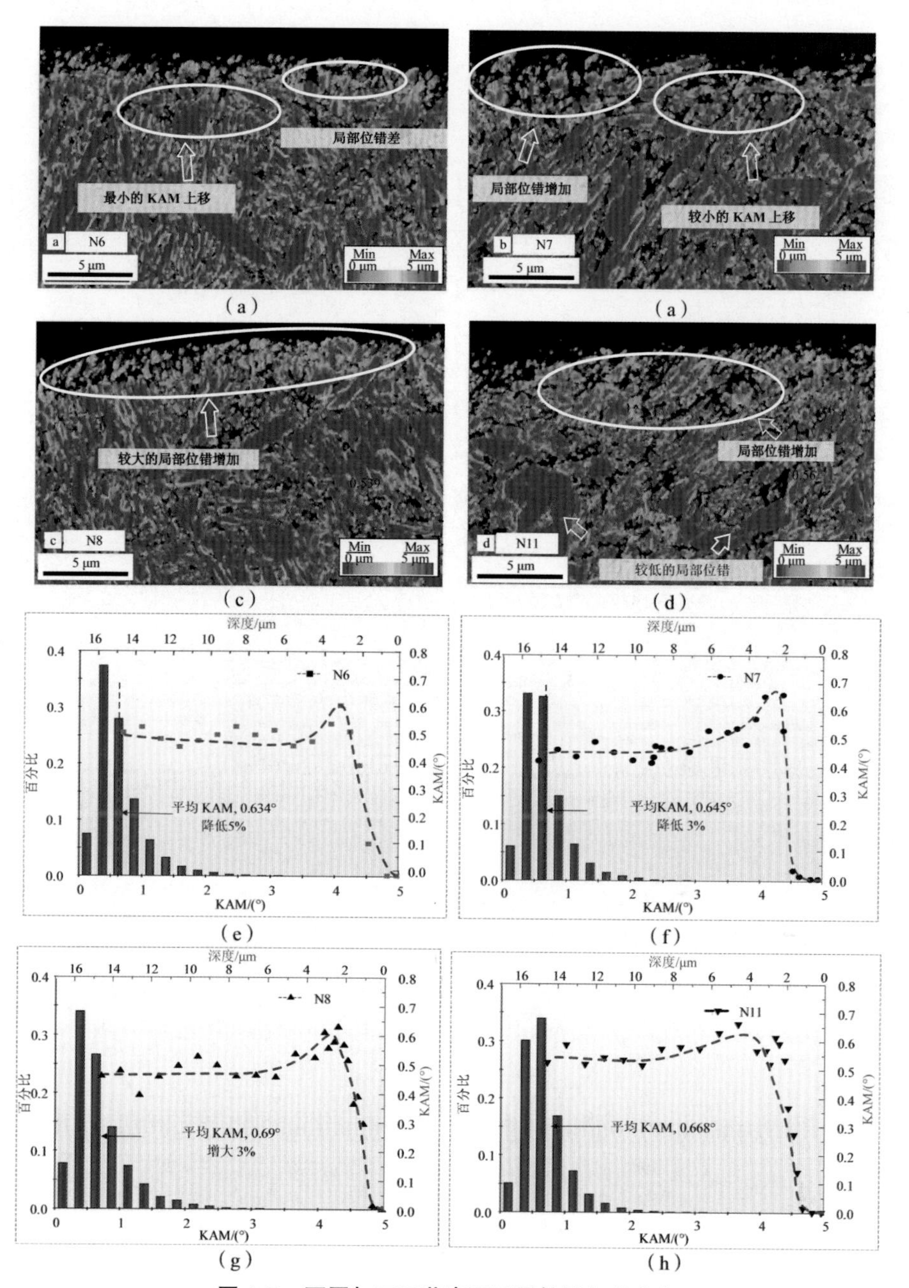

图 4.7 不同加工工艺表面层晶粒取向差分布

(a) N6 工艺：$v_c=60$ m/min，$a_p=0.18$ mm，$f=0.09$ mm/r；(b) N7 工艺：$v_c=60$ m/min，$a_p=0.24$ mm，$f=0.18$ mm/r；(c) N8 工艺：$v_c=60$ m/min，$a_p=0.36$ mm，$f=0.15$ mm/r；(d) N11 工艺：$v_c=70$ m/min，$a_p=0.24$ mm，$f=0.09$ mm/r；(e) N6 工艺：$v_c=60$ m/min，$a_p=0.18$ mm，$f=0.09$ mm/r；(f) N7 工艺：$v_c=60$ m/min，$a_p=0.24$ mm，$f=0.18$ mm/r；(g) N8 工艺：$v_c=60$ m/min，$a_p=0.36$ mm，$f=0.15$ mm/r；(h) N11 工艺：$v_c=70$ m/min，$a_p=0.24$ mm，$f=0.09$ mm/r

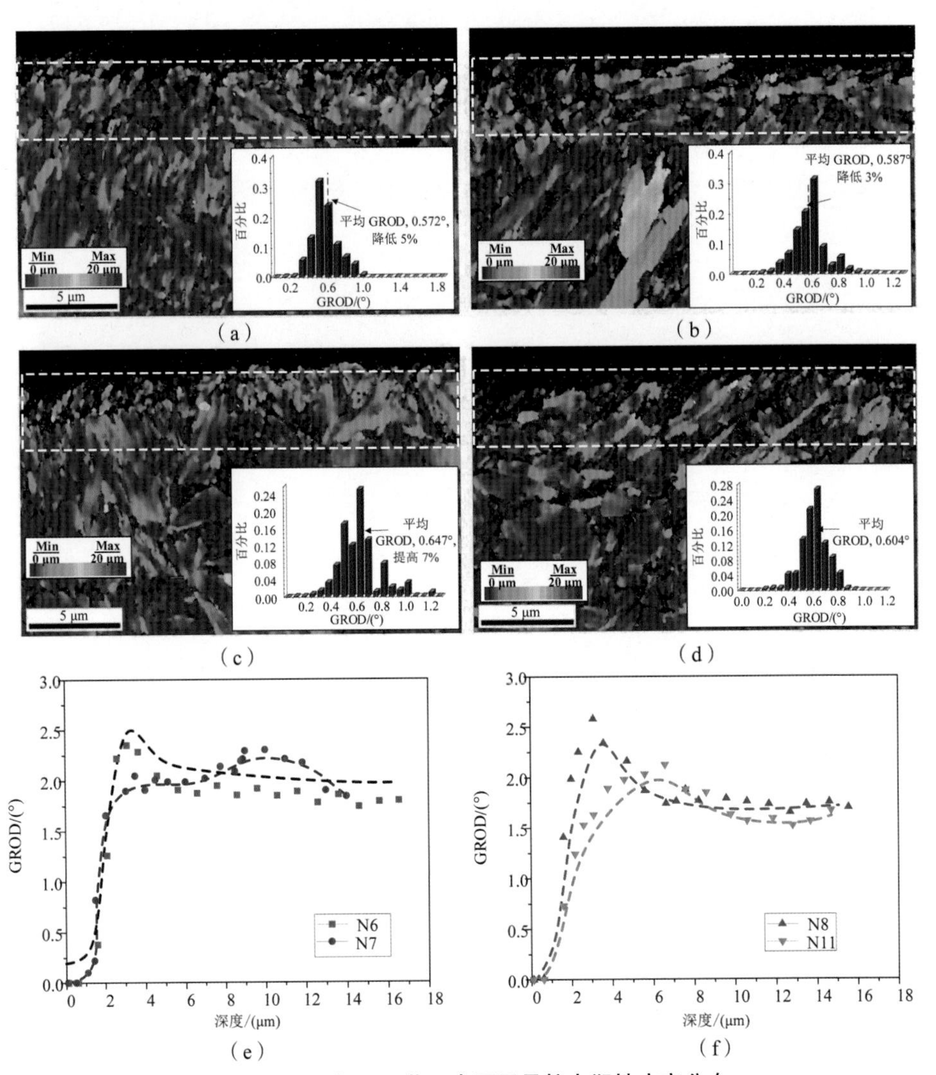

图 4.8　不同加工工艺下表面层晶粒内塑性应变分布

(a) N6 工艺：$v_c=60$ m/min，$a_p=0.18$ mm，$f=0.09$ mm/r；(b) N7 工艺：$v_c=60$ m/min，$a_p=0.24$ mm，$f=0.18$ mm/r；(c) N8 工艺：$v_c=60$ m/min，$a_p=0.36$ mm，$f=0.15$ mm/r；(d) N11 工艺：$v_c=70$ m/min，$a_p=0.24$ mm，$f=0.09$ mm/r；(e) N6、N7 工艺；(f) N8、N11 工艺

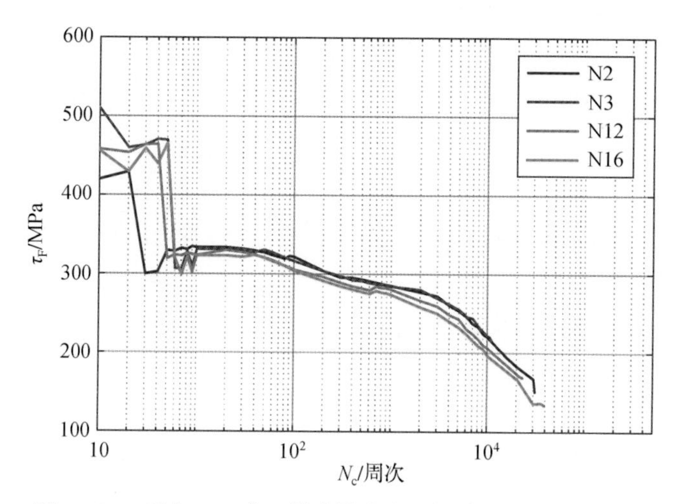

图 4.25　4 种加工工艺下的摩擦应力随循环周次的变化曲线

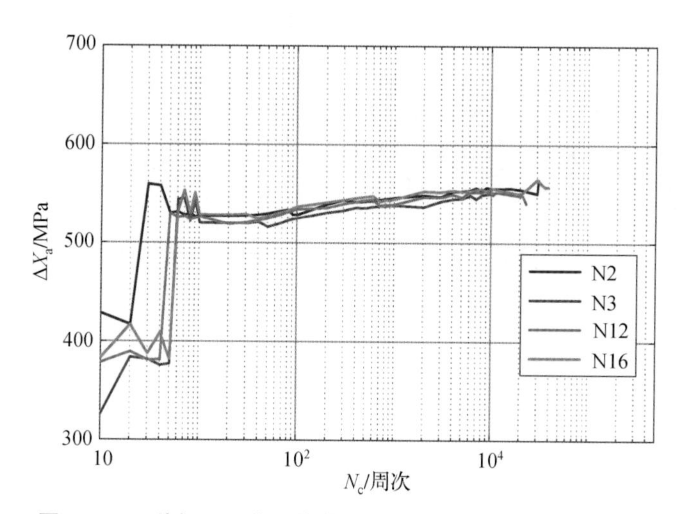

图 4.26　4 种加工工艺下的背应力幅随循环周次的变化曲线

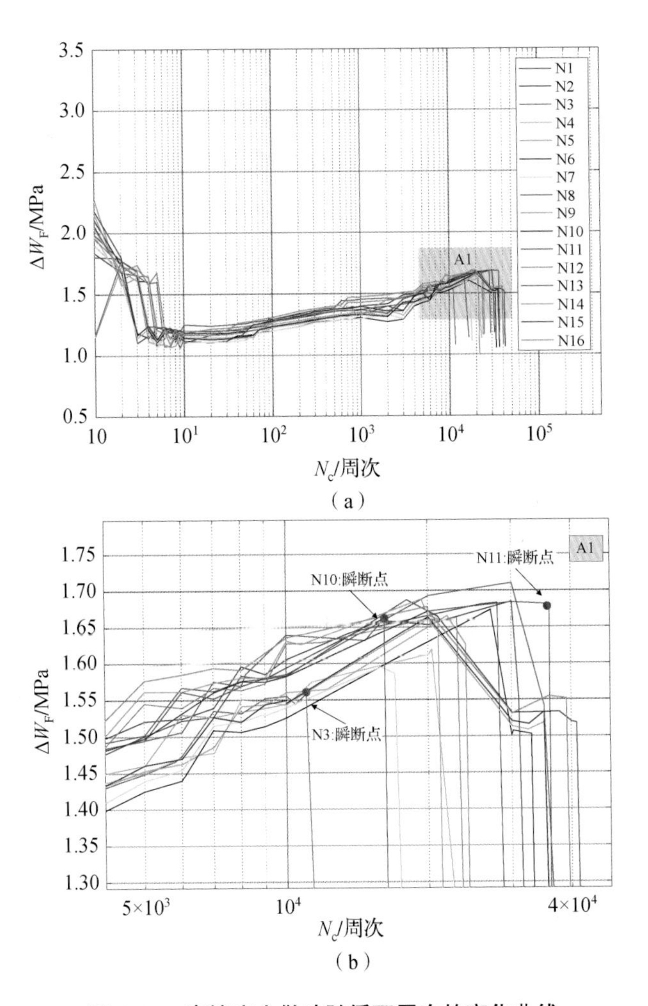

图 4.27　摩擦应力做功随循环周次的变化曲线

(a) 摩擦应力做功；(b) A1 区域局部放大图

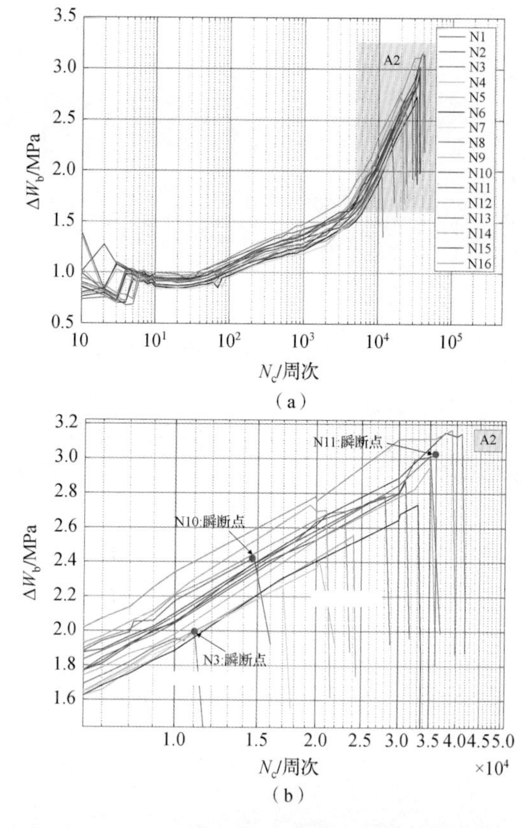

图 4.28　背应力能密度随循环周次的演变趋势

（a）背应力做功；（b）A2 区域局部放大图

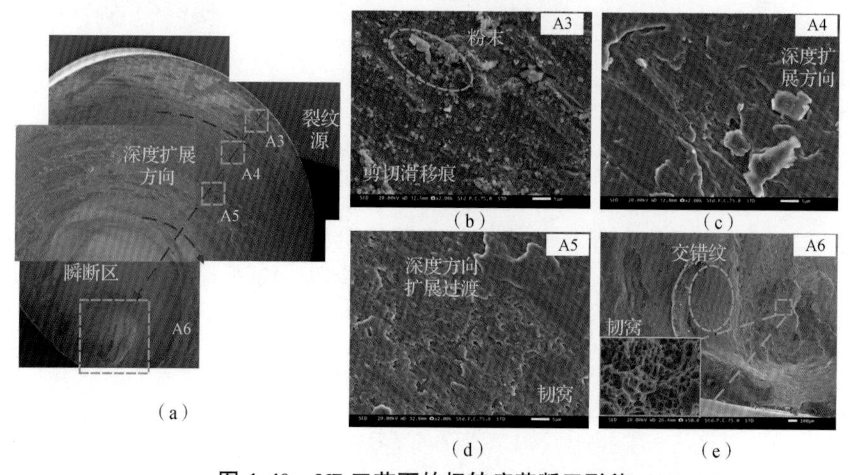

图 4.40　N7 工艺下的扭转疲劳断口形貌

（a）扭转疲劳断口形貌；（b）靠近裂纹扩展区；（c）远离裂纹源 A4 区域；

（d）扩展区与瞬断区的过渡区域；（e）瞬断区

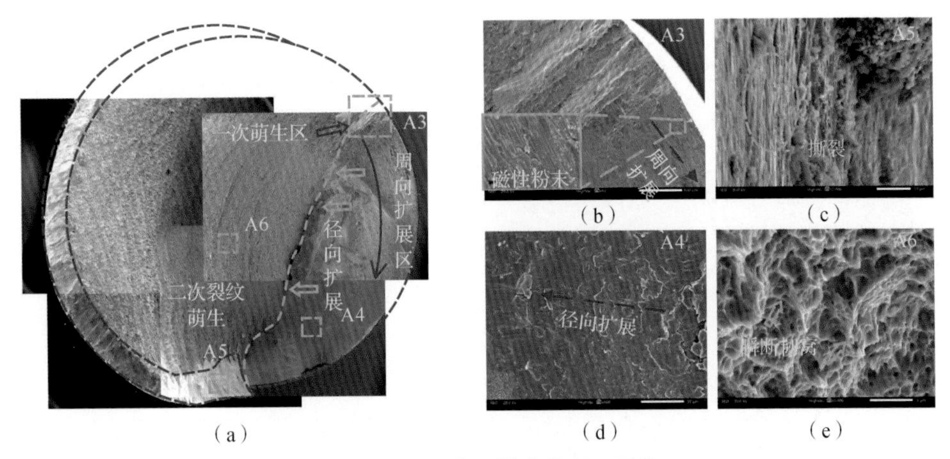

图 4.42　N1 工艺下的疲劳断口形貌

(a) 疲劳断口形貌；(b) 裂纹源 A3 区域；(c) 裂纹源 A4 区域；(d) 径向扩展区；(e) 瞬断区

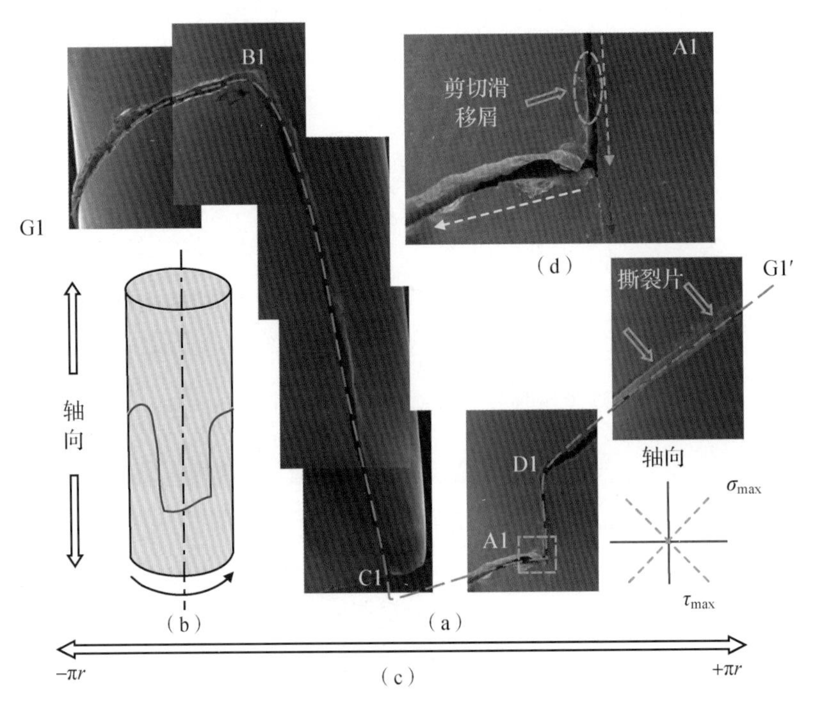

图 4.43　N11 工艺下的扭转疲劳裂纹侧表面

(a) 疲劳裂纹表面扩展过程；(b) 裂纹扩展过程简图；(c) 周向范围条；(d) 裂纹源

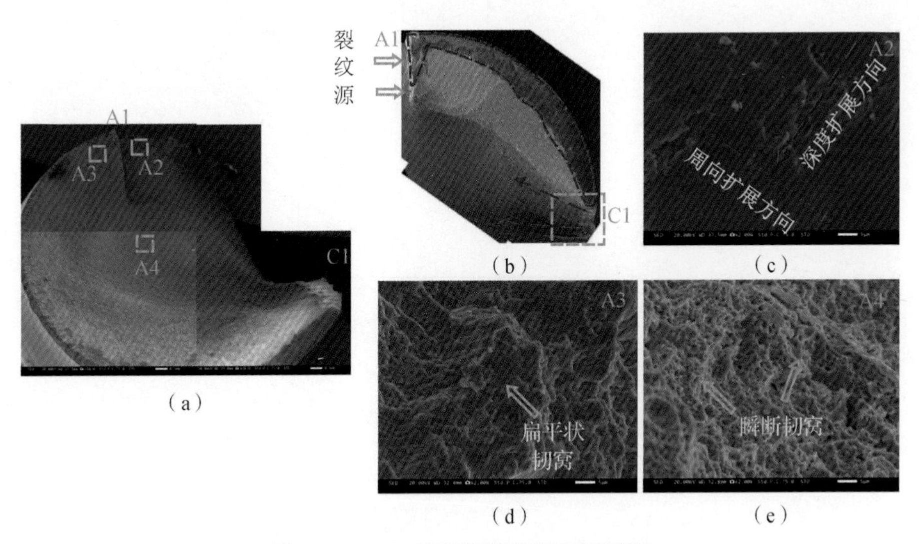

（a）
（b）
（c）
（d）
（e）

图 4.44　N11 工艺下的疲劳断口形貌

（a）疲劳断口形貌；（b）横向裂纹源 A3 区；（c）横向扩展 A4 区域；
（d）靠近裂纹源 A3 区；（e）瞬断区

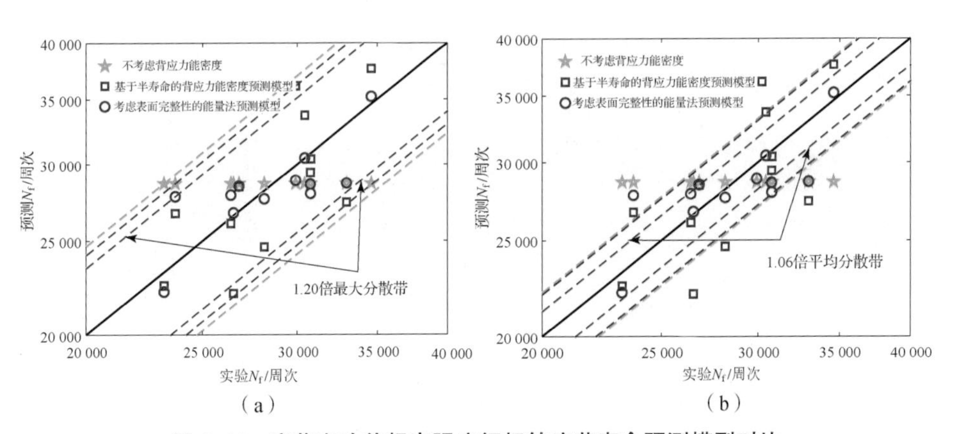

（a）
（b）

图 4.46　疲劳实验前超高强度钢扭转疲劳寿命预测模型对比

（a）考虑表面完整性的能量法最大误差带分析；（b）考虑表面完整性的能量法平均误差带对比

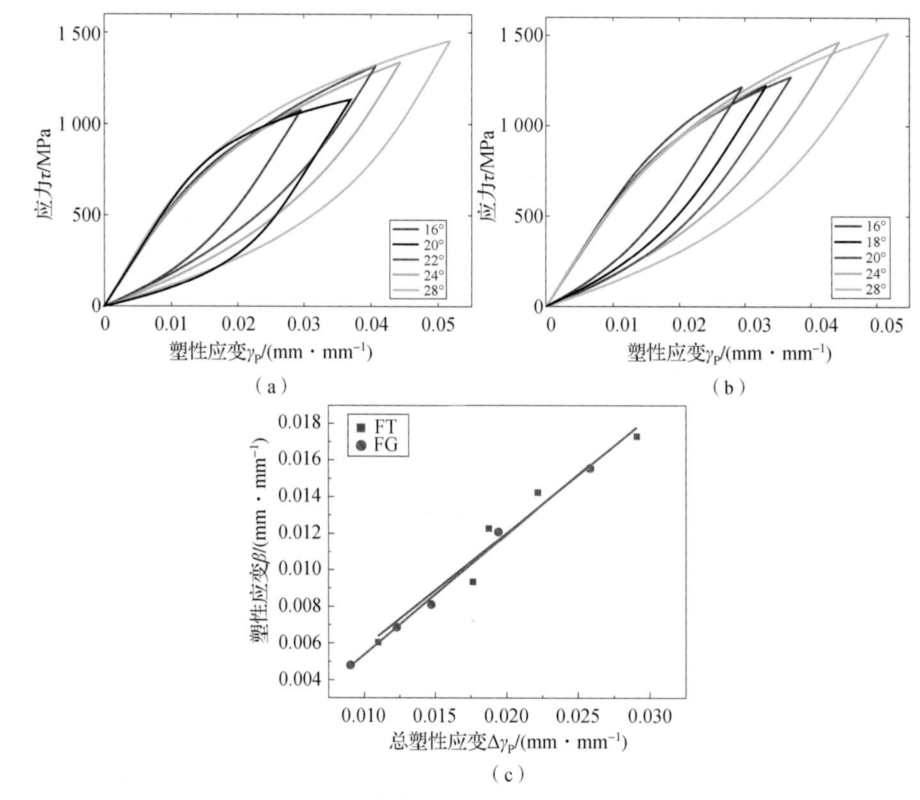

图 5.13　车削与磨削工序 Masing 特性分析

(a) 精车工序循环迟滞回线；(b) 精磨工序循环迟滞回线；(c) 塑性应变 β 和 Bausinger 应变线性特征

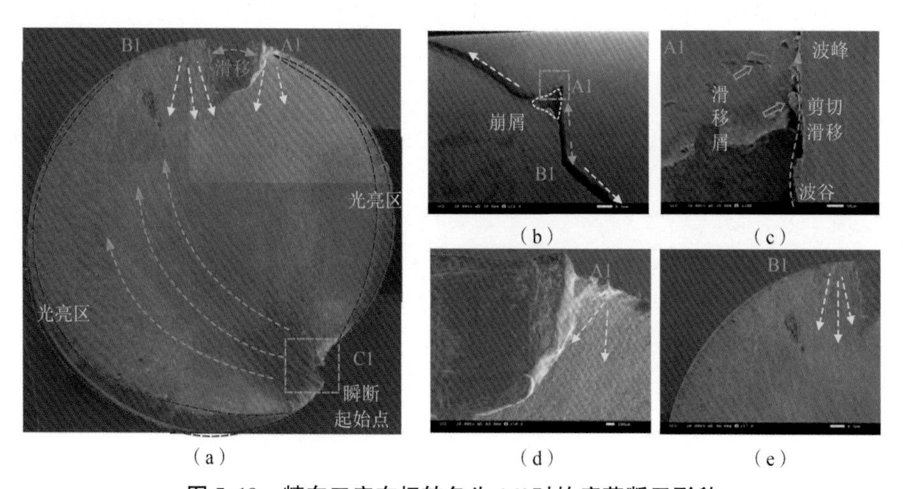

图 5.19　精车工序在扭转角为 16°时的疲劳断口形貌

(a) FT 工艺疲劳断口形貌；(b) 裂纹侧表面形貌；(c) A1 区域放大图；

(d) 裂纹源 A1；(e) 裂纹源 B1；

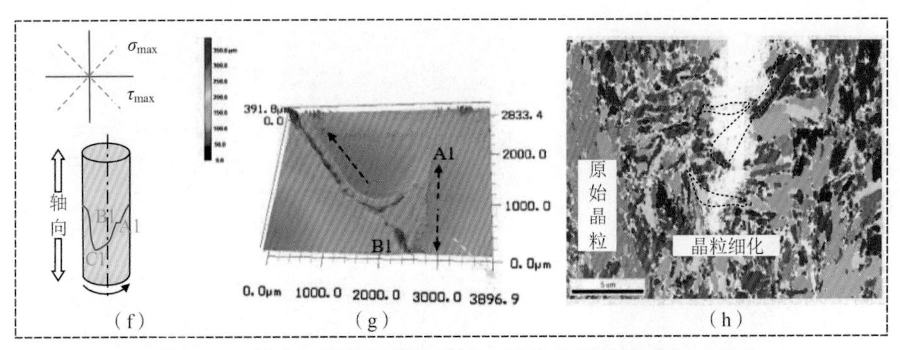

图 5.19　精车工序在扭转角为 16°时的疲劳断口形貌（续）

（f）疲劳断裂过程简图；（g）裂纹三维形貌；（h）裂纹扩展晶粒特征

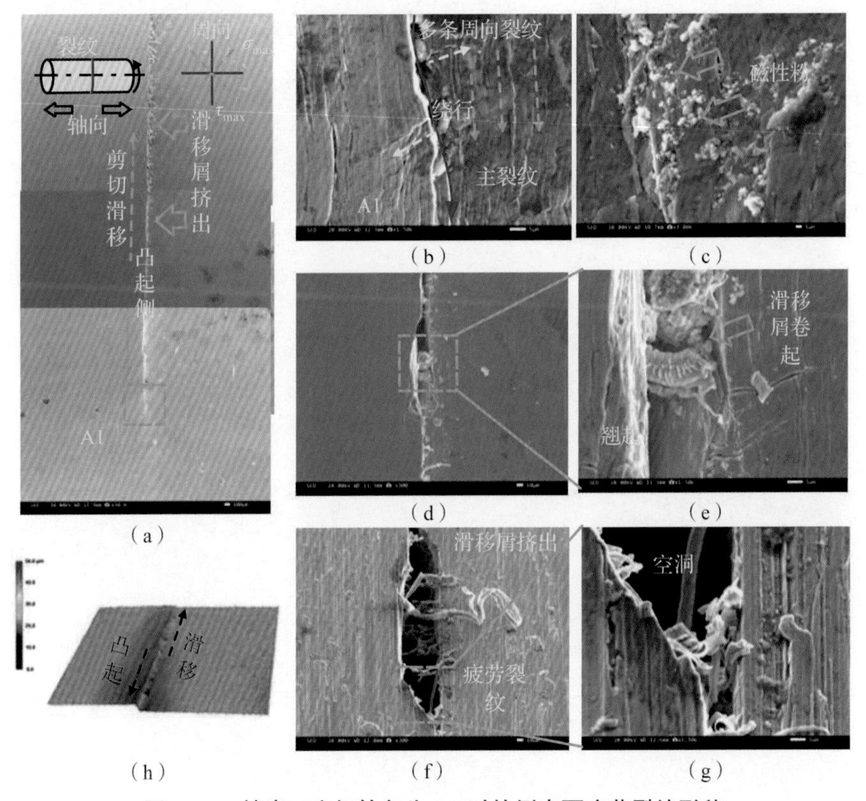

图 5.20　精磨工序扭转角为 16°时的侧表面疲劳裂纹形貌

（a）侧表面疲劳裂纹；（b）裂纹最下端；（c）裂纹最上端；（d）裂纹源区；

（e）图（d）局部放大图；（f）裂纹源区；（g）图（f）局部放大图；（h）裂纹三维形貌

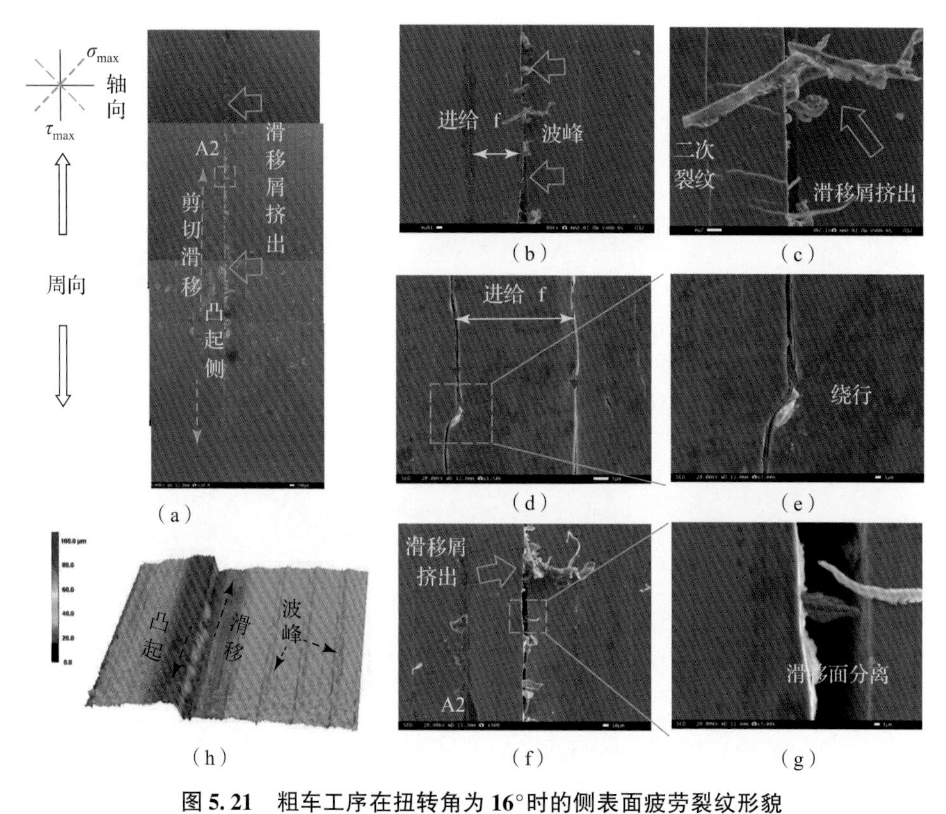

（a）
（b）
（c）
（d）
（e）
（h）
（f）
（g）

图 5.21　粗车工序在扭转角为 16°时的侧表面疲劳裂纹形貌

（a）侧表面疲劳裂纹；（b）裂纹源区；（c）图（b）局部放大图；（d）裂纹扩展；（e）图（d）局部放大图；（f）A2 区域放大图；（g）图（f）局部放大图；（h）裂纹三维形貌

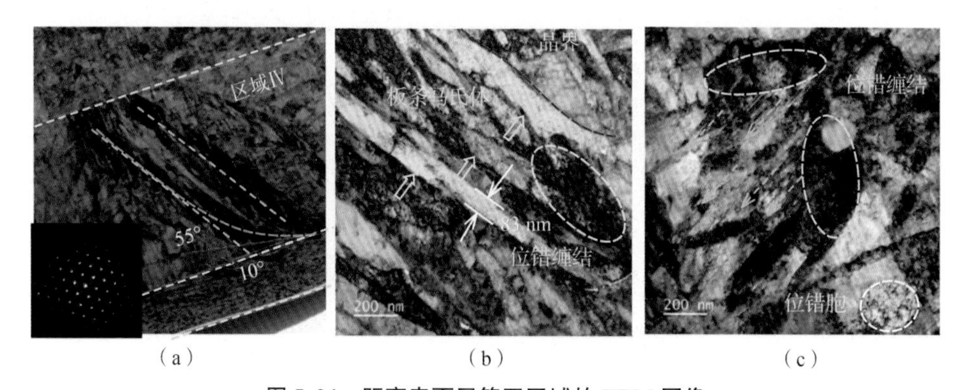

（a）
（b）
（c）

图 5.24　距离表面层第四区域的 TEM 图像

（a）总体区域特征；（b）位错堆叠；（c）位错缠结

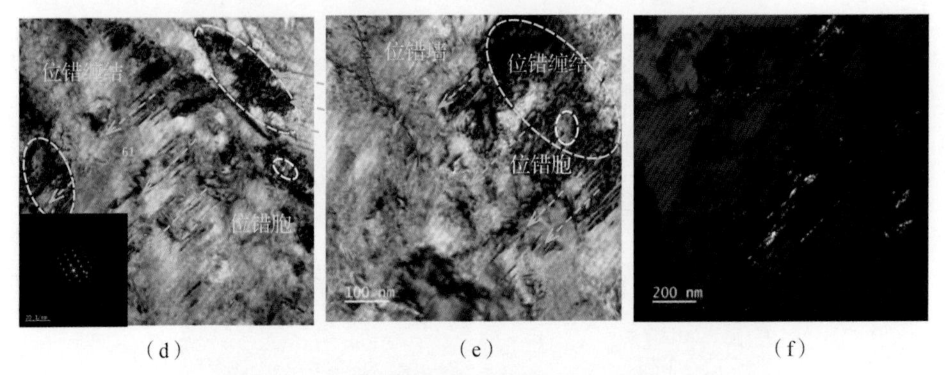

（d） （e） （f）

图 5.24 距离表面层第四区域的 TEM 图像（续）

（d）孪晶；（e）位错堆叠；（f）图（e）对应的暗场

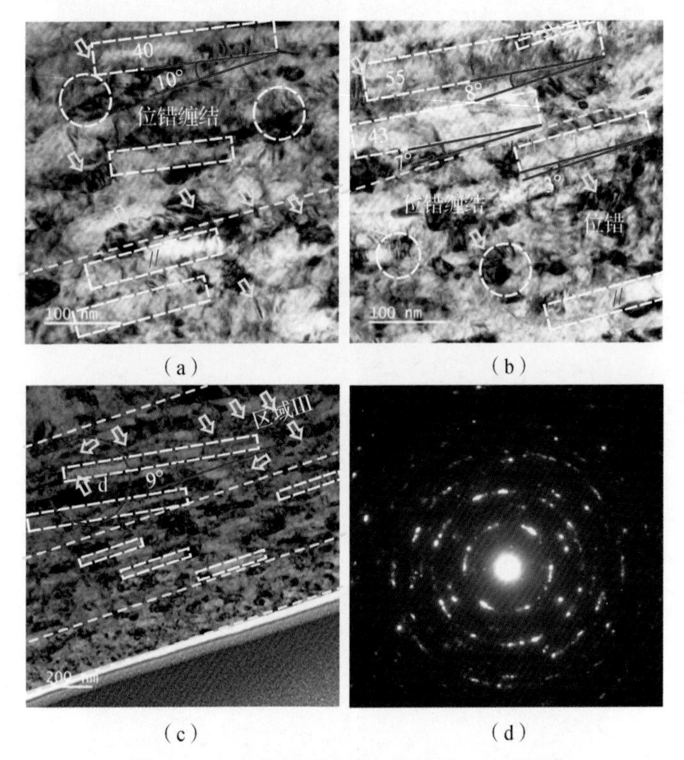

（a） （b）

（c） （d）

图 5.25 距离表面层第三区域的 TEM 图像

（a）板条状马氏体特征；（b）第三区域与第二区域交界处；（c）总体区域特征；（d）SAED 模式

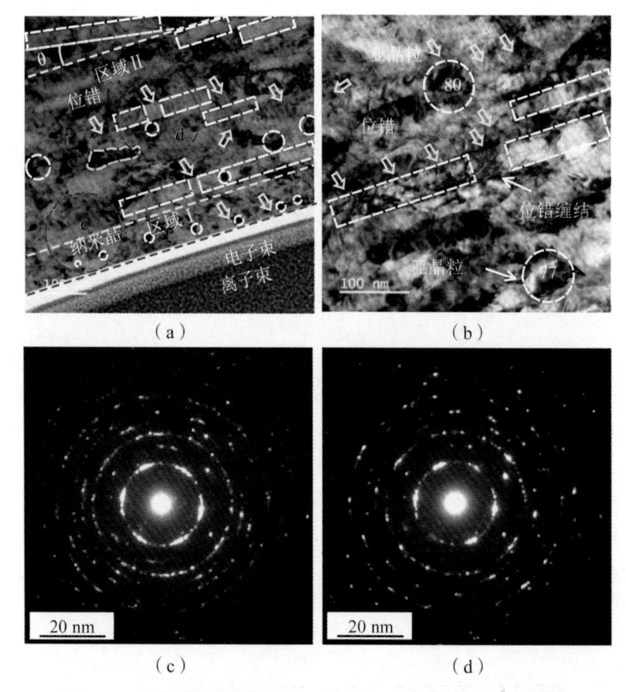

（a）（b）

（c）（d）

图 5.26　距离表面层第一和第二区域的 TEM 图像

（a）总体区域特征；（b）第二区域板条状马氏体特征；

（c）第一区域 SAED 模式；（d）第二区域 SAED 模式

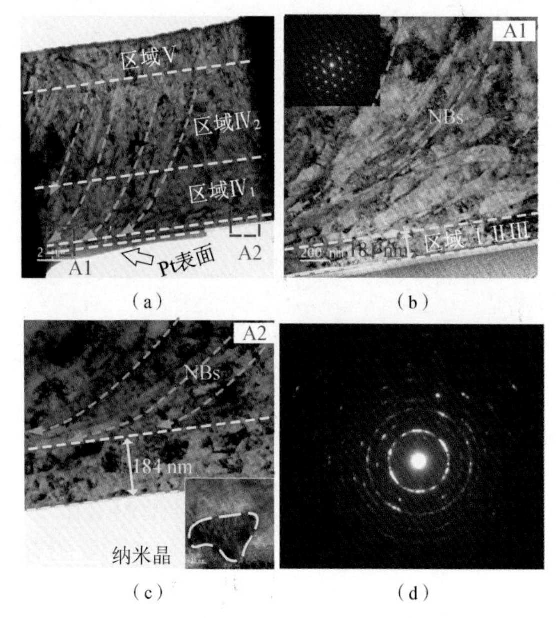

（a）（b）

（c）（d）

图 5.27　精磨工序疲劳实验后 TEM 分析

（a）总体区域特征；（b）A1 区域局部放大图；（c）A2 区域局部放大图；（d）表面层区域 SAED 模式

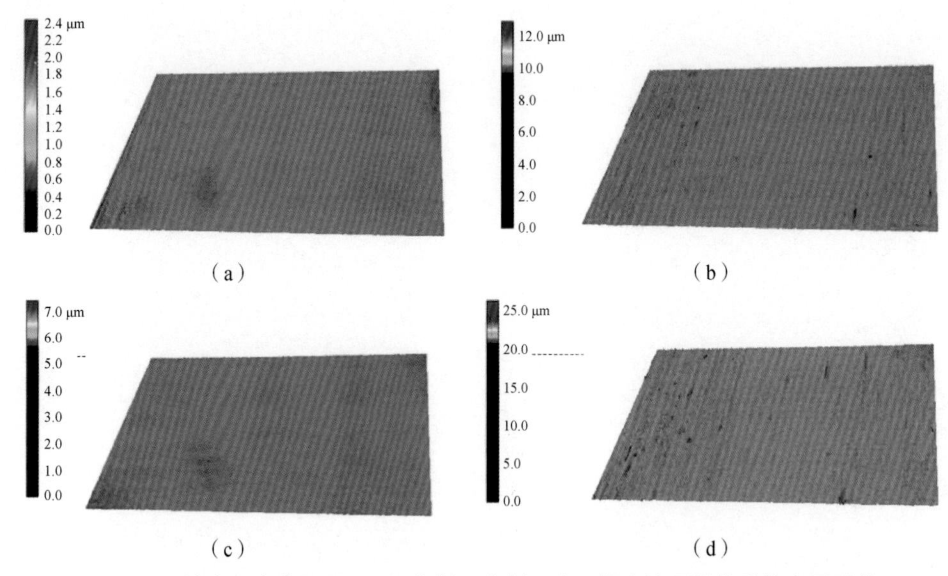

图 5.34　淬火回火表面层 +4 组车削、磨削工序 + 超声滚压强化后的表面形貌

(a) 精车 + 滚压；(b) 精磨 + 滚压；(c) 粗车 + 滚压；(d) 粗磨 + 滚压

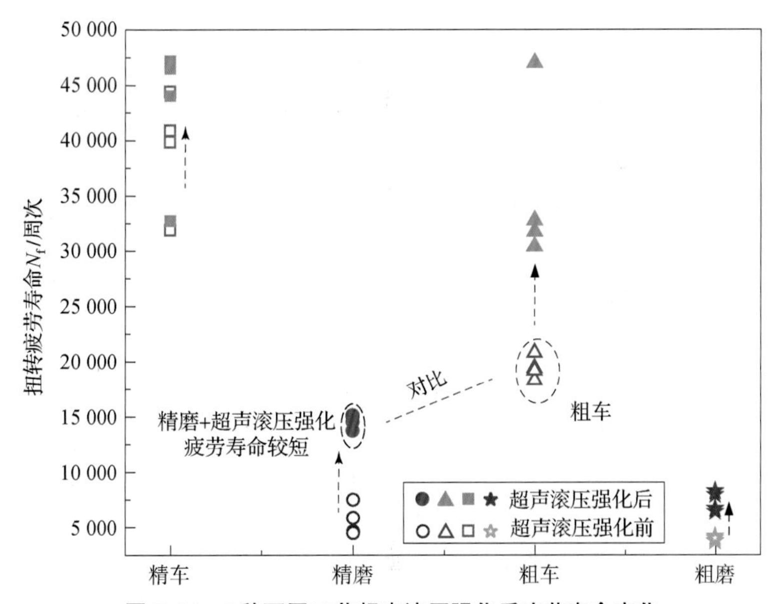

图 5.36　4 种不同工艺超声滚压强化后疲劳寿命变化